普通高校本科计算机专业特色教材精选·计算机原理

计算机原理综合课程设计

姜咏江 编著

清华大学出版社
北京

内容简介

本书是针对计算机科学与技术专业的计算机原理综合课程设计编写的教材，突出了包括指令系统与CPU设计、操作系统核心设计、编译器设计等在内的计算机核心设计技术与方法，突出了完整计算机从无到有的实例设计与实验，书中采用Quartus II实例设计引路，方法简单，方便利用FPGA/CPLD器件实现。通过本书学习，不仅能够深入理解计算机原理，而且能够掌握现代的计算机基础软硬件设计技术。

本书适合高等院校计算机、电子工程及机电专业的本科生作为计算机实验教材使用，也可以作为应用计算机的广大工程技术人员的参考资料。

图书在版编目（CIP）数据

计算机原理综合课程设计 / 姜咏江编著．—北京：清华大学出版社，2009.6
（普通高校本科计算机专业特色教材精选·计算机原理）
ISBN 978-7-302-20001-7

Ⅰ.计…　Ⅱ.姜…　Ⅲ.电子计算机－理论－课程设计－高等学校－教材　Ⅳ.TP301

中国版本图书馆CIP数据核字(2009)第060925号

责任编辑：焦　虹　林都嘉
责任校对：焦丽丽
责任印制：杨　艳

出版发行：清华大学出版社　　**地　　址**：北京清华大学学研大厦A座
http://www.tup.com.cn　　**邮　　编**：100084
社　总　机：010-62770175　　**邮　　购**：010-62786544
投稿与读者服务：010-62776969，c-service@tup.tsinghua.edu.cn
质 量 反 馈：010-62772015，zhiliang@tup.tsinghua.edu.cn
印 刷 者：北京密云胶印厂
装 订 者：北京鑫海金澳胶印有限公司
经　　销：全国新华书店
开　　本：185×260　　**印　张**：14　　**字　数**：324千字
版　　次：2009年6月第1版　　**印　次**：2009年6月第1次印刷
印　　数：1～3000
定　　价：22.00元

本书如存在文字不清、漏印、缺页、倒页、脱页等印装质量问题，请与清华大学出版社出版部联系调换。联系电话：010-62770177 转 3103　　产品编号：033112-01

出版说明

INTRODUCTION

在我国高等教育逐步实现大众化后，越来越多的高等学校将会面向国民经济发展的第一线，为行业、企业培养各级各类高级应用型专门人才。为此，教育部已经启动了“高等学校教学质量和教学改革工程”，强调要以信息技术为手段，深化教学改革和人才培养模式改革。如何根据社会的实际需要，根据各行各业的具体人才需求，培养具有特色显著的人才，是我们共同面临的重大问题。具体地说，培养具有一定专业特色的和特定能力强的计算机专业应用型人才则是计算机教育要解决的问题。

为了适应21世纪人才培养的需要，培养具有特色的计算机人才，急需一批适合各种人才培养特点的计算机专业教材。目前，一些高校在计算机专业教学和教材改革方面已经做了大量工作，许多教师在计算机专业教学和科研方面已经积累了许多宝贵的经验。并将他们的教研成果转化为教材的形式，向全国其他学校推广，而这对于深化我国高等学校的教学改革是一件十分有意义的事。

清华大学出版社在经过大量调查研究的基础上，决定组织编写一套“普通高校本科计算机专业特色教材精选”。本套教材是针对当前高等教育改革的新形势，以社会对人才的需求为导向，主要以培养应用型计算机人才为目标，立足课程改革和教材创新，广泛吸纳全国各地的高等院校计算机优秀教师参与编写，从中精选出版确实反映计算机专业教学方向的特色教材，供普通高等院校计算机专业学生使用。

本套教材具有以下特点。

1. 编写目的明确

本套教材是在深入研究各地各学校办学特色的基础上，面向普通高校的计算机专业学生编写的。学生通过本套教材，主要学习计算机科学与技术专业的基本理论和基本知识，接受利用计算机解决实际问题的基本训练，培养研究和开发计算机系统，特别是应用系统的基本能力。

2. 理论知识与实践训练相结合

根据计算机学科的三个学科形态及其关系，本套教材力求突出学科的理论与实践紧密结合的特征，结合实例讲解理论，使理论来源于实践，又进一步指导实践。学生通过实践深化对理论的理解，更重要的是使学生学会理论方法的实际运用。在编写教材时突出实用性，并做到通俗易懂，易教易学，使学生不仅知其然，知其所以然，还要会其如何然。

3. 注意培养学生的动手能力

每种教材都增加了能力训练部分的内容，学生通过学习和练习，能比较熟练地应用计算机知识解决实际问题。既注重培养学生分析问题的能力，也注重培养学生解决问题的能力，以适应新经济时代对人才的需要，满足就业需求。

4. 注重教材的立体化配套

大多数教材都将陆续配套教师用课件、习题及其解答提示，学生上机实验指导等辅助教学资源，有些教材还提供能用于网上下载的文件，以方便教学。

由于各地区各学校的培养目标、教学要求和办学特色均有所不同，所以对特色教学的理解也不尽一致，我们恳切希望大家在使用教材的过程中，及时地给我们提出批评和改进意见，以便我们做好教材的修订改版工作，使其日趋完善。

我们相信经过大家的共同努力，这套教材一定能成为特色鲜明、质量上乘的优秀教材，同时，我们也希望通过本套教材的编写出版，为“高等学校教学质量和教学改革工程”做出贡献。

清华大学出版社

前言

PREFACE

计算机原理综合课程设计是训练计算机专业的学生全面掌握计算机知识的实践课程。通过这一课程的学习与训练，能够将所学的计算机理论和方法，通过实际的计算机设计融合在一起，从而更加全面透彻地掌握计算机的系统知识，培养计算机设计制作的技能。通过本课程的学习和演练，对任何复杂的计算机结构的理解和认识都不会再有不可逾越的障碍。

针对近些年来学生对计算机核心软硬件知识掌握较少，因而对基础层面上的软硬件关系认识不清，影响学生创造性地进行基础软件和系统软件开发，学生不能够设计制作计算机的现状，本书将侧重点放在了计算机核心部件的设计和制作上，借助于FPGA/CPLD器件的可编程特点，运用EDA软件Quartus II系统地介绍了计算机从无到有的设计方法，通过相关的章节，由浅入深地展示了一个完整计算机的设计过程，通过计算机设计实例，能够引导学生快速地掌握计算机的设计基本技术。

书中采用原理图设计和Verilog HDL语言编程对照的方式，不仅剖析计算机各种器件的结构，而且具体地给出了它们的设计，同时也给出了计算机各种器件之间的关联方法。这其中也包括如何进行硬件到软件的过渡，软件如何完成硬件的基本任务，以及软件如何完善硬件功能等项内容，具体地介绍了核心操作系统与编译器的设计方法。

书中的各项设计都是作者自己完成的设计实例，并在教学中获得了验证，不论是学习计算机硬件还是学习计算机软件专业的学生，都能够比较容易完成。

全书共分6章。

第1章 计算机设计基础理论。本章主要是概括地介绍计算机产生及设计的基础理论和方法。其中包括信息的概念和属性，计算机信息的表示和信息处理的方式，二进制与逻辑电路等。本章特别介绍了限位数理论和方法，限位数理论和方法将贯彻计算机设计的始终。

第2章 逻辑计算机。这一章高度概括地介绍了电子数字计算机的逻辑结构，分析了指令程序存储和执行的必要条件和过程，介绍了计算机部件之间的关联形式和基本信息传递方式，以计算机的核心结构变化对计算机进行了分类。

第 3 章 EDA 设计工具。本章以电子设计自动化软件 Quartus II 为例，针对计算机设计的实际，介绍了软件的使用方法。其中包括如何建立项目工程，如何使用各种设计文件，Verilog HDL 基本语法结构和描述方法，如何对工程进行编译仿真，如何对编译后的工程进行下载检验等。

第 4 章 常用基本器件设计。这一章主要是从原理的角度对计算机组成的器件进行设计和仿真。其中主要包括：可控寄存器设计，加减法运算器设计，同步计数器设计，移位运算器设计，乘法运算器设计，除法运算器设计，存储器设计，译码器设计，节拍器设计等。

第 5 章 控制矩阵设计方法。本章主要介绍运用多元逻辑函数的方法来进行控制电路设计，并介绍如何设计模块描述编程器，及利用模块描述编程器进行控制矩阵设计，它是控制器的核心器件设计技巧的展示。

第 6 章 计算机设计实例。本章详细地介绍了一个计算机的基本设计过程，包括计算机整体功能和结构设计，关键器件的 Verilog HDL 描述，整机总线结构的设计，同步节拍器设计，指令系统和控制器设计，输入输出接口设备设计，操作系统核心设计，整体仿真，工程下载检测，汇编程序设计编译方法及实例计算机上的执行等。

计算机原理综合课程设计对于我们还是一个较新的教学内容，究竟采用何种方式来完成课程的目标，还值得我们进一步进行研究。我们赞成在计算机原理的基础上来进行综合课程的设计实验，这样虽然与现在流行的嵌入式系统设计方式不太一致，甚至有“从头做起”的感觉，但在理论阐述上会更加透彻完整，更加符合教学的需求和规律，对学生计算机原理知识掌握和后续课程内容学习更加有利。采用嵌入式方式进行计算机设计，仍然脱离不开离计算机硬件电路过远的弊端。由于当前嵌入式方法一般都给出了操作系统和编译系统，因而会使我们难以达到对基础结构和基础软件的研究，不利于引导学生创新，更不利于克服现有的嵌入式系统存在的缺憾。而且计算机原理的综合课程设计，还应该包括基础软件的设计内容和方法在内，这当然要包括操作系统设计和编译程序的设计内容。

目前流行的精简指令系统 RISC，是适应单处理器指令流水线结构的程序执行方式而设计的，比起传统的复杂指令系统 CISC 并不一定在任何情况下都具有优越性。例如在多元处理器计算机结构中，这种 RISC 指令系统的流水线操作，会妨碍程序在不同的处理器之间选择，影响动态的任务处理形式，而在各处理器上任务的动态执行是体现多元处理器计算机系统优越性必不可少的内容。复杂指令系统虽然有些指令利用率不高，但指令设计灵活，调用方便简单，具有指令设计的通用性优点，其他的指令形式一般都是在这种指令的基础之上演变而来的，所以我们仍将复杂指令系统的设计作为基本的指令设计形式。掌握了指令的基本设计方法，设计那种指令长度一样的精简指令系统，并不会使学生存在多大的问题。

计算机原理综合课程设计的内容不仅学习计算机硬件需要，而且学习计算机软件也完全需要，特别是计算机软件工程专业的学生，只有很好地掌握计算机原理知识，掌握好软硬件接口层面的结构，才能够在未来开发出高水平的软件。根据我们的经验，在学习了计算机原理课程之后，有 36 学时左右的时间就能够让学生独力地完成完整的计算机设计。

由于此门课程的内容较新，运用于教学实践的时间还不够充分，不足之处在所难免，诚恳欢迎读者提出宝贵意见。联系邮箱：accsys@126.com。

作　者

目录

CONTENTS

第1章 计算机设计基础理论

CHAPTER

计算机是集人类智慧之大成的产物,是一种信息处理的工具,是能够替代人类脑力劳动的智能设备。数字电子计算机的产生基于信息学和电子学的成果,具体可以分为四项,即限位记数理论与方法、信息编码理论与方法、逻辑代数理论和电子电路的理论与方法。

1.1 信息与信息处理

客观世界的所有事物的存在与运动都是通过信息表达出来的。因而什么是信息,信息以什么样的方式存在,信息以怎样的方式相互作用等,是学习计算机首先需要了解的问题。

1.1.1 信息与媒体

客观世界是物质与信息并存的,信息依赖物质而存在,物质依赖信息来表现,二者密不可分。物质与信息的统一体就组成了事物。

1. 信息

物质是客观存在元素的结构形态,而这些结构形态的表现就是最初始的信息元素,信息元素经过复杂的组合和演变就形成形态,就是常说的信息。可见信息离不开"表现"和"描述",也离不开表现或描述的"事物"。

如此可以如下为信息来定义。

定义 1-1 事物的表现或描述称为信息。

信息表现或描述的事物又叫信息主体,或者是信息对象。信息主体的某一方面的特征,被称为属性。属性正是信息所表现或描述的具体内容。

世界上各种事物都在一定的群体当中存在,这种群体结构就是环境。在环境中,事物之间要有相互作用,这种相互作用也要通过信息的方式表现出来。

事物之间的相互作用的基本形式有两种,一种是物质形态的,表现出的是物理的作用,例如机械变化、结构重组等;另一种是与机械、结构重组不同的作用，通过脱离物体本身的信息传播和演变表达出事物相互作用的效果。但无论事物的哪一种作用形式，对我们人类来说，都最终要通过信息的形式来感知。

2. 媒体与信息分类

信息概念出现的同时，一些与之相关的概念也随之出现了。信息对人类来说可能是客观的，也可能是主观的，但不论客观还是主观的信息，都必须以一定的物质形态存在，或者说信息一定要存在于一定的物质形态之中，以物质形态的结构与变动表现出来。因此，物质形态的差异是最基本的信息表达方式。由此就产生了媒体的概念。

定义 1-2 事物表现或描述依托的物质形态称为媒体。

能够保存信息的媒体有很多种，其中光、电、磁、声等媒体具有在空间上高速传播的特性，因而它们能够将其中的信息传播出去，它们还能够对其他的媒体作用，将信息传递到作用的媒体中，形成了信息存在形式的转化。例如，通过话筒可以将声信息转化成电信息，通过喇叭又可以将电信息转化成声信息。

人类本身就是重要的信息媒体，而且是一种复合媒体。人类能够处理的信息多种多样，并且具有极高的复杂度。人类的思维活动是复杂信息结构变化的具体体现，是最高级的信息形态。通过人类的思维活动，可以将一些简单的信息组织成复杂的形式，也可以从复杂的信息结构中提取出简单的信息，这一过程叫做信息的综合分析。人类可以做到有目的地处理和使用某种信息，让信息为我们服务。

处理和使用信息的第一项工作，就是要对信息分类。依据不同的需要人们已经对信息进行了分类。例如平时人们常说的商品信息、体育信息、天气信息、招工信息……这些都是按着信息主体来划分的。如果注重信息的载体，也就是媒体，那么又可以将信息分成电信息、磁信息、光信息、声信息等。按信息主体来分类，可以直接反映出信息的目的，指导人们的活动。按信息的媒体来分类，一般能够指出信息的表现形式。在工程类课程中，使用的信息分类一般是后者，所谓的“多媒体”就是指后者而言的。

在计算机原理课程中，为了能够明确地述说计算机的原理和方法，特意将全部的信息用能否进行运算来分类。能够进行数值运算的信息被称为数值信息，否则就是非数值信息。

1.1.2 信息处理与数据

信息既然是事物的表现或描述，因而信息有能够存储、复制、传播和能够被加工的特性，这些特性都直接与媒体相关，特别是与人类有直接的关系。有目的地对信息进行加工，就是信息处理工作。

1. 信息处理

信息反映了世界的运动变化，因而对人类(或者说生物)非常有用，为此人们就要去收集整理信息，将信息保存起来，在需要的时候将信息传播出去等，这是专门从事信息方面的工作。

定义 1-3 人为地进行信息的搜集、存储、复制、传播和综合分析的工作称为信息处理。

信息处理的意义和作用是可想而知的，信息处理的工作自然是人类改造世界的一种重要的工作。由信息处理的定义不难理解许多工作都是信息处理。例如，会计业务中的记账、建筑中的房屋设计、劳动中编制生产计划、召开各种会议等，当然照相、拍电影也是信息处理。不要以为某些具体的工作就不是信息处理，其实任何工作都包含着信息处理的内容。例如，建筑工人在修建房屋的过程中不断地改变着房屋的形象，也就是修改着房屋的表现，而房屋的形象等都是信息。

信息处理的形式有简单的，也有极其复杂的。在计算机信息处理中，基本上可以概括为数值处理和非数值处理两种。数值处理最重要的是算术运算和逻辑运算，也就是算术的加、减、乘、除和逻辑代数的与、或、非等运算。非数值信息处理不像数值信息处理那样有规律，处理的形式都各自有不同的方式和方法。

形式多种多样的信息处理，对于人类来说，最重要的表现为体力和脑力劳动。体力劳动主要体现为物体的机械运动，这种机械运动也会带来相应信息的变化，其结果常会以简单的物质形态表现出来。而脑力劳动是一种微观的运动，是大脑的思维活动，这种脑力劳动的结果会产生判断，得出结论，会指导人的行动。

无论体力劳动还是脑力劳动都会使人感到劳累，这需要设法减轻。于是替代人进行体力劳动的各种机械产生了，而近半个多世纪前产生的计算机，又可以替代人脑进行脑力劳动。如今，计算机已经成为人们生产生活中不可缺少的工具，它与各种机械配合已经替代了人类许多方面的劳动。

2. 数据

在信息处理的工作中经常使用的一个名词是数据，什么是数据？数据和信息有怎样的关系？

定义 1-4　待处理的信息叫数据。

根据这个定义，显然数据是一种信息，是相对于信息处理的过程而确定的信息状态。由于信息处理的普遍性，因而数据的存在也是普遍的。不论怎样的信息，只要再为人所用，那么对于将要使用这些信息的人来说，这些信息就是数据。因此，数据具有方向性，是对将要被处理的信息的界定，而信息不用考虑方向性。

信息的表现是多种多样的，因而数据的表现也是多种多样的。在计算机课程中主要要研究信息的电或磁表现形式，其次要研究电磁数据向其他媒体的转化。

3. 信息量

信息作为人类劳动的对象，因而就需要量化。信息的多少用什么来衡量呢？早期是用信息的接受者的感知增加程度来衡量的，这种方法具有很强的随机性，会因人而异，因而并不适用。

计算机出现之后，由于一切信息都可以用二进制数表示，这就给信息的量度提供了一种适用的度量方法，那就是以信息能够以多少个二进制位表示为信息量。一个二进制位可以表达“是”或“非”两种情况，它的信息量称为一个比特。例如，如果一个信息能够用 8 位的二进制数表示，那么这个信息的信息量就是 8b。

用 b 来表示信息量，不会出现同一信息有不同的量度问题，因而就可以统一地比较信息的多少了。习惯上人们将 8b 叫 1 字节，写为 1B。由于一个 b 太小，所以表示存储或传输的信息量常用 B 为单位。

4. 信息处理工具

人类以往进行信息处理的手段多数都是人工的,这不仅表现在人的思维过程中,而且也表现在对数据的收集、存储、发布等一系列工作中。在计算机出现之前,人们主要以纸和笔来记录信息,用人类的大脑来进行信息处理。现在这一切都逐渐被计算机所替代着,计算机将一切信息都转化成电或磁信息,然后利用电和磁能够快速传播和方便存储加工的特点,经过有规律的处理,帮助或替代了人的信息处理工作。计算机是人类社会中最重要的信息处理工具。

1.2 限位记数

所谓限位记数就是记数的位数一定的记数方法,它来源于机器记数。在纸上用数码记数时不用考虑位数,如果使用算盘,记数的位数就被限制在一定的位数上。计算机也是一种机器,用计算机记数必然是限位记数。

1.2.1 限位记数的基本概念

利用限位数可以表示正负数,变减法运算为加法运算。用计算机实现限位数的运算需要用到反码数和补码数的概念。

1. 数码和限位数

人类记数普遍采用数码由右向左排列的方式。所谓数码,就是记数的基本单位,一般用阿拉伯数字或字符记号构成。例如,十进制的数码是 0、1、2、3、4、5、6、7、8、9 这十个字符,十六进制用的数码是 0、1、2、3、4、5、6、7、8、9、A、B、C、D、E、F。

一种进制所用的数码是有限个,相邻数码的差是 1,最小的数码用"0"表示,"1"是单位,这两个数码在任何进制中都必不可少。将一个数码表示的十进制数叫数码的"值",其中值最大的数码叫顶码,用@来记。

N 是大于 1 的十进制整数,按"逢 N 进一"的规则,用数码 0、1、…、@由右向左记数,就可以写出 N 进制数。其中数码有 N 个,并且有 N=@+1。

定义 1-5 如果表数的位数固定,这些数就是限位数。

N 进制的 k 位数最大的是@@@…@@,最小的数是 000…00。限位数的无效数码不能省略,以表示位数。

为了方便,本书将 n 个数码重写用"$^{\wedge n}$"记在数码的右肩上。例如 $9^{\wedge 5}$ 表示 99999。

2. 反码

计算机设计中会用到反码,这里给出反码的定义。

定义 1-6 如果两个数码相加的结果是顶码,称一个是另一个的反码。

例如,十进制的数码(0,9)、(1,8)、(2,7)、(3,6)、(4,5);八进制的(0,7)、(1,6)、(2,5)、(3,4);二进制的(0,1)都是互为反码。

定义 1-7 如果将一个数的全部数码用每个数码对应的反码替换,得到的数就叫原数的反码数,也简称为反码。

显然,反码数也是相互的。

本书中，数 a 的反码记为!a。例如，!547=452。

3. 限位数的数量

由于一种进制中数码的个数是一定的，如果记数的位数一定，那么数的总数就被确定了。例如 3 位的十进制数一共有 1000 个，也就是 000～999 这些数。这 1000 个数不论我们认为是整数还是小数，但数码排列的形式是不会变的，总的个数也不会变。例如，可以认为有小数点在三个数码间的某一位置，但不论小数点在哪里，不会影响数的总数，书写的形式也不会改变，进位的关系也不变。

从数的多少来说，1000 是三位数个数的上限，是三位数的总数，因此称它是三位十进制数的限数。很清楚，限数是不能用固定位数表示的最小正整数，它比限位表示的最大数多一个单位 1。对于任意进制的限位记数给出如下定义。

定义 1-8　限位记数中数的总数叫限数。

显然记数的位数不同，那么限数也不会相同。例如在十进制中，2 位数的限数是 100，3 位数的限数是 1000，4 位数的限数是 10 000……

N 进制中 k 位数的限数 U=@^k+1，限数是不能用 k 位数码写出的最小数。

1）限位数运算的特点

限位数受到记数位数的限制，因而不论进行何种运算，只要结果超出了位数的限制，结果就不可能正确了。特别是作加法或乘法时，最左面的向上进位就得丢掉。

限位数运算的这种特点，从表面上看是一种不利的方面，然而恰是限位数运算的这种“不利”，使用机器表示正负数有了基本的方法。

用数码左右排列组成的限位数，从形式上看是没有小数点和符号位的，这与通常所说的非负整数相同，也就是无符号整数。如果不特别指出，本书就用限位数代替无符号整数。

2）限位数的对称性

限位数有一个重要的特性，这个特性可以使我们能用较大的一部分限位数来表示负数，在机器记数中不用使用“+-”符号或它们的其他代号。用限位数来表示正负数的方法，对计算机处理数运算设计十分有用。

如图 1-1 所示，1～999 是关于 500 成轴对称的，成轴对称的两数之和，正好是限数 1000。

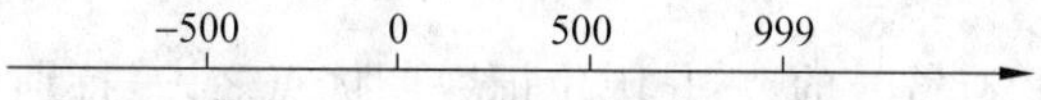

–500　0　500　999

图 1-1　补码的表数区间

定义 1-9　和是限数的两个限位数的一个称为另一个的补码。

例如，3 位十进制数对“(001,999)，(002,998)，…，(499,501)，(500,500)”都是互为补码的两个数组成的。

补码的概念很容易得出一般的 0 和负数没有补码的结论。由于 000 找不到一个三位数与之相加，结果为限数，故 000 没有补码。

一个正数 a 的补码用 a′来记，“′”叫求补运算符。例如，452′是 548，548′是 452。

从图 1-1 可以看到，−500～500 是关于原点 0 成轴对称的，因此可以建立−500～−1 与 500～999 的一一对应关系，也就是说可以用 500～999 来表示−500～−1 这些数。

3）用限位数表示正负数

如果认为限位数 500～999 不是它们本身，而是−500～−1，就解决了用限位数表达正负数的问题。这样引进正负数之后，数的绝对值范围减少了一半，然而取得了机器表达正负数的关键性突破。从此在限位记数中，就可以不再使用“＋”“－”号来标记一个数是正数还是负数了，在机器数值运算中也不必增加符号处理的麻烦。

由于 500 的补码是自身，为了避免二义性，就规定对称点的数表示的是一个负数。那么表面上的 500，实际上是−500。如此，三位十进制数采用这种不带正负号的正负数表达方式，表数的范围是−500～499 的整数。

限位记数中，用较大的一部分数表示其补码的相反数，在形式上没有了正负号，但最终还要表达成人们熟悉的有符号的十进制数。为此将限位数表达的十进制有符号数叫限位数的值，而将直接用数码书写出来无符号数的大小叫“表面值”。

值不论位数，可以不写无效“0”。值相等的两个限位数不论表示如何，都可以用等号“＝”连接。例如，628 的表面值就是 628，而它的值是−372，可以记为 628＝−372。

4）限位数的运算

限位数的运算是指表面值的运算，由于限位数运算的最高位进位会丢失，因而限位数运算的结果不一定与值的运算结果一致。例如，限位数的加运算是表面值的加运算，加运算的最高位进位会丢失，这正是它可能与值运算不一致的原因。

为了区分一般的数值运算和限位数的运算，特将限位数运算的表面值运算用“⇔”连接。例如，512＋700⇔212，结果是表面值运算的结果；而 512 的值是−488，700 的值是−300，故 512＋700＝(−488)＋(−300)＝−788。

看起来，限位数的表面值运算与值运算有很大的不同，但限位数的运算很多情况下与值运算是一致的。例如，312＋876⇔188，结果与值运算的结果一致，因为 312 的值就是本身，876 的值是−124，值运算是 312＋(−124)＝188。

在机器记数中，只要能够随时判断出限位数的表面值运算与值运算的不一致，并能够设法解决它，就可以完全用机器实现数值运算了。

1.2.2 补码制

用无符号数来表示有符号的数，是限位记数的优点之一，特别是，这种表示可以变减法为加法运算，直接得到正确的结果，这在机器表数中十分有用。

例如 945＋876⇔821，如果将这些数当作值看，这是一个错误的结果。如果将它们都看成是用不带符号数来表示的有符号数，那么 945＝−055，876＝−124，821＝−179，那么实际值的结果完全是对的。

这种不带符号数的值的理解，很方便机器的运算设计，因而计算机中算术运算普遍使用这种无符号数表达形式。

定义 1-10 在限位记数中，规定负数用其相反数的补码表示，其余不变，这就是补码制。

在补码制的表数中,表面上见不到负数,实际上可以非常方便地确定某一个数表示的是否是负数。判断的方法很简单,只要将表面值与全部数的对称点比较大小,立即就可以认定实际的值是多少。例如,三位十进制数只要看是否小于对称点 500,是则为一个正数或 0,否则就是一个负数。同样四位的十进制数的正负,要和对称点 5000 进行比较就可以知道值的正负。

对于限位十进制数,对称点的最高位是 5,其余各位都是 0,所以比较时只要比较最高位的数码就可以。最高位数码小于 5 的是 0 或正数,否则是负数。根据负数的补码表示是该限位数补码的相反数的约定,立即就可以求得它所表示的值。

例如,5675＝－(10 000－5675)＝－4325。

1.2.3　补码和反码的关系

根据补码和反码的定义,很容易利用一个数的反码来求这个数的补码。例如,4 位十进制数 1234 的反码是 8765,而 1234 的补码是 10 000－1234＝8766。由结果不难看到:一个数的补码等于这个数的反码加 1。

由前面的限位记数知道,互为反码的两个数的和的每一位都是顶码组成的数,而这个数的表面值是限位表示的最大数,与限数只差 1,因而可以得到求一个限位数补码的另一重要方法。

定理 1-1　一个限位数的补码等于这个数的反码加 1。

利用这一结论,求一个数的补码不用作减法,可以直接通过反码加一进行,这对于机器运算来说十分方便。

1.2.4　补码制加法的溢出

限位记数的表数范围是一定的,如果两个限位数作加法,结果的值超出范围,那么就不能用相同位数的限位数表达出来,这种情况叫溢出。

1. 加减法溢出的判断

两个限位数相加,为了能够得到正确的值,必须判断溢出。

溢出的判断非常简单,值符号相反的两个限位数相加,一定不会溢出,也就是说,溢出只发生在值符号相同的限位数相加的过程中。

定理 1-2　值同符号的两个限位数相加,结果改变符号才溢出,不然一定不溢出。

这个定理可以用绝对值的关系加以证明[①],由于繁琐,在此不证。

值不同的两个限位数相减,可以转化成值相同的两个限位数相加,然后利用定理 1-2 来判断是否溢出。例如,512－031＝512＋969⇔481,由于 512 和 969 都是负数,相加的结果却得到了一个正数,依据定理 1-2,512－031 结果溢出。

2. 溢出的解决方法

发生溢出的两个限位数加法,产生溢出的原因是由于最高位进位丢失造成的。如果扩大一位数,表数范围扩大了,那么再作这两个数的加法,结果就不会溢出了。

---

① 请参考《计算机工程与应用》2005 第 5 期“补码制的理解”一文。

例如，780＋590⇔370，780 和 590 的最高位数码都大于或等于 5，表明它们的值都是负的，而 370 的值却是正数，可见这个表面值的加法运算发生了溢出，因而 370 不是要求的正确结果。

为了获得正确的结果，需要将固定的 3 位扩充到 4 位。扩充的关键是最高位添加什么数码。值为正数的限位数扩充，高位加无效 0，这样不会改变原数的值。值为负数的限位数扩充就不能高位加 0 了，因为这样会改变了原数的值。

值为负数的限位数位数扩充，可以先将它的值的相反数扩充一位，然后变成补码制表示。例如，限位数 769 的值是－231，而－231＝－0231，因此扩充成 4 位数的负数－231 的补码制表示是 9769，而 3 位数－231 的补码表示是 769。由此可得限位数位数扩充的重要方法。

定理 1-3 值为负数的限位数位数扩充，要在填充位加顶码，不然在填充位添加“0”。

上面的 780＋590 可以扩充成 9780＋9590⇔9370＝－630，这个结果是对的，因为 780＝－220，590＝－410，所以它们相加的值是－630。

1.2.5 变减法为加法

限位记数不仅可以解决机器表数的正负问题，而更重要的是可以变减法运算为加法运算。例如：

$$
\begin{aligned}
123-456 &= 123+544 \\
&\Leftrightarrow 667 \\
&= -333
\end{aligned}
$$

这种变化是将最初值的减法运算转化成了补码制表示，由于减去一个数就是加上这个数的相反数，因而减法问题变成了加法。表面值相加的结果表示的是一个负数，它的值是正确的。

这种转换不论对减数是正数还是负数都可以。再如，

$$
\begin{aligned}
743-821 &= 743+179 \\
&\Leftrightarrow 922 \\
&= -78,
\end{aligned}
$$

而 743＝－257，821＝－179，－257－(－179)＝－78，运算结果正确。

出于方便记录的需要，以下 n 个相同的数码 x 连写，记为下 $x^{\wedge n}$。

限位记数变减法为加法的道理，可以如下认为：

设 a、b 是位数为 n 的限位数，那么限数是 10^n，但它的 n 位表示形式上就是 n 个 0 组成的数。由于

$$
a-b=a+(0^{\wedge n}-b)\Leftrightarrow a+(10^n-b)=a+b'
$$

这就告诉我们，形式上可以用限位记数的加法替代减法运算，当然结果有可能溢出，需要判断。如果加法运算产生溢出，可以用补码制位数扩充的方法，扩充一位得到正确的结果。

由于限位记数中减法可以用加法完成，这样加、减、乘、除，全部算术运算都可以用补码制加法运算来完成。

1.3　任意进制数

任意进制数的理论和方法是计算机使用二进制数的基础，因此研究任意进制数的理论和方法，对学习计算机原理是非常重要的。日常生活中人们熟悉的是十进制数，例如算盘使用十进制，而数字电子计算机使用二进制、八进制、十六进制。

1.3.1　任意进制数概述

使用多少个数码来进行记数？这个问题涉及进制的问题。

1. 任意进制数

在十进制数的基础上，再利用数码，可以定义任意进制数。

定义 1-11　用 0，1，2，…，@ 这 N（N 是十进制大于 1 的整数）个数码，由右向左按"逢 N 进一"规则排列记数（其中@＝N－1），得到的就是一个 N 进制整数。如果再规定小数点的位置，就得到的是 N 进制小数。N 称为进制的基数。

例 1-1　把十进制的 27 写成七进制的数。

根据定义，由于 27 没有一个七进制的数码能够表示，所以按"逢七进一"的要求，七进制数最右面的一位数码要用 27 除以 7 的余数表示。现求得余数为 6，商是 3。七进制的数码"6"能够表示余数 6，七进制的数码"3"来表示商 3。将数码"3"写在数码"6"的左边，于是得到所求的七进制数是：36。

例 1-2　把十进制的 27 写成十五进制的数。

根据定义 1-11，用 27 除以 15，得余数 12，商 1。用十五进制的数码"C"可以表示余数 12，用十五进制的数码"1"来表示商 1，于是这个十五进制的数是：1C。

出于人们的习惯，一般小数点左面的记数位置开始，由右向左仍分别叫个位、十位、百位、千位、万位……，小数点右面的记数位置，由左向右仍分别叫十分位、百分位、千分位、万分位等。

2. 数值定理

N（N 是十进制整数，N≥2）进制的两个数码左右排列所表达的十进制数是多少？这可以表述成下面的数值定理。

定理 1-4（数值定理）　若 XY 是两个 N 进制数码组成的数，那么 $X'\times N+Y'$ 等于 XY 表达的数值；小数点左移一位原数缩小 N 倍，右移一位原数扩大 N 倍。

根据 N 进制数的定义 1-11，立即就能得到这些结论。

例 1-3　求九进制的 820 和 十七进制 3.4 的值。

根据数值定理，先将 820 小数点左移一位，得到九进制 82 的值是 $8\times9+2$，再将小数点右移一位，得到九进制的 820 的值是 $(8\times9+2)\times9+0=666$。

同样，十七进制的 34 的值是 $3\times17+4$ ，左移十七进制的小数点一位等于用 17 除。所以十七进制的 3.4 的值是 $(3\times17+4)/17=3+4/17\approx3.235$。

例 1-4　将十进制数 454 表示成十二进制的数。

十二进制数码为 0，1，2，3，4，5，6，7，8，9，A，B。

根据数值定理，将 454 看成十二进制的两个数码“XY”表达成的数，个位“Y”的求法是 454/12 余数是 10，用十二进制的数码“A”表示。由于商是 37，找不到对应的数码表示，所以继续使用数值定理。

十位的求法是 37/12，余数是 1，商是 3。

百位的求法是 3/12，余数是 3，商是 0。

所求的十二进制数是：31A。

例 1-5 将十进制数 0.64 表示成五进制的数。

这是一个小数，不能从个位记，根据数码的左右关系及数值定理，可先将 0.64 乘以 5 的幂次化成整数，以便将化成的五进制整数，用小数点移位的方式化成小数。因为 $0.64\times25=16$ 故可以先将 16 化成五进制数。

16/5 商是 3，余数是 1。

3/5 商是 0，余数是 3。

16 化成五进制是 31，再将小数点左移两位表示除以 25，得到所求的五进制数是：0.31。

为了指明某个数是 N 进制的数，今后约定将基数“N”用括号记在数的右下角。例如五进制的 0.31 记成 $0.31_{(5)}$。出于习惯，十进制的基数“10”不写。在计算机的研究中，对于二、八、十六进制，常在数的左边标注 b、o、h，然后写相应进制的数码。

3. N 进制数的加法

N 进制数的运算和十进制数的运算完全一样，在运算中只要记住“逢 N 进一”和“借一当 N”就可以了。

例 1-6 计算 $6544_{(7)}+304_{(7)}-266_{(7)}$。

$$\begin{array}{r} 6544_{(7)} \\ +\quad 304_{(7)} \\ \hline 10\,151_{(7)} \\ -\quad 266_{(7)} \\ \hline 6552_{(7)} \end{array}$$

即

$$6544_{(7)}+304_{(7)}-266_{(7)}=10\,151_{(7)}-266_{(7)}=6552_{(7)}$$

这种加减过程完全像十进制数一样列成竖式计算。关于乘法和除法也和十进制完全一样，只不过要编制相应进制的乘法口诀罢了。

1.3.2 任意进制数互化

一个数所表达的实际意义是确定的，但在不同的进制中它的表达形式是不一样的。怎样才能知道在不同的进制形式下的两个数是表达同一个内容呢？要做到这一点就应该将它们化成相同进制的形式才能确定，为此必须讨论任意进制数的互化问题。将十进制数化成任意进制数，根据任意进制数的定义就能够做到，所以先讨论将任意进制数化成十进制数的情况，然后再去讨论有关各种进制数的互化问题。

1. 任意进制数化成十进制数

不论什么进制，只要两数的值相等，就可以用等号连接。要说明两个数相等，一般要将它们都化成常用的十进制数。

例如，$a=24_{(8)}$与$b=010100_{(2)}$的值都是20，所以$a=b$。

互化公式

一个N进制的数，例如$6552_{(7)}$，依据数值定理，它的值可以分解为

$$\begin{aligned}655_{(7)}\times 7+2 &= ((65_{(7)}\times 7)+5)\times 7+2\\ &= (((6\times 7)+5)\times 7+5)\times 7+5)\times 7+2\\ &= 6\times 7^3+5\times 7^2+5\times 7+2\end{aligned}$$

也就是

$$6\times 7^3+5\times 7^2+5\times 7+2\times 7^0=2340$$

结果是一个十进制数。根据这一过程，就可以得到将一个N进制数化成十进制数的公式。

定理1-5(互化定理)　设$a=A_nA_{n-1}\cdots A_0\cdot A_{-1}\cdots A_{-m}$是一个N进制的数，则a的值是

$$a=A'_n\times N^n+A'_{n-1}\times N^{n-1}+\cdots+A'_0\times N^0+A'_{-1}\times N^{-1}+\cdots+A'_{-m}\times N^{-m}$$

其中A'_k($-m\leqslant k\leqslant n$，m、k、n是非负整数)是数码的值。

根据数值定理，先将$A_nA_{n-1}\cdots A_0\cdot A_{-1}\cdots A_{-m}$乘以$N^m$就得到一个整数，按照$XY=X'\times N+Y'$展开，得

$$\begin{aligned}a\times N^m=&A'_n\times N^{n+m}+A'_{n-1}\times N^{n-1+m}+\cdots+A'_0\times N^{0+m}\\ &+A'_{-1}\times N^{-1+m}+\cdots+A'_{-m}\times N^{-m+m}\end{aligned}$$

然后再除以N^m就相当于将小数点左移m位即得。

例1-7　将十六进制数$3AB.DC_{(16)}$化成十进制数。

十六进制数3AB.DC中的数码分别对应十进制中的3,10,11,13,12，则依互化定理，得

$$\begin{aligned}3AB.DC_{(16)} &= 3\times 16^2+10\times 16+11+13\times 16^{-1}+12\times 16^{-2}\\ &= 768+160+11+13/16+12/256\\ &\approx 939.86\end{aligned}$$

计算的结果是十进制的936.86，它是一个近似值，保持了原有的小数位数。

2. 不同进制数的互化

1) 十进制数化成N进制数

从互化定理知，十进制数a化成N进制数，可以分成求整数数码和小数数码两部分来做。可以认为一个十进制数可以化成定理1-5的形式。将十进制数的整数逐次用N除，所得余数所对应的数码就是N进制的整数数码，而将十进制的小数部分用N乘，每次乘积所得整数对应的数码就是该位N进制小数数码。

例1-8　将-73.24化成十六进制数。

先解决73.24转化的问题，正负号可以最后加上。$73/16=4$余9，所求整数部分

是 $49_{(16)}$。

小数 $0.24\times16=3.84$，$0.84\times16=13.44$，$0.44\times16=7.04$，求得的十六进制三位小数是 $0.3D7_{(16)}$。于是保留 2 位小数 $-73.24\approx-49.3d_{(16)}$。

2）两种进制数的互化

不同进制数之间的互化，可以通过十进制进行。例如将 M 进制的数化成 N 进制数，可以先将 M 进制的数化成十进制数，然后再将这个十进制数化成 N 进制数。

3）特殊进制数的互化

任意两个进制数的互化是比较麻烦的，计算机当中使用的也不多。计算机中常用二进制与八进制或十六进制的互化，八进制和十六进制都与二进制之间有特殊的关系，相互转化表达形式非常容易。这里将一般进制数能够直接相互转化的依据归纳成定理。

定理 1-6 N、M、n 都是十进制正整数，在 N 进制和 M 进制记数法中，若 $N=M^n$，则

(1) N 进制的数码都可以用 n 位 M 进制的数码表示；

(2) 两种数制的数转换，只要把相应的数码表示替换即可。

定理证明可以利用多项式和数学归纳法完成，纯属于数学问题，在此举例来说明定理的证明方法。

表 1-1 是八进制数码与二进制数之间的对应关系表。每一个八进制数码都可以用 3 位二进制数码来表示。八进制的数 $6732_{(8)}$ 化成二进制数为 $110111011010_{(2)}$，要证明这两个数相等，应该把它们都化成十进制数看值相等就可以了。

表 1-1 八进制与二进制数码对应关系

八进制	二进制	八进制	二进制	八进制	二进制	八进制	二进制
0	000	1	001	2	010	3	011
4	100	5	101	6	110	7	111

实际上，由于

$$6732_{(8)}=6000_{(8)}+700_{(8)}+30_{(8)}+2_{(8)}$$

$$110111011010_{(2)}=110000000000_{(2)}+111000000_{(2)}+011000_{(2)}+010_{(2)}$$

要说明 $6732_{(8)}$ 和 $110111011010_{(2)}$ 相等，只要证明两等式右面的多项式对应项值相等就可以了。如

$$700_{(8)}=7\times8^2=7\times64=448$$

$$111000000_{(2)}=2^8+2^7+2^6=256+128+64=448$$

这就说明了两个多项式的第二项相等的，同样还可以指出其他项对应相等。

定理中的(b)就是依据这一思想证明的。

例 1-9 十六进制和四进制间数码对应关系由表 1-2 给出，求 $3ABCF_{(16)}$ 的四进制表示。

由定理 1-6 及表 1-2 立即得到

$$3ABCF_{(16)}=0322233033_{(4)}$$

表 1-2　十六进制和四进制数码转换表

十六进制	四进制	十六进制	四进制	十六进制	四进制	十六进制	四进制
0	00	1	01	2	02	3	03
4	10	5	11	6	12	7	13
8	20	9	21	A	22	B	23
C	30	D	31	E	32	F	33

例 1-10　八进制和二进制数码间有表 1-1 的转换关系，求 $110100111011111_{(2)}$ 的八进制表示。

根据表 1-1 中的对应关系，立即得到

$$110100111011111_{(2)}=64737_{(8)}$$

由于十六进制数的书写位数比十进制还少，又方便与二进制转换，故在计算机中常用十六进制数来考虑问题。

1.4　二进制数

计算机是由电子器件构成的，电子器件的电位在电路中最容易检测和控制，并且有十分清楚的两种对立状态。如果将低电位用“0”来记，高电位用“1”来记，那么用电子器件就可以记录数，这就是计算机为什么使用二进制数的道理。

1.4.1　二进制数的加减法

用数码 0、1 按“逢二进一”的规则记数，得到的就是一个二进制数。二进制数只有数码 0、1，顶码是 1，所以 0、1 互为反码。可以理解，如果进制的基数越小，同值数的记数位数就越长。二进制是记数位数最多的数制，然而由于数码只有两个，故用机器记数非常方便。

2^n 的二进制表示是 $10^{\wedge(n-1)}$ 的形式，将一个十进制数化成二进制数，可以拆分成 2^n 的加法。

例 1-11　将 123 化成二进制数。

由于 123＝64＋32＋16＋8＋3，所以

$$123=1000000_{(2)}+100000_{(2)}+10000_{(2)}+1000_{(2)}+11_{(2)}=1111011_{(2)}$$

因为二进制数只有数码 0 和 1，二进制固定 n 位数全体的中分点是一个 $10^{\wedge(n-1)}$ 的数，所以二进制数的补码制表示下正负数判断非常简单，只要看最高位是“0”还是“1”就可以。最高位是“1”一定是负数，否则是正数。

例 1-12　补码制下计算 $10111101_{(2)}+11000100_{(2)}$。

同十进制数一样，采用对位加

$$\begin{array}{r} 10111101_{(2)} \\ +\quad 11000100_{(2)} \\ \hline 10000001_{(2)} \end{array}$$

两个负数相加的结果仍然是一个负数，没有发生溢出。结果 $10000001_{(2)}$ 是一个负数，它是 $-01111111_{(2)}$ 的补码制表示，所以最后的值是 -127。

为了能够和我们日常的认识一致，手工计算求值的结果一定要化成带符号的十进制数，这样容易理解数值的大小。

例 1-13 补码制下计算 $10101101_{(2)}-00100010_{(2)}$。

根据补码制下减法可以变成加法的运算方法，现求减数的补码。

$00100010_{(2)}$ 的反码是 $11011101_{(2)}$，因此它的补码是这样

$$10101101_{(2)}-00100010_{(2)}=10101101_{(2)}+11011110_{(2)}\Leftrightarrow 10001011_{(2)}$$

两负数相加的结果是一个负数，没有溢出。结果的值是 $-01110101_{(2)}$，这不是补码制表示，它的值是 $-(64+32+16+5)=-117$。结果是否正确，可以用值运算来验证。

$$10101101_{(2)}=-83,\quad 00100010_{(2)}=34,\quad -83-34=-117。$$

1.4.2 超长二进制数

由于同样值的数二进制表示的位数最长，并且计算机使用的就是二进制数，所以就以超长的二进制数来说明如何处理一般位数的数。

以 8 位的二进制数为例，假如一个数的长度是 64 位，那么必须用 8 个 8 位来分别记录其中的一部分，而且要按顺序排列。在补码制下，这个 64 位数的正负，要看最高 8 位的最高位，此位是 0，就表示 64 位数的值是正数，此位是 1，就表示这个 64 位数是负数，负数的表示要通过"求反加一"并添加负号来求值。

超长数的加法运算，要通过限位数的多次计算完成，方法是由低向高逐次进行。除了第一次加运算之外，每次进行的都是带前次进位数的加法，这样才能保证整体的一致性。在运算中如果某些数位数少，那么按照最高位来添加高位数码即可。例如

$$10110+101110110101\Leftrightarrow 111111110110+101110110101$$

这种事情也可以反过来做，如果从高位过来的二进制数有连续若干个相同的数码，那么在补码制下可以只保留一个。

超长数的加法运算溢出判断同一般的限位数，只要对同号两数值符号的变化进行判断即可。减法的运算是通过加法完成的，因而用加法判断溢出。

如果二进制数带有小数点，那么可以用 2^n 去乘（n 是正整数），使之成为一个整数处理，最后再将结果用 2^n 去除化成相应的小数。由于这种乘或除只是认识上的小数点移动，实际操作中并不需要产生动作，因而记住小数点的位置，将带小数点的数作为整数处理没有任何问题。

n 位二进制数的表数范围是 $[-2^{n-1},2^{n-1}-1]$，表面值是对称点 2^{n-1}，用二进制来表示是 $10^{\wedge(n-1)}$。

1.4.3 二进制数的基数表示法

近些年来用计算机辅助设计来完成电子电路设计发展很快，硬件设计语言 Verilog HDL 和 VHDL 都在使用一种用二进制位数标明长度，用不同进制数码表达数的方法。例如 $-5'd12$，这实际上是要求用 5 位二进制数表示 -12，即 $-5'd12=10100_{(2)}$。

二进制数的基数表示法的格式：

[二进制位数]′　基数代码　数码排列

例如 16′h01ab，表示的是 16 位的二进制数，用十六进制表示是 h01AB。

如果格式中“二进制位数”不写，那么系统以默认长度认定。Verilog HDL 中默认二进制位数是 32。例如－′d12/4＝－3，那么－′d12 应是 $10100_{(2)}$ 前面扩充 27 位，并且扩充位都是 1 的数，这仍然表示的是一个负数；当除以 4 之后，值仍是－3。如果将结果写成无符号数，那么结果化成十进制应是 1073741821。

1.5　信息编码

信息分为数值信息和非数值信息。数值信息在计算机中表示成二进制数，非数值信息在计算机中也可以用二进制数来表示，非数值信息用二进制数表示的过程叫信息的数值化。用 0，1 这两个数码只能表达和记载两种不同的信息，如果要表达多个不同的信息，比如四种不同的信息，就必须用两个位置，让数码 0、1 排列起来。

把两个有序的位置放上 0 或 1，可以有四种不同的排列形式：00，01，10，11，用这四种不同的 0 和 1 的排列就可以记录四种不同的信息。一般地说，n 是正整数，0，1 的 n 位排列就可以用来记录 2^n 个不同的信息。不难想象，用这种记法，就可以表达各种各样的信息，条件是只要表达数的位数足够多就可以。

用数码 0、1 来表达信息的关键，要使信息和 0、1 数码的排列建立起一一对应的关系，寻找出这种一一对应关系，就是各种信息数值化的关键。下面以图形文字、颜色和声音等的数值化来说明具体的方法。

1.5.1　图形文字数值化

实际当中，人们记录事情并不单单用数，而常常是使用文字符号。人们使用的文字符号叫字符。用字符来记录事情要比用数字直观方便。日常生活中，人们把字符写在纸上，这是人们熟悉的记录事情的方法。在计算机中如何让人们见到字符？也就是如何把人们已经熟悉的字符表达出来？这个问题通过字符的数值化，已经巧妙地实现了。只要仔细地看过打印机打出来字或仔细看过电视机屏幕上的图形，会发现它们都是由小点点构成的。这些小点点的组合变化就可以表示各种各样的图形，当然表示字符就更不在话下了。

图 1-2 表示的是一个字母 A 的图形。不难想象当小方块小到像一个点的时候，深色的部分就是字母“A”。这些小方块一共有 8 行，每行有 8 个小块，可以认为是 8 个点。如果每个点用一个二进制数位表示，这 8 个点正好可用一个 8 位的二进制数表达。具体的方法是：小方块如果是深色，用“1”来表示，否则用“0”来表示。

这样由上到下就能得到一个二进制的数组，这个数组叫字符 A 的数字码或字形码（见图 1-3），习惯上人们称它为字模。其他图形文字都可以按照字符 A 的方法设计出来。

字符的字模是二进制数组，要想将字模变成人们能够见到的字符，还得通过将数转化成图的设备（例如显示器），经过将数码“1”转化成发光的亮点，数码“0”不发光的形式，并将这些点按照原来字符数值化的相对位置排列起来，才能见到原来的文字图形。

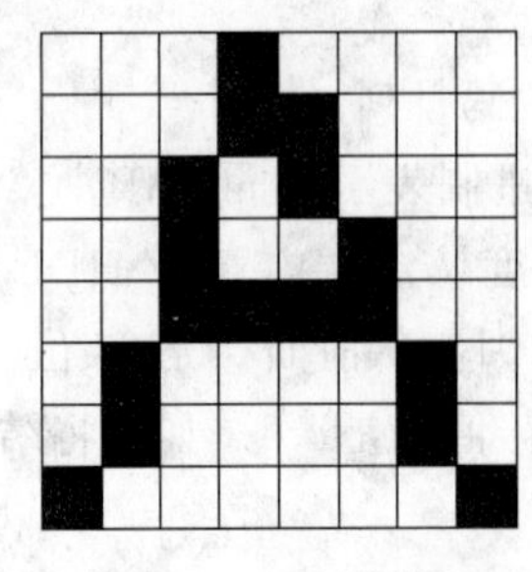
图 1-2 字符数值化

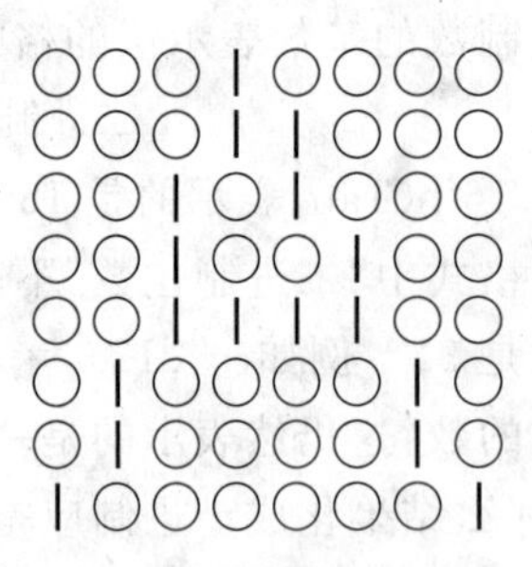
图 1-3 字符 A 的字模

由此不难想到，任何黑白颜色的图形都可以用这种方法，用二进制数把它们表示出来。这就是数字电子计算机能够表示各种图形的道理。

图形文字数值化有一个细腻程度的问题，通常用分辨率来描述。分辨率的大小应该定义为单位面积上光点的数量。例如，1024dot/cm^2，10 240×7680dot/m^2 等。目前分辨率常采用一显示屏有多少个发光点来表示，由于显示屏的尺寸不同，故而单独使用分辨率不能够细致地区分光点的细腻程度。像电视机，由于显示的光点数一般是一样的，大尺寸的电视就显得粗糙，小尺寸的电视就显得细腻。从视觉上，分辨率越高，见到的图形就越逼真。

1.5.2 颜色的数值化

图形文字颜色是单一的，如果不同的点有不同的颜色那该怎么办呢？由图 1-2 可以看到当小方格子的颜色不一样时，那样只用一位二进制数来表示就不行了。这时可以用多位的二进制数来表示颜色，比如用 3 位二进制数可以表达出 8 种颜色，用 8 位二进制数可以表达出 256 种颜色等。

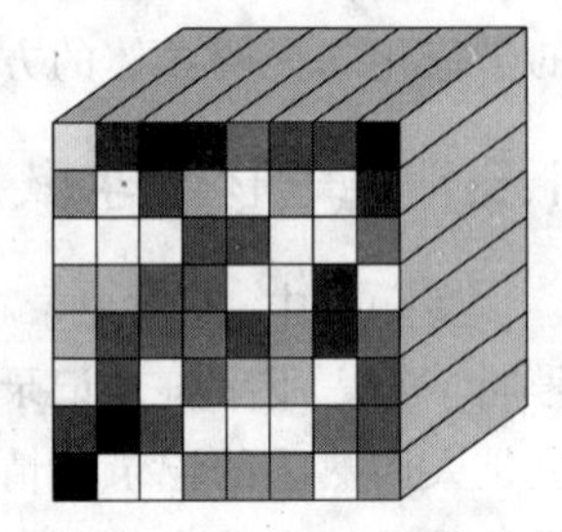
图 1-4 带颜色的点阵

带颜色的平面图形，想象中一般需要立方体的二进制数码排列来表示。图 1-4 中离开读者的方向长条是多个二进制位的数，它代表对着正面这个点的颜色。一般情况下可以根据设计者的意愿建立颜色和二进制数之间的对应关系。例如用 3 位二进制数表示的 8 种颜色，如表 1-3 所示，这样就将颜色数值化了。

表 1-3 颜色与数的对应

颜 色	数 字	颜 色	数 字
红	000	蓝	100
橙	001	紫	101
黄	010	黑	110
绿	011	白	111

1.5.3 模拟信息的数值化

声音、电讯号、温度、强度、形态等反映出来的信息常常是连续的变量形式，这种信息叫模拟信息。将模拟信息转化成二进制数字信息的过程叫模拟信息数值化。这里以语音信息的数值化过程为例来介绍一下模拟信息数值化的一般过程。

语音信息的数值化一般分为三个基本步骤，那就是采样、量化和编码。

图 1-5 所示的是一段声波信号。将这段声波放在直角坐标系内，v 表示信号强度，t 表示时间，那么可以得到 v＝f(t)的曲线，这条曲线就是模拟信号线。模拟信号曲线一般是连续的曲线。

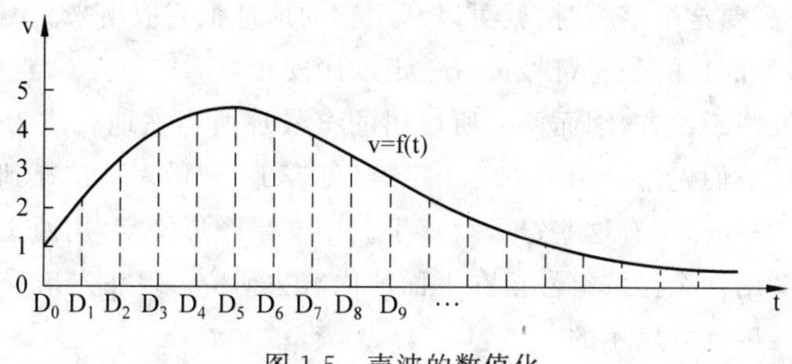

图 1-5 声波的数值化

1. 采样

所谓采样就是选取自变量一些离散值的过程。例如像图 1-5 那样，分别选取 D_i 的值(i＝0,1,2,3,4,5,6,7,8,9)进行观察。

模拟信息的变化是时间 t 的函数，如果选择的时间段越短，观察的模拟信号变化就越精细。这时我们认为数值化就越精确，数字化中采样越“粗糙”，和实际模拟信号的误差就越大，表达的连续信息就会出现“失真”。就声音来说，失真并不是一个陌生的概念。要做到不失真，对坐标的细化程度就有一定的要求，还要对自变量的“取点”(这些取点称为“样本点”)也有一定的要求，比如相邻样本点的距离(D_i 与 D_{i+1} 的距离)有多远，所取样本点是否具有代表性等。坐标的细化和样本的细分是达到精确化的一种方法。

确定样本点的位置与距离的过程，就叫做采样。

实际当中采样是根据对失真的精确度要求来确定的，精确度要求越高，在同一坐标下，一般来说样本点就越密集。

2. 量化

采样之后获得样本函数值的过程叫量化。实际当中常常是不知道函数 v＝f(t)，因而获得函数值是经过某种方式测定的，有时还要多次地测定和比较，以达到能够精确地获得样本点处的函数值。声音、电流、电压等。

3. 编码

所谓编码就是将得到的函数值转化成二进制数的过程。量化的过程得到的数大多数都是十进制数,十进制数用计算机来处理就要转化成二进制数。

经过采样、量化、编码得到的是一组二进制数,用这组二进制数就可以替代相应的模拟信息。可想而知,将模拟信息转化成二进制数码存储,占用的存储空间是较大的,然而优点很多,最大的优点就是方便计算机进行处理。

1.5.4 ASCII 编码

有了字模一般地说就可以表示出一个符号了,但人们使用的符号成千上万,如果都用字模来记录和存储,重复的字模会占用很大的空间。如果将重复的字模只保存一个,那么使用中如何找到它就是一个必须很好解决的问题。实际最好的办法就是把字模进行编址存放,这样当人们需要这个字模时,就可以利用它的地址把它取出来。编排字模的地址要以方便查找最好,最简单的是将符号按着一定顺序安排。

电子计算机发明于西方,因而西方所使用的符号理所当然地就成为了电子计算机首先要表达的符号。他们先是总结了 128 个字符(见表 1-4),后来又扩充到 256 个。由于西文多是由字母来横写的,故有这些符号就够了。中文是图形文字,用西文的 256 个符号是远远不够的。中文用什么样的符号留在下面的内容去研究。现在先来看看英文的 128 个符号是怎样来用二进制数表示的。

如表 1-4 所示,英文使用的 128 个字符的编号可以从 0 排到 127,这用 7 位的二进制数来表示就可以了,这张 7 位二进制数编码表是美国人规定的,简称 ASCII 编码表。有了 ASCII 表,人们使用这 128 个字符就不必直接用它的字模,而只需要存放和传输字模的地址编码,只有在需要显示字符形象时才需要字模。用 ASCII 码存放的文件被称为文本文件。

表 1-4 ASCII 编码表

二进制地址	字符	二进制地址	字符	二进制地址	字符	二进制地址	字符
00000000	NUL	00001110	SO	00011100	FS	00100011	*
00000001	SOH	00001111	SI	00011101	GS	00100100	+
00000010	STX	00010000	SLE	00011110	RS	00100101	,
00000011	ETX	00010001	CS1	00011111	US	00100110	—
00000100	EOT	00010010	DC2	00100000	(space)	00100111	.
00000101	ENQ	00010011	DC3	00100001	!	00101111	/
00000110	ACK	00010100	DC4	00100010	“	00110000	0
00000111	BEL	00010101	NAK	00100011	#	00110001	1
00001000	BS	00010110	SYN	00100100	$	00110010	2
00001001	HT	00010111	ETB	00100101	%	00110011	3
00001010	LF	00011000	CAN	00100110	&	00110100	4
00001011	VT	00011001	EM	00100111	'	00110101	5
00001100	FF	00011010	SIB	00101000	(	00110110	6
00001101	CR	00011011	ESC	00101001	)	00110111	7

续表

二进制地址	字符	二进制地址	字符	二进制地址	字符	二进制地址	字符
00111000	8	01001010	J	01011100	\	01100111	n
00111001	9	01001011	K	01011101	]	01101111	o
00111010	:	01001100	L	01011110	^	01110000	p
00111011	;	01001101	M	01011111	_	01110001	q
00111100	<	01001110	N	01100000	`	01110010	r
00111101	=	01001111	O	01100001	a	01110011	s
00111110	>	01010000	P	01100010	b	01110100	t
00111111	?	01010001	Q	01100011	c	01110101	u
01000000	@	01010010	R	01100100	d	01110110	v
01000001	A	01010011	S	01100101	e	01110111	w
01000010	B	01010100	T	01100110	f	01111000	x
01000011	C	01010101	U	01100111	g	01111001	y
01000100	D	01010110	V	01101000	h	01111010	z
01000101	E	01010111	W	01101001	I	01111011	{
01000110	F	01011000	X	01100011	j	01111100	|
01000111	G	01011001	Y	01100100	k	01111101	}
01001000	H	01011010	Z	01100101	l	01111110	～
01001001	I	01011011	[	01100110	m	01111111	

西文 128 个字符中可以显示的字符字模(控制字符另外处理),统一按 ASCII 编码的顺序放在计算机内,将全体统称为字库。如果需要见到字符的形状,就按照 ASCII 编码去查找字模,然后将字模复制到相应的位置进行处理。

西文的 ASCII 编码,既是字符在字库中的地址码,也是各种记录形式的存储码。这其中的关键是西文字符可以排序,而汉字排序一直没有解决,故而汉字的编号和存储问题要复杂得多。

1.5.5　汉字库与机内码

我国的汉字有几万,最常用的也有 8000 以上。汉字数值化所形成的字模是横纵向的点组成的,因而又叫点阵。汉字的字模存放在一起叫汉字字库。由于点阵的细腻程度不同,分为 16×16、24×24、32×32 等点阵字库。从表达的字体来分又有宋体、隶书、仿宋体、黑体等。

由于汉字并不像西方文字那样能拆分成基本的字母顺序书写,所以不是用 8 位的地址编码就能解决全部汉字问题,显然再延用 ASCII 编码是不行的。为此,人们又不得不研究出一套适合汉字的编码方法。在汉字编码中目前人们使用的是双 8 位的 16 位的机内码。机内码可以通过一定的计算而得到汉字字模的地址,从而得到字模。

无论 ASCII 编码还是机内码都比字模所占的存储空间要小得多,用它们来记录文字要节省很多存储空间。实际使用中,人们将计算机中放一个字库,文章记录都放置的是字符的编码,需要图形时通过编码查找到字模,然后再以某种方式显示给人们看。

为了同西文区别,机内码采用了两个8位二进制数的形式。由于8位ASCII码的最高位是0,因而汉字机内码采用最高位是1的办法加以区分。比如'啊'的机内码是十六进制数 $B0A1_{(16)}$ 即二进制数 10110000 10100001,可见两个字节的最高位都是"1"。有关机内码的问题,有兴趣的读者可以参考相关的书籍。

现在有一种16位的文字编码 unicode,这种编码是将汉字和西文统一用16位二进制数记录的。出于编码的需要,汉字处理用16位二进制数更加方便。

1.5.6 外码

汉字的机内码仅仅是提供了一种汉字与二进制数的对应,虽然机内码可以作为汉字存储的代码,但这些代码仍然是人们所不熟悉的。怎样利用人们已经熟悉的汉字书写方法得到机内码是一个很复杂的问题。可以说直至如今还没有解决好。为了同世界接轨,汉字的输入还基本是采用英文键盘,因而一般汉字输入方法,都是利用键盘上的字符进行编码的,要通过键盘的击键编码得到汉字的机内码,必须通过一定的转换形式,使保存在文件中的最后是机内码。这种利用键盘所具有的字符进行编码,从而输入汉字的方法已经获得了相当的成功,这种编码不同于机内码,故人们称之为外码。现在使用的拼音、五笔字型、区位、自然码、认识码等都是外码。

1.6 布尔代数

计算机能够替代人脑进行工作的另一块基石,是布尔代数的理论和方法。布尔代数是人的思维判断与逻辑推理的一种数学抽象,因而它又叫逻辑代数。布尔代数是只有逻辑值"0"和"1"的代数,也可以说是最简单的代数。人们的逻辑思维活动,主要表现为判断和推理,用布尔代数就可以描述人脑的判断和推理。

1.6.1 布尔代数的概念

在布尔代数的学习中,将使用系统这个概念。何为系统?严格地说现在尚无定论。一个系统可以认为是所涉及的对象全部,其中包括对象和对对象的各种处理操作。理论研究中,时常将对数据的各种处理操作称为运算。

定义 1-12 在一个非空集合上定义了若干个运算,那么所成的系统叫代数系统,简称代数。

实际当中人们研究的代数系统很多,由于课程的需要,在此只研究逻辑代数,也就是布尔代数。下面给出布尔代数的定义。

定义 1-13 布尔代数是在集合{0,1}上定义了运算:

或运算	与运算	非运算
$0+0=0$	$0\cdot 0=0$	$1'=0$
$0+1=1$	$0\cdot 1=0$	$0'=1$
$1+0=1$	$1\cdot 0=0$	
$1+1=1$	$1\cdot 1=1$	

所构成的系统。其中"＋"、"·"、"′"是"或"、"与"、"非"逻辑运算符。

在布尔代数中的0,1叫逻辑值,它们是逻辑常量。0常用来表示否定,1常用来表示肯定。例如,一盏灯的状态可以用0表示不亮,用1表示亮。再如,电路中某一点的电势相对某一个标准低就用0来表示,而这一点的电势高,就用1来表示。

1.6.2　布尔代数的基本运算规则

布尔代数中逻辑值有或、与、非三种运算,这些运算是最基本的,通过它们的组合定义出一些新的运算都叫组合运算。就这三种基本运算来说,掌握好它们之间的运算规律,就足以使人们对逻辑代数有一个较全面的了解,特别是掌握这些运算之间的规律,对于进行逻辑运算的化简有着十分重要的意义。

1. 逻辑变量与逻辑表达式

逻辑运算问题将涉及逻辑表达式的有关概念,为此要给出逻辑变量和逻辑表达式的定义。

定义1-14　在布尔代数中取值0,1的变量就称为逻辑变量。

同一般代数中的变量一样,逻辑代数中的逻辑变量也用英文字母表示。例如,A,B,a,b,a_1,b_2等都取值0或1,它们都是逻辑变量。逻辑变量之间可以进行基本的逻辑运算,从而组成了各种运算关系式,这些关系式就是逻辑表达式。

定义1-15　逻辑表达式是把逻辑常量、逻辑变量用逻辑运算符和表明运算顺序的括号连接起来组成的式子。

逻辑表达式的运算最终结果叫逻辑表达式的值。不论什么样的逻辑表达式,运算的最终结果,不是0,就是1,不会出现第三种结果,这种情况的逻辑代数又被称为二元逻辑。

在逻辑表达式中如果没有括号限制,三种基本逻辑运算的优先顺序是"非"、"与"、"或",如果有括号存在,要从内向外的顺序进行运算。

按照习惯,在逻辑表达式中与运算的"·"号可以不写。

用或运算连接的逻辑表达式,又可以叫逻辑多项式,只包含变量自身或者变量的非的与运算的逻辑表达式,今后称为逻辑项。例如,x、y、z是逻辑变量,那么$xy+yz+xz+xyz+x'z'$是逻辑多项式,xy、yz、xz、xyz、$x'z'$都是逻辑项。

在计算机的设计问题讨论中,一个逻辑变量常用一条线来表示。

2. 基本逻辑等式

有了逻辑表达式的概念,容易验证下面的基本逻辑运算规律。假设A、B、C、D为取值0,1的逻辑变量,则

(1) 0-1律：　$A+0=A$　　　$A+1=1$

　　　　　　$A1=A$　　　　$A0=0$

(2) 重叠律：　$A+A=A$　　　$AA=A$

(3) 互补律：　$A+A'=1$　　　$AA'=0$

(4) 双重否定律：　$A''=A$

(5) 交换律：　$A+B=B+A$　　　$AB=BA$

(6) 结合律：　$(A+B)+C=A+(B+C)$　　　$(AB)C=A(BC)$

(7) 分配律：　$A(B+C)=(AB)+(AC)$

$(A+B)(C+D)=AC+AD+BC+BD$

$A+(BC)=(A+B)(A+C)$

(8) 摩根定理：　$(A+B)'=A'B'$　　$(AB)'=A'+B'$

由于变量只是取值 0,1，所以上面的诸等式都十分容易验证。这里仅对几个公式进行验证。

例 1-14　验证 $A+(BC)=(A+B)(A+C)$。

将变量 A、B、C 的全部可能值列在表 1-5 的左边，而将等式两边的表达式列在右边。从表中可以看出 $A+(BC)$ 和 $(A+B)(A+C)$ 不论 A、B、C 取得何值时都是相等的。如此就证明了等式的正确性。

表 1-5　验证 A+(BC)=(A+B)(A+C)

A	B	C	A+(BC)	(A+B)(A+C)
0	0	0	0	0
0	0	1	0	0
0	1	0	0	0
0	1	1	1	1
1	0	0	1	1
1	0	1	1	1
1	1	0	1	1
1	1	1	1	1

今后，把逻辑变量及逻辑表达式值变化的表叫真值表。

例 1-15　验证摩根定理 $(A+B)'=A'B'$ 和 $(AB)'=A'+B'$。

将 A、B 的可能值和两等式的 4 个表达式都列成真值表（表 1-6），从表上可以看到，不论 A，B 取怎样的值，摩根定理的两个等式都是成立的。也就是总有

$$(A+B)'=A'B'$$

$$(AB)'=A'+B'$$

摩根定理验证完毕。

表 1-6　摩根定理验证

A	B	(A+B)′	A′B′	(AB)′	A′+B′
0	0	1	1	1	1
0	1	0	0	1	1
1	0	0	0	1	1
1	1	0	0	0	0

例 1-16　化简 $A'B+AB'+AB$。

解法 1：

$$A'B+AB'+AB=(A'B+AB)+(AB+AB')\quad（根据\ A+A=A）$$

$$=(A'+A)B+A(B+B')\quad（根据分配律）$$

$$=B+A \quad \text{（根据互补律和 0-1 律）}$$

解法 2：

$$\begin{aligned} A'B+AB'+AB &= A'B+A(B'+B) && \text{（根据分配律）} \\ &= A'B+A && \text{（根据互补律）} \\ &= (A+A')(A+B) && \text{（根据分配律）} \\ &= A+B \end{aligned}$$

由例 1-16 可见，逻辑表达式的化简可以有多种方法，实际应用中要能够熟练运用基本公式来化简逻辑表达式。

1.6.3 异或

异或是一个很有用的逻辑运算，在许多问题当中都会用到。异或实际上是一种特殊的组合逻辑运算，其表达式为 $A\oplus B=A'B+AB'$。

逻辑的异或运算表达的是两个互斥事件间的关系，“⊕”是异或运算符。

表 1-7 所示的是变量 A、B 异或值的变化真值表。由表可以看出：A、B 的值相同时，$A\oplus B$ 为 0，当 A、B 的值不相同时，$A\oplus B$ 的值为 1。

表 1-7 异或运算的真值表

A	B	A⊕B	A	B	A⊕B
0	0	0	1	0	1
0	1	1	1	1	0

1.7 逻辑电路

实现计算机最关键的一步，是将信息的表示和处理都能够用物理设备完成。计算机要替代人脑进行工作，必须能够用物理器件完成布尔代数的基本运算。由于布尔代数中集合的元素只有 0 和 1，这样就很容易用电器元件的两种状态来表示，进而制成逻辑电路。利用许多电子元件都可以做出布尔代数中或、与、非运算的器件，但是设计计算机所使用的器件必须满足易检测、易控制修改的要求才行。了解半导体知识的人都知道，半导体晶体管就可以达到这些要求，因此在此仅以理想的半导体晶体管电路来说明或、与、非逻辑电路的组成及工作原理。

1.7.1 二极管和三极管

不论是否学习过晶体管电路知识，下面叙述的内容要认真记住，因为这些内容是学习逻辑电路最基本的内容，掌握好这些内容是理解计算机电路的重要条件。

1. 简单电路知识

在电路的研究中一般使用电路图。图 1-6 是一个直流电路图，图中“a”表示导线，长短线段组“GB”表示直流电源，GB 的长线一端是正极，矩形“R”表示电阻，斜线“S”表示开关。直流电源的长线段一端是高电位，另一端是低电位，当开关 S 接通时，就有电流从上到下流过电阻 R。中学的电学知识指出“电阻的电流流入端是高电位，流出端是低电位”，“连接在一起的电路如果没有电流通过，那么各点的电位相同”，“只用导线连接的电路各点任何情况下电位都相同”。

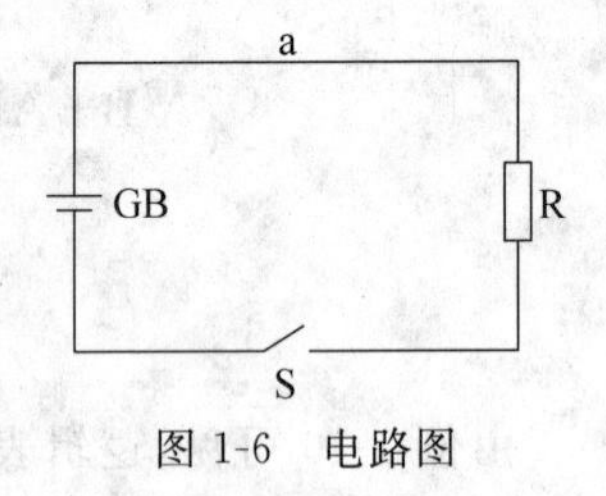

图 1-6 电路图

2. 二极管电路

图 1-7 是晶体二极管的电路符号，它的特性是 a 端高电位、b 端低电位时，a 到 b 有电流通过，这种情况叫导通。如果 a 端是低电位、b 端高电位，那么 ab 之间就没有电流，这种情况叫截止。二极管是组成逻辑电路的重要元件。

3. 三极管电路

三极管的简单符号如图 1-8 所示，b 端叫基极，e 端叫发射极，c 端叫集电极。使用中 c 端和 e 端要加固定的电位。三极管的特性是：当 b 为高电位时，ec 之间导通，而 b 为低电位时，ec 之间截止，即 ec 之间几乎是断开状态。

图 1-7 二极管符号　　图 1-8 三极管符号

关于二极管和三极管的详细特性及工作原理，在逻辑电路问题中不必深究，只要掌握上面提到的这些属性，就可以理解逻辑电路的相关问题。如果想要了解更多的细节，可以查阅相关电路知识的书籍和资料。

1.7.2 基本逻辑门电路

利用二极管和三极管可以组成能够实现逻辑运算的基本电路，这些基本逻辑电路分别称为或门电路、与门电路和非门电路。

1. 或门电路

图 1-9(a)所示的是或门电路，它是用两个二极管并联再和电阻串联组成的电路，粗短线表示接地，接地表示低电位。如果将 a、b、c 高电位用 1 记，低电位用 0 记，那么由二极管的单向导电性可知，当 a 或 b 有一个是高电位时(即 a=1 或 b=1 时)，至少就有一个二极管导通，于是 R 就有从上往下的电流通过，R 的上端 c 相对于另一端是高电位，即有 c=1。

只有当 a 和 b 都是低电位时(a=0 且 b=0)，两个二极管都不导通，R 上就没有电流通过，R 的上端和 R 的下端电势相同，都为低电位，即 c=0。容易验证或门电路的状态和或运算的真值表的值是一样的，因而或门电路可以表达逻辑的或运算。

或门电路今后用图 1-9 中(b)所示的简单符号来记，a、b 叫输入端，c 叫输出端。图 1-9(b)的左图是我国规定的符号，右图是设计软件中使用的符号。

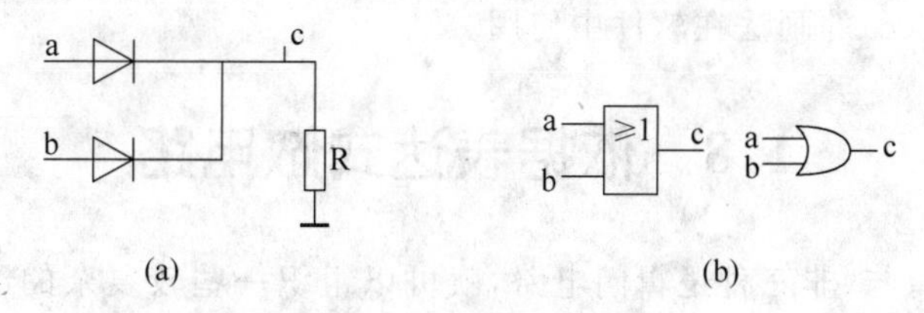

图 1-9　或门电路及符号

2. 与门电路

同或门电路一样,可以用两个三极管组成图 1-10(a)所示的与门电路。这个电路的工作原理是:当两个三极管的基极 a、b 同时加上高电位时,两个三极管都导通,于是电阻 R 才有由上向下的电流,这样 c 端就是高电位(即 c=1),不然,或者 a=0,或者 a=b=0,或者 b=0,此任何一种情况都会使两个三极管至少有一个处在截止状态,这样电路就处于断开状态,电阻 R 没有电流通过。由于 c 端通过电阻 R 和"地"相连,地是低电位,故而 c 端是低电位。

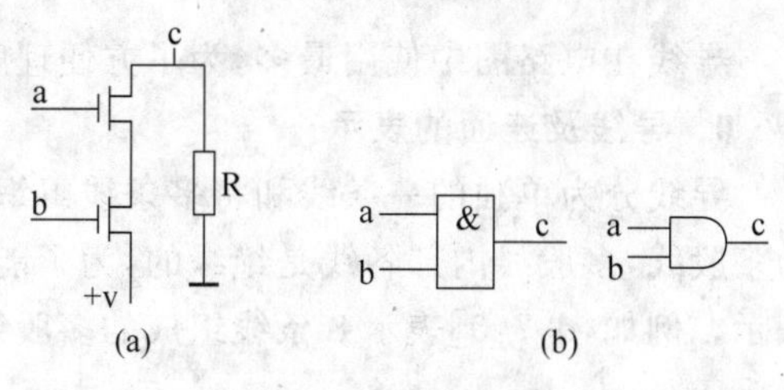

图 1-10　与门电路及符号

从数值上看,与门电路的 a、b 任何一端为 0 都可以使 c 端的值为 0。例如令 a=0,则 c=0,这样 a 就起一个控制端的作用,它能够控制 c 端使之为 0。同样,b 端也有相同的作用。

容易验证与门电路的状态和与运算的真值表的值是一样的,因而与门电路可以表达逻辑的与运算。

与门电路的符号如图 1-10(b)所示,同样 a、b 是输入端,c 是输出端。图 1-10(b)的左图是我国规定的符号,右图是设计软件中使用的符号。

3. 非门电路

非门电路也用三极管组成。图 1-11(a)中的非门电路的 R 是负载电阻。当 a 端高电位即 a=1 时,由于三极管导通,相当于 c 与地直接相连,于是 c 点的电位和地一样,就是 0。而当 a=0 时,由于三极管处在截止状态,c 通过 R 与下端高电位一样,则有 c=1。

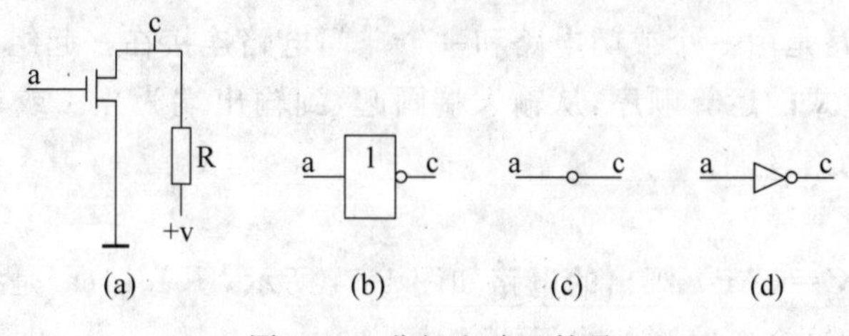

图 1-11　非门电路及符号

非门电路的符号如图 1-11 中的 (b)(c)(d)所示。在电路图的描述中,本书推荐使用图中(c)的画法,因为它描述简单利落,容易和其他电路组合在一起,能直观地表达复杂的逻辑关系。图 1-11(d)的画法在软件中使用。

1.8 依据表达式做电路

有了基本的或、与、非三种逻辑门电路，就可以组织一些较复杂的逻辑电路了。设计逻辑电路时，如果先知道逻辑表达式，那么要确定好自变量与因变量，弄清楚逻辑运算的先后次序，这样就会很容易根据基本的逻辑电路，做出逻辑表达式的电路图。

1.8.1 组合电路

导线在电路图中使用最多，为了方便理解，要规定标注方法和连接表示。

1. 导线及连通的表示

导线分为单独的一条线和将多条线组织在一起的情况，组织在一起的多条线一般称为多股线，多股线内部各线是绝缘的，为了能够说清楚具体是哪一条线，多股线要用向量表示。例如，d[7:0]表示 8 条线组成的多股线。单条线一般用细实线表示，多股线用粗实线表示。

在电路的绘制中经常会碰到导线交叉，交叉的导线有时是连通的，有时又不是连通的。为了区分交叉的两条导线是否连接在一起，电路图中这样规定：当有两条导线连通时，交点涂一黑点（见图 1-12(a)），不涂黑点，就表示两条导线没有连通（见图 1-12(b)）。如果电路中导线出现丁字连接，则规定一律是连接在一起的，为了美观，画图中经常将十字连接的导线改成两个丁字连接的形式。多股线的连通是按指定的序号连接的，如果不指明序号，一律按顺序连接。相互断开的导线如果标注的名称相同，则一律认为是同一根导线。

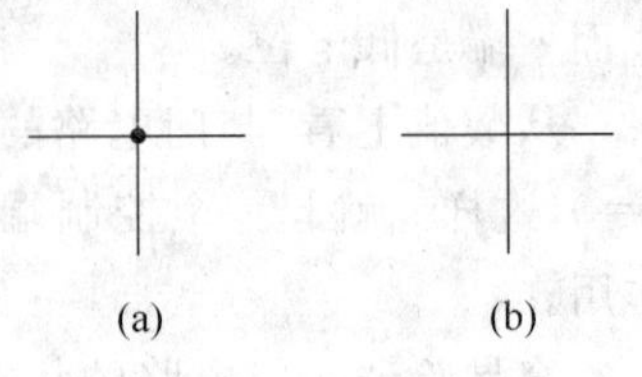

图 1-12 导线连接与交叉

2. 简单组合电路

简单常用的组合逻辑电路有或非门、与非门、异或非门等。

1) 或非门

根据逻辑等式 C=(A+B)′画出的电路如图 1-13 所示，图 1-13(a)是我国规定画法，图 1-13(b)是软件中的画法，四周围的虚线不起作用，主要是为了辅助识别。这个电路叫或非门。或非门电路是由一个或门电路和一个非门电路连接在一起组成的。画逻辑电路图，要根据逻辑表达式的运算顺序，从输入端画起，到输出端为止。或非门要先画或门电路，然后再画非门电路。

2) 与非门

根据逻辑等式 C=(AB)′画出的电路如图 1-14 所示，图 1-14(a)是符号，图 1-14(b)是软件中使用的符号，这个电路叫与非门。

3) 异或门

根据逻辑表达式 $C=A\oplus B=A'B+AB'$，可以画出异或门电路。图 1-15(a)是异或门的组成电路，图 1-15(b)是它的电路符号(左端是符号，右端是软件使用的符号)。

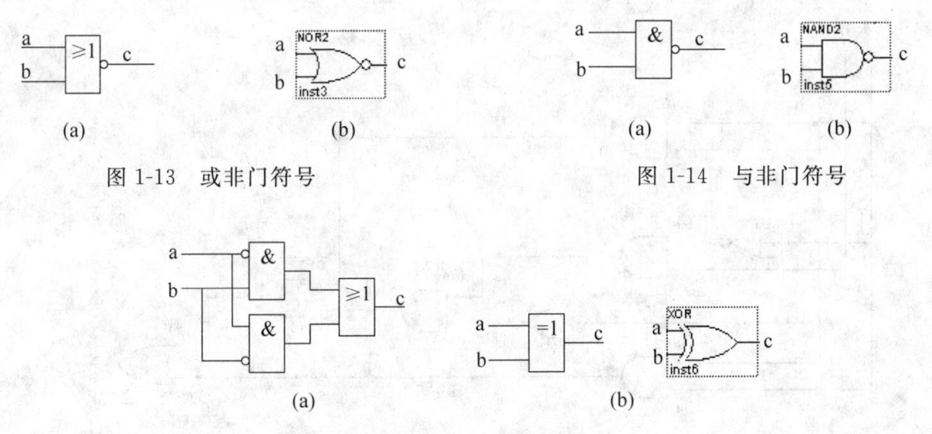

图 1-13　或非门符号

图 1-14　与非门符号

图 1-15　异或门电路及符号

4）异或非门

用符号来表达电路可以达到简单清晰的效果。图 1-16 是用异或门符号和非门符号组合到一起表达的异或非门运算 C=(A⊕B)′的电路，图 1-16(a)是符号，图 1-16(b)是软件中使用的符号。

通过简单组合电路的画法，可以初步了解逻辑电路的组合形式，依据这种组合方式可以画出更复杂的逻辑电路。

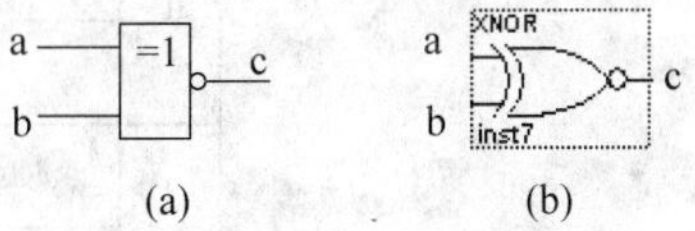

图 1-16　异或非门的符号

1.8.2　逻辑电路的画法

逻辑电路是依据表达式画出的，画逻辑电路时要依据逻辑运算的先后顺序，先画自变量的部分，每一个自变量用一条导线表示，然后根据逻辑关系用逻辑门连接，最后得到因变量的输出线。下面举两个根据逻辑表达式画出电路图的例子。

例 1-17　逻辑表达式 $Y=AB+A'BC'+AC$，画出电路图。

用导线 A、B、C 表示自变量 A、B、C，按照逻辑函数右面的运算顺序，先用与门连接，然后再用或门连接，最后得到输出线 Y，它就是逻辑变量 Y。最后的结果如图 1-17 所示。

当表达式有异或运算时，可以先根据公式 $A'B+AB'=A\oplus B$ 将表达式化简整理后再画电路图。

例 1-18　根据 $Y=(A'B+AB')C+A'C+AC'$ 这个表达式画出电路图。

等式

$$
\begin{aligned}
Y &= (A'B+AB')C+A'C+AC' \\
&= (A\oplus B)C+(A\oplus C)
\end{aligned}
$$

根据这个表达式得到图 1-18 所示的逻辑电路。

此例的化简并不是一定是最简单的，假如手中有许多的异或门，这种化简是合适的。逻辑电路设计中常要根据手中的门电路元件来确定化简方向。

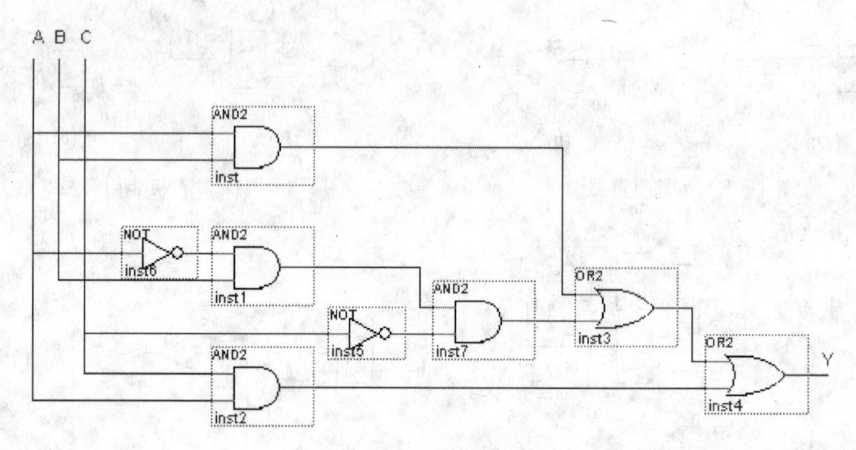

图 1-17　组合逻辑电路

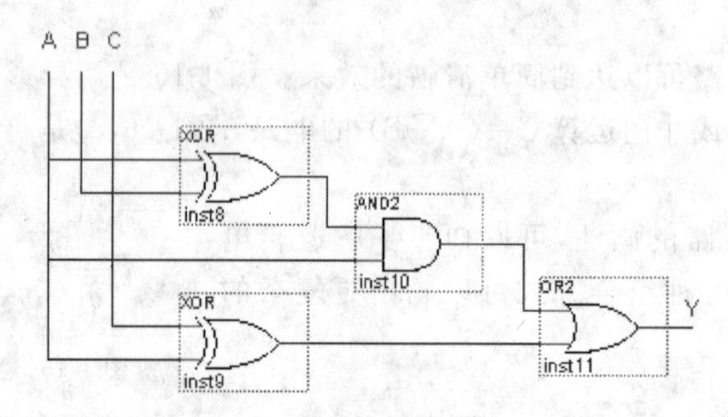

图 1-18　用异或画出的逻辑电路

1.9　真值表与逻辑函数

在计算机的电路设计中，往往会根据分析逻辑变量的值的变化，找到变量之间的因果关系，进而写出逻辑函数，最终再画出它们的电路图。

1.9.1　逻辑真值表

在逻辑代数中常把相关的一些逻辑值列成一张表，也就是逻辑真值表。一些变量间的因果关系，可以从它们的逻辑值间的关系找，也就是从它们的真值表中找到变量之间的关系。这种真值表内的数值关系，可以归纳成通过变量写成的函数，由二进制数归纳出来的函数就是逻辑函数。

1.9.2　由真值表求逻辑函数

在进行计算机逻辑电路设计时，往往是先给出电路相关各点变化的值，并列出一张真值表，然后根据真值表来求逻辑函数，最后画出逻辑电路。

由真值表求逻辑函数的具体作法，可以归纳成下面 3 点：

(1) 将逻辑变量(见表 1-8 中 M、X、Y、Z)的变化值分为行列一一列出来，形成真值表。

(2) 当逻辑值为 1 时就认为是对变量的肯定，用变量自身的符号(X、Y、Z、M)来记，当逻辑值为 0 时认为是对变量的否定，用变量自身的符号求反(X′、Y′、Z′、M′)来记。

(3) 在真值表中，不同时出现的各行同一变量之间的值，是或的关系，而同一行的自变量(X、Y、Z)的值是同时性的，故是与的关系。

下面通过例子来具体地说明从真值表如何来求逻辑函数。

例 1-19　逻辑变量 X,Y,Z 与 M 之间的关系由表 1-8 给出，求 M 由 X,Y,Z 表示的函数。

表 1-8　X,Y,Z 与 M 之间的关系真值表

X	Y	Z	M
0	0	1	1
1	0	0	0
1	1	0	1
0	1	0	0

根据上面的求逻辑函数的做法，所求变量 M 的值就是各行自变量值的或。从 M 的值来看，使 M 为 1 的情况有：$X'Y'Z$ 和 XYZ'，这时有 $M=X'Y'Z$ 和 $M=XYZ'$。因为 $M=M+M$，所以 M 的逻辑函数应是

$$M=X'Y'Z+XYZ'$$

此式所表达的是 M 的肯定，此外的情况都可以认为是对 M 的否定(包括表上没列出的关系)，也就是 M=0 的情况。

所求逻辑函数是否正确，一般要通过验证可以知道，这个函数的自变量 X,Y,Z 如果按上面的真值表的值变化，那么将得到相应的 M 的值，而当 X,Y,Z 的值不是表上的值时，M 的结果都是 0。从这一点来看，逻辑函数在某种假定下要比真值表全面，只有列出全部可能值的真值表，才能和函数值的变化范围完全一致。

定义 1-16　列出全部情况的真值表，称之为完全真值表，否则叫做不完全真值表。

应当明确，利用真值表求逻辑函数的方法属于经验公式的范畴，是不能直接证明的，只能对求出的函数进行验证。因为逻辑值的变化常常只有有限多个，故而验证的方法是可靠有效的。

1.9.3　变量无关

在多元逻辑变量的问题中，经常会出现一些因变量的取值与某些变量无关的情况。变量无关的情况在真值表中的表现就是空白。例如表 1-9 中，因变量 M、N 的值为 1 的时刻，可能与自变量 X、Y、Z 中某些无关。此种情况会得到逻辑函数

$$M=XY+Z$$

$$N=X+Z$$

这是说 M 发生的条件与 X、Y 单独发生无关，N 的发生与 Y 发生与否无关。

表 1-9 变量无关的实例

X	Y	Z	M	N
		1	1	
1				1
1	1		1	
		1		1

这类问题中，由于因变量只是列出了它的值为 1 的情况，而没有列出为 0 的情况，因此不能够得出表上没有列出的因变量的值一定是 0 或是 1。但由真值表求出的逻辑函数却是充分的，也就是当作变量取得表上的值时，因变量也一定会得到真值表上所列出的值，说明函数表达式所得到的值对真值表来说是充分的。

1.9.4 加法运算的逻辑表示

后面将介绍二进制加法运算器的构造，它的基本元件就是先由完全真值表求出逻辑函数，然后再画出相应的电路图来完成的。为了准确地说明问题，在此先来分析二进制数竖式加法的运算形式。

下面的竖式加法有 4 行，第一行和第二行都是加数，第三行是进位数的位置，而最下面一行是运算“和”。按照逐位相加的方法，竖式的加法可分为带下一位数进位和不带下一位进位的两种加的形式，前者叫“全加”，后者叫“半加”。全加和半加这两种形式可以用电路来实现，它们是构造加法器的主要元件。

$$
\begin{array}{r}
011001 \\
001101 \\
+\ \ 11001 \\
\hline
100110
\end{array}
$$

例 1-20 设二进制带进位的一位数加法的本位加数是 A、B，本位和是 S，本位向上一位的进位是 C，本位的低一位向本位的进位是 D，求 S 和 C 逻辑函数。

表 1-10 是将带进位的一位数加法的全部可能结果都列出来的真值表。D 是右面一位的进位数，C 是本位向左面一位的进位数。D、C 没有进位用“0”表示，有进位用“1”来表示。由这个真值表考虑 C 和 S 为 1 的情况，可以得到它们的函数为

$$C=ABD'+AB'D+A'BD+ABD$$

$$S=A'B'D+A'BD'+AB'D'+ABD$$

可以验证函数的全部值都在真值表中。

表 1-10 全加真值表

A	B	D	C	S
0	0	0	0	0
0	0	1	0	1
0	1	0	0	1
0	1	1	1	0

续表

A	B	D	C	S
1	0	0	0	1
1	0	1	1	0
1	1	0	1	0
1	1	1	1	1

例 1-21　变量 A、B、C 的变化由真值表 1-11 给出，求 C 的逻辑表达式。

表 1-11　异或真值表

A	B	C	A	B	C
0	0	0	1	0	1
0	1	1	1	1	0

由表 1-11 所示知，这是一个完全真值表，考虑因变量 C 为“1”的情况，有

$$C=A'B+AB'$$

作为练习，考虑因变量 C 为“0”的情况，则有

$$\begin{aligned}C'&=A'B'+AB\\C&=(A'B'+AB)'\\&=(A'B')'(AB)'\\&=(A+B)(A'+B')\\&=AB'+BA'\end{aligned}$$

可见两种求法结果是一样的。

1.9.5　逻辑表达式的化简

根据真值表直接得到的逻辑表达式一般是较复杂的，为要得到简单的逻辑电路，就应该依据逻辑运算的基本规律进行化简，从而得到最简单的逻辑表达式，以便得到最简单的逻辑电路。

例 1-22　将例 1-20 的结果化简。

$$\begin{aligned}C&=A'BD+AB'D+ABD'+ABD\\&=A'BD+ABD+AB'D+ABD+ABD'+ABD\quad(\text{根据 }A+A=A)\\&=(A'+A)BD+AD(B'+B)+AB(D'+D)\\&=BD+AD+AB\quad(\text{根据 }A+A'=1,A\cdot 1=A)\\S&=A'DB'+A'BD'+B'AD'+ABD\\&=A\oplus B\oplus D\end{aligned}$$

这是因为

$$\begin{aligned}A\oplus B\oplus D&=(A\oplus B)'D+(A\oplus B)D'\\&=(A'B+AB')'D+(A'B+AB')D'\\&=((A'B)'(AB')')D+A'BD'+B'AD'\quad(\text{摩根定理})\\&=(A+B')(A'+B)D+A'BD'+B'AD'\quad(\text{摩根定理})\\&=ABD+A'DB'+A'BD'+B'AD'\end{aligned}$$

逻辑表达式的化简的技巧性很强，实际中要有一定的经验，但本书不作为重点。

例 1-23 逻辑变量 A、B、C、Y 的关系如表 1-12 所示，求出逻辑函数 Y 的表达式并化简。

表 1-12 完全异或真值表

A	0	0	0	0	1	1	1	1
B	0	0	1	1	0	0	1	1
C	0	1	0	1	0	1	0	1
Y	0	1	1	1	1	1	1	0

这是一个逆时针旋转了 90°的真值表，依据同一列自变量是与的关系，列与列间是或的关系，可写出逻辑函数。

解法 1：

$$\begin{aligned} Y &= A'B'C + A'BC' + A'BC + AB'C' + AB'C + ABC' \\ &= A'B(C'+C) + AB'(C'+C) + AC'(B'+B) + A'C(B'+B) + B'C(A'+A) \\ &= A'B + AB' + A'C + AC' + B'C + BC' \\ &= (A \oplus B) + (A \oplus C) + (B \oplus C) \end{aligned}$$

解法 2：

表 1-12 是完全真值表，使得 Y 值为 0 的只有两种情况，由此可以得到

$$Y' = A'B'C' + ABC$$

两边求反，得

$$Y = (A'B'C' + ABC)'$$

再根据摩根定理有

$$\begin{aligned} (A'B'C' + ABC)' &= (A'B'C')'(ABC)' \\ &= (A+B+C)(A'+B'+C') \\ &= AB' + AC' + A'B + BC' + A'C + B'C \\ &= (A \oplus B) + (A \oplus C) + (B \oplus C) \end{aligned}$$

由 $Y = (A'B'C' + ABC)'$ 画出的电路如图 1-19 所示，这个电路图可以叫完全异或。

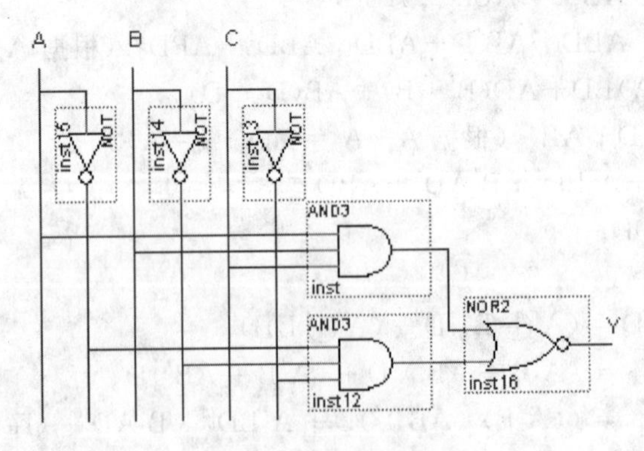

图 1-19 完全异或

习　题　一

习题 1-1　什么是信息？有人说信息一定是真实的，你如何认为？

习题 1-2　信息具有哪些特性？这些特性是信息处理的根据吗？

习题 1-3　信息如何分类？用二进制数能够表达全部的信息吗？

习题 1-4　限位数为什么能够表示正负数？8 位二进制数的表数范围是 −128～+127，说明这是为什么。

习题 1-5　说明补码制中减法变加法的基本道理。

习题 1-6　在补码制中求值：

(1) 50000　　(2) $4133_{(8)}$　　(3) $3323_{(6)}$

(4) $55556_{(11)}$　　(5) $03AF_{(16)}$　　(6) $B001_{(12)}$

(7) $5000_{(8)}+120_{(8)}$　　(8) $4133_{(8)}-555_{(8)}$

习题 1-7　说明位数扩充定理的合理性，为什么负数扩充位数要添加顶码？

习题 1-8　什么是逻辑代数？从真值表求逻辑函数的一般步骤怎样？

习题 1-9　用或、与、非三种逻辑运算能够各种逻辑运算关系，说明用电路来实现各种逻辑运算的道理。

习题 1-10　已知 x=0，y=1，z=0，求下列逻辑表达式的值。

(1) $(x'y'+z)(xyz)'$

(2) $z(xz'+yz)+yz(z'+y+z')$

(3) $(x+xy+xyz)(x'y+xy+xz+x'z+yz+y'z+x'yz)+xyx$

(4) $(x+y+y)'+(xyz)'+(xy+xz+yz)$

第2章 逻辑计算机

CHAPTER

进行计算机设计，首先要了解计算机的整体结构，也就是计算机的逻辑构成。除此之外还要掌握信息在计算机内部传输运作的基本方式。本章先要概括地介绍计算机的整体结构和功能，然后再对它的各个组成部分进行详细的讨论。

2.1 计算机逻辑结构

学习计算机原理并设计计算机，了解计算机的逻辑结构应该说是必不可少的，也是设计入门的步骤。

2.1.1 计算机的基本逻辑结构

现在使用的计算机逻辑结构是由数学家冯·诺依曼提出来的，因而被称为冯·诺依曼结构的数字电子计算机，计算机虽然经过了复杂的演变，但程序存储和执行的思想却一直延续到现在。冯·诺依曼结构的数字电子计算机的总体逻辑结构如图2-1所示，其中包括存储器、运算器、控制器、输入装置和输出装置。图中有向实线表示数据的流向，虚线代表控制信息的流向。

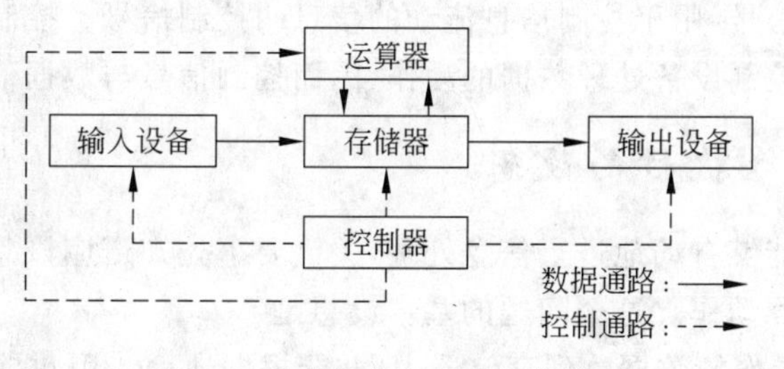

图2-1 计算机的总体逻辑结构

按照冯·诺依曼的设想，要让计算机能够连续地动作起来执行任务，就必须将任务分成一些机器的固定动作，然后将这些固定动作变成机器可以识别的编码(也就是形成机器指令)，存放在机器可以找到的地方。每个任务都由这些编码排列起来形成程序,机器执行任务时,将编码从程序中按照顺序取出来进行识别,根据编码机器去执行预先设计好的固定动作,最终完成任务。

要完成上面的设想计算机总体逻辑结构的五大部分是必需的。一台计算机一般必须要有存储信息的设备,也就是存储器(其中也包括寄存器)。如果没有信息的存放的地方,一切信息或数据的处理都无从谈起。

计算机的任务主要是信息处理。计算机进行信息处理时,外表上很少有机械动作,有的只是内部的"隐藏的"信息的流动和运算。信息的处理和运算必须通过专门的设备才能完成,完成信息处理和运算的设备就是计算机的运算器,这当然也是计算机不可缺少的核心设备。

无论存储器还是运算器都靠信息的流动发生变化,外部信息和运算器运算结果都要存放到存储器当中,存储器中的信息既可以提供给运算器,又可以提供给其他的设备使用。如果将存储器作为运算器的数据信息流入、流出设备,这样就可以通过存储器,实现连续定向的运算,完成复杂的计算任务。

存储器中的信息并不是原来就有的,往往需要通过其他的设备输送。提供信息给存储器的装置叫输入设备。输入设备首先要能够将人的意图和想法,传递给计算机,还能够接收信息处理所需要的各种控制信号。为了人能够及时指挥计算机工作,计算机就必须要安装输入设备。

为了让计算机能够与人进行交流,还必须有能够显示或以其他方式表达计算机内部信息的设备,该设备能够将计算机存储器的信息接收过来,并能将信息表达成让人能够理解的形式。对存储器来说,该动作是信息传递出去的过程。接收存储器的信息,以供人或计算机将来使用的装置就叫输出设备。

无论是计算机的运算器、存储器,输入设备还是输出设备,对信息的处理是不能够无序的,各种设备必须按照一定的时间顺序动作,相互配合,这样才能够完成共同的任务。因此,一定要有统一的指挥机构,由这个指挥机构发出各种控制信号来控制机器的动作。发出控制信号,指挥各个设备配合动作的设备叫控制器。

信息是计算机处理的基本对象,因而人们说计算机是信息处理设备,是替代人进行脑力劳动的设备。信息在计算机中流动表现为信号,用于处理的信息,也就是数据,流动起来形成数据信号,用于控制信息流动的信息叫控制信号。控制信号直接指挥数据的流向,也能够实现控制设备处理数据的动作,因而控制信号与数据信号是不同的。

2.1.2 指令执行的设想

计算机能够自动地进行信息处理,关键要事先知道应该怎样去做,或者说按照怎样的步骤去让机器动作。这个问题的基本设想是:

(1) 将操作的数据放到存储器中,并能根据地址使用数据。

(2) 将任务程序存放到存储器中,并能依据指令地址取出指令来执行。

(3) 用一个能够变化的指令指示设备,来指示下一条指令的地址,并让它在指令执行中根据需要进行变化。

(4) 取出指令进行分析,区分不同的指令内容,并完成相应的功能动作。

(5) 保存指令执行结果。

按照这种设想,就需要将存储器分成若干个能够存放信息的单元,这些单元具有连续的地址编号,其中有一些连续的单元用来存放指令编码,用存储器另外的地方存放处理对象——数据。放在存储器中的指令编码,可以按不同的顺序表达人的意志,而这些意志是要由计算机完成的,这就是这些编码被称为指令的原因。顺序存放的指令可以用能够加一的计数设备顺序地指示出来,这种能够顺序加一的设备叫计数器,指示指令位置的计数器被称为程序计数器。

信息在机器内部的一次变化,是机器的最基本的动作。一条指令的完成需要将许多基本机器动作组织在一起,这些组织在一起先后有序的基本动作全体叫指令的历程或全程。每个指令的历程都是固定的,指令执行时总是重复自己的固定模式动作。

如果机器的每一个基本动作都能够在同一个时间长度之内完成,那么指令的每个基本动作过程组成了一个节拍,这样每一个指令的功能完成都会有自己固定节拍数。如果用时钟来表达节拍,那么由于时钟振荡的自动性,就可以使节拍自动产生,于是指令自动执行就有了"原动力"。

指令的节拍总是有限的,而时钟振荡过程是无限制的。要将无限制的时钟振荡转换成有限的节拍,需要有专门的记录转换装置,这种装置叫环行计数器。

2.2 指令执行要件与执行过程

环形计数器可以使指令的基本动作顺序地发生,发生动作的基础部件如图 2-2 所示,它们的每一部分都是指令执行所必不可少的。这些基础部件表达了指令执行过程的设想,前提是假设程序和数据都已经放在了存储器当中了。

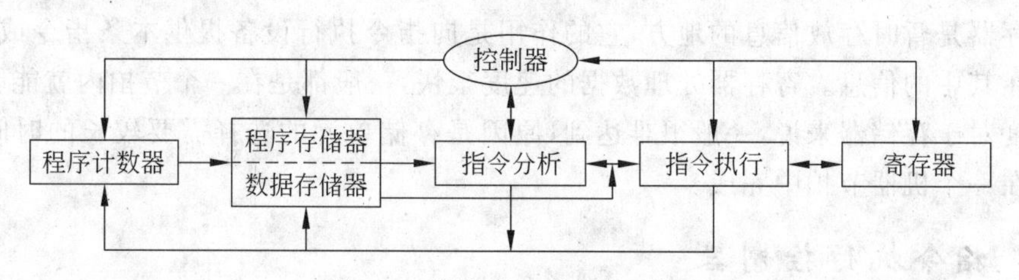

图 2-2 指令执行的逻辑要件

2.2.1 程序计数器

程序计数器担负着向存储器发送指令地址的任务,它有初始值,在不接受外部数据的情况下,会在一个指令执行完成后指向下一条指令的位置。如果有指令向它输送数据,那么该数据将成为它向存储器发送的下一条地址。运用程序计数器的这种功能,就可以完成程序执行转移的工作。

2.2.2 指令和数据存储器

存储器是由宽度一样的存储单元组成的,每一个存储单元都有自己的物理地址,无论是寻找指令还是数据，都是依靠存储单元的地址来完成的。存储器一般要分为指令存储部分和数据存储部分。专门用于存储指令的存储器就叫做指令存储器。专门用于存储数据的存储器就叫数据存储器。早期的计算机是将这两部分组成一个物理结构，现在多数的设计将它们分开，因为硬件上将它们分开，省去了程序和数据存储边界管理的麻烦。

2.2.3 指令分析设备

指令存储器放置了大量的指令，出于对指令和数据大量存放的需要，存储器并不具备对单独一个指令或数据进行分解的功能，要对指令或数据进行分析或分解，必须将指令或数据从存储器中取出，放到一个专门的设备中才可以，这个设备就是指令或数据的分析设备。指令或数据的分析设备最主要的元件是一个与存储单元一样位宽的寄存器，要分析的指令或数据从存储器取出后要先放在这个寄存器当中，然后才能进行分解或逻辑分析。

指令分析设备根据已经在寄存器中存放好的信息，通过逻辑电路识别并标示具体是哪一条指令，并对指令编码进行分解，找到相应的操作部分和这条指令对后面动作影响的因素。分析出的动作影响因素要送到控制器，分析出的操作数据或数据所在的设备地址，也要根据指令事先的设定，送往相应的位置。

2.2.4 指令执行设备

指令执行设备主要是计算机的运算器，这其中既包括算术运算设备、逻辑运算设备，也包括对数据进行合成、分解和重组等设备。指令执行设备根据指令标识和指令被分解的信息，并根据控制器发出的节拍信号，按照节拍产生预先就已经设计好的动作，其中包括将指令执行的结果数据写回程序计数器、存储器和寄存器的动作。

寄存器是暂时存放信息的地方，它的作用是向指令执行设备提供本条指令或上条指令存放在其中的信息。寄存器处理数据的速度很快，一般都是在一个节拍内就能够完成。这种速度对于存储器来说，一般很难达到，原因是存储单元的选择需要较长的时间，一般不能够在一个机器节拍中完成。

2.2.5 指令执行控制器

控制器对每个设备的工作都会发出控制信息，其中包括机器节拍信号以及对每个设备动作的控制信号。控制器有能够自动产生节拍信号的设备，将指令地址送到存储器，然后将存储器中的指令送达分析设备的动作，只与节拍的前几个信号有关，与将要执行的具体指令毫无关系，这是程序自动执行关键的一步。在指令分析和指令执行的过程中，会将当前指令的标识和有关变化标志信息回送给控制器，控制器会根据这些信息和后面的节拍信息，按照已经设计好的动作发出对设备的控制信号，从而完成对各个设备动作的指挥工作。

2.2.6 必要的附属设备

为了能够准确地指出存储器的工作单元，必须设置存放地址信号的地方，于是存储器的附属设备地址寄存器(见图2-3)就成为必要的设备。简单的地址寄存器就是一个存放地址数据的地方,为了能够实现连续地址变化,可以让它具有加一减一的功能。

再有,存放在存储器中的指令很多,要能够指示当前执行的是哪一个指令,也必须用一个专用的寄存器放置指令的编码,这个寄存器就叫指令寄存器。指令寄存器的作用,除了放置当前指令代码,标志它的存在之外,还可以担负对指令格式的分解任务。

为了表示不同的指令,计算机给每条指令设置一条标志线,在众多指令中有某一条指令在执行,那么就用表示它的那条线为1来标明。表示指令的标志线叫指令线。由于从存储器取出的指令是编码的形式,必须将编码直接翻译成使它的指令线为1,而其他的指令线都为0。完成这一工作的设备是指令译码器。指令寄存器和指令译码器都属于控制器的一部分,是指令分析必不可少的设备。

2.2.7　指令执行一般过程

由于指令是机器产生不同动作的原因,因而使用计算机要编程,要将任务转化成命令的形式,这就是程序。计算机执行程序之前,要设法将程序和数据都放在存储器中,这样计算机才能逐条地取出指令分析和执行。有了存储地址寄存器和指令寄存器参与之后,计算机执行指令的大致过程可以如下来描述:

(1) 将程序计数器的内容送到地址寄存器,通过地址译码选中指令存储单元。

(2) 将存储器选中单元的内容送到指令寄存器进行译码和分析。

(3) 将程序计数器加1,准备取下一条指令。

(4) 根据译出的指令线和节拍线的变化,完成该指令固定模式的动作。

(5) 重复(1)~(4)完成程序的执行。

2.3　部件关联与信息传输

数字电子计算机的部件有很多,要使它们能够协同工作,必须用导线连接起来。设备用导线的连接一般只有两种情况。一种是利用专线连接,另一种就是使用公共线路连接。这种共用的连接线路国内一般叫总线(设计软件中将多股线就叫总线)。如果总线上的数据需要驻留,那么就需要寄存器来暂时保存数据,并由相应的控制开关选择向设备分发,这样会有控制的逻辑。所以在平时有人会将总线说成是一种设备。

2.3.1　并行传输与串行传输

数据在计算机中根据需要会从一个部件向另外一个部件流动。用二进制数表达的信息单位有多少位,就用多少条导线来传输的情况叫并行传输。并行传输由于一次可以传输多为数据,因而速度快,在近距离传输中必不可少。并行传输需要多条传输线同时工作,因而结构相对复杂,远距离传输成本较高。

如果不论信息有多少位,都用一条导线来逐位传输,这种情况叫串行传输。串行传输速度显然比并行传输的速度会慢,但如果提高传输频率,也会达到满意的效果。串行传输最突出的特点是结构相对简单,设备成本低。

不论并行还是串行信息传输都有单向传输和双向传输。所谓单向传输是线路的发送端和接收端不变的情况,而双向传输是指线路的发送端和接收端可以互相转换的情况。计算机当中经常有信息单向传输的情况,当然也有双向传输的情况。

2.3.2 同步传输和异步传输

如果信息传输部件每传输出去的信息,信息接收部件立即接收,并且信息的形式和顺序不变,这种传输叫同步传输。如果传输部件发出的信息并不马上被接收部件接收,中间需要经过等待,在适合的时候,接收一方才能够接收传输的信息,这叫异步传输。异步传输需要询问和应答,数据一般要存放在缓存设备当中处理。

同步传输简单直接,因而器件或设备内部的数据传输,一般都使用同步传输。计算机核心部件设计主要是同步传输。同步传输要求工作的双方都要有一致的时间响应,不然的话会造成信息传输错误。正是由于同步传输时间响应要求严格,所以计算机核心部件和外部设备之间的信息传输常常采用异步通信的方式。

2.3.3 同步总线连接结构

图 2-2 中数据信号的传递是通过多条线路进行传递的,可以将传输的线路公用,这样既可以节省导线,也方便信息传递,这就是计算机部件的总线连接方式。计算机设计一般都在使用同步的总线标准,总线标准是将各个设备连接在公共的线路上,进行有序信息直接交换的一种连接形式。计算机数据传输的整体设计,常常采用总线结构的设计,而控制信息具有专用性,采用专线传输的设计居多。

简单的数字电子计算机核心的总线结构如图 2-3 所示,中间横向的粗实线代表计算机的内部总线,每个矩形代表连接在总线上的设备,也用粗实线表示与内部总线的具体连接。图中的运算器包括 alu 及附属寄存器 a、b。存储器设备主要是由随机存储器 ram,再加上暂存设备寄存器等构成,具体包括 ram、地址寄存器 mar、累加寄存器 da、寄存器 x、寄存器 y 等。控制器设备包括控制逻辑电路 con、指令寄存器 com、程序计数器 pc、堆栈指针 sp、通用指针 ptr 等。in 是输入缓存设备,out 是输出缓存设备。每个矩形连接的短线 E、L、C、D 示意代表控制线,每个器件上 E、L、C、D 和其他器件上的并不相同,这里只是为了简单才这样标注,具体到每个设备是否具有这些控制线,每条线代表什么,需要到设计中加以详细标明,在此只是代表不同类型的控制线而已。控制线一般都是专用线,而且是单向传输信息的。除非需要,控制线一般不用公用的线路传输,因为这样不利于对各个器件的独立控制。

图 2-3 中控制器 con 的双线箭头表示控制线全体的输出,其中包括所有与每个被控设备的控制线连接线。

一般将存储器、运算器和控制器统称为主机,主机是计算机的核心部分,主机的结构变化决定了不同的计算机类型。主机内部的总线常用来传递数据和地址信号,控制信号一般都使用专线来传递,特殊要求使用公共线路编码传递。

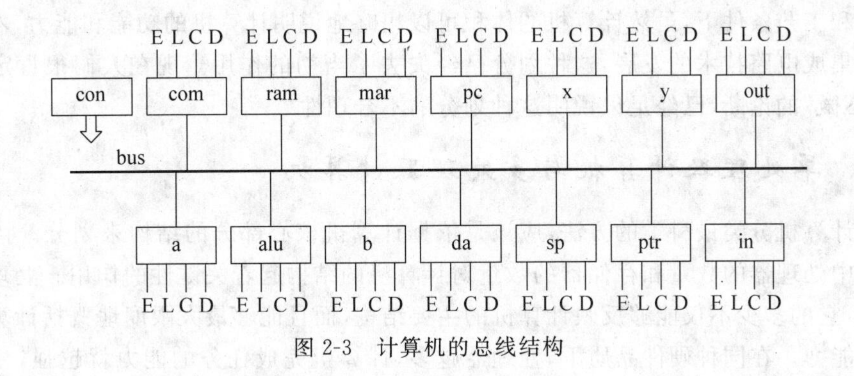

图 2-3　计算机的总线结构

2.4　计算机的分类

如果要对计算机进行分类,可以有多种划分方法,可以根据计算机的用途划分,也可以根据计算机的规模划分,还可以根据计算机的核心结构划分等。

2.4.1　通用与专用计算机

如果从计算机的用途来划分计算机的种类,可以将计算机分为通用与专用两大类。通用计算机一般可以运用在各个方面,可以进行科学计算,也可以进行数据处理。通用计算机运行的程序是临时装入计算机的,而使用计算机就要用到的功能程序,会统一装在计算机的存储器之中,提供给每一个临时执行的程序使用。通用计算机的软件一般分为系统软件和应用软件,还允许用户临时编写程序执行,这些程序叫用户程序。

通用计算机启动之后,计算机就会在必要的系统程序管理之下,由系统程序来管理应用程序和用户程序,负责把这些程序装入到存储器当中,调动它们执行,当一个应用程序或用户程序执行完成之后,再将其他要执行的程序调入存储器,安排它们执行。在计算机运行的整个过程中,一直在系统程序的管理之下。

专用计算机和通用计算机的不同之处在于,运行的程序一般不用经过从外设装入存储器的过程,而是事先将要执行的程序都放在存储器中,计算机启动运行时,存储器内部的程序会按照一定的规律执行,极少要专门的系统程序控制,即使要有控制,也会比通用计算机的系统程序简单得多。专用计算机的程序是不能替换的,也不接受用户编写程序,例如手机、车用电脑等。专用计算机是靠种类的繁多来适应不同方面的需要,从单个计算机来说,功能比较单一,然而从总体来讲,应用到不同方面的专用计算机的汇合,也可以达到通用的效果。

专用和通用本身就是一种矛盾,实践当中会在不同的时期或不同的场合,需求不同的计算机。

2.4.2　计算机的规模

现在流行一种以计算机规模分类的方式,这种方式将计算机的体积作为划分的主要根据,根据体积的大小,将计算机分为巨型机、大型机、中型机、小型机、微型机等。在一定的材料和工艺条件下，虽然计算机的体积可以粗略地说明计算机的功能和能力，然而随着大规模集成电路技术的发展，这种划分已经失去了当初的作用。现在人们很肯定地说出“微机不微”的论断，已经足以说明这种划分的不合理性。

2.4.3 单处理器计算机与多处理器计算机

对计算机分类最科学的方法，应该是依据计算机核心部分的结构来划分。计算机核心结构中处理器的数量和存储器的数量对计算机的结构起着关键性的作用。处理器又叫处理机，它的多少不仅能够反映计算机的主要结构，而且能够最大限度地概括计算机处理任务的能力。在同种硬件品质下，处理器越多，计算机完成任务的能力就越强，相对来说运行的效率也会越高。

计算机几十年发展的历程，主要经历了单处理器计算机发展的时代，即使有许多多处理器计算机产生，但都未能形成计算机发展的主流，因为在相当长的一段时间内，利用单处理器提高运行速度的方式，就能够提高整个计算机的任务效率。然而现在情况不同了，在一定频率之上，核心芯片内部的温度会高达千度之上，这种情况告诉人们，只用提高计算机运行速度的方法来提高效率的作法是行不通的，因而多处理器计算机的研发，被放到了十分重要的位置。

所谓多处理器计算机不应该是独立的计算机互连，而应该是在一个计算机的核心部分，有多个处理器在以同样的方式在工作，其中重要的标志是，它们能够以同样的方式共享所有的存储器，都能够以同样的方式运行任何一个程序。

多处理器计算机系统从处理器的作用来分，可以分为主从多处理机系统和并行计算机系统，也可以是这两种形式并存的混合多处理器计算机系统。

主从计算机是伴随着部件计算机的产生而来的，所谓部件计算机是用一个功能简单的计算机担当一个复杂部件的工作，例如专门管理输入输出的通道计算机。部件计算机的处理器在整个计算机中起着辅助作用，处于从属地位。

并行计算机和主从计算机不同，所有的处理器都处在相同的地位，各自都可以独立地完成程序执行的任务，能真正实现同时执行多个程序，它们之间相互协作，从而能够提高处理任务的能力和效率。

混合多处理器计算机系统既包括处理器之间的主从关系，又包括处理器并行运行的关系，这种并行关系被理解成两个以上的处理器，同时运行同样性质的程序。可以将任务按照性质划分成不同的功能模块，而不同的功能模块又可以让不同类型的处理器去执行，这样，即使是同时运行的处理器也会划分成许多类型，这些处理器之间是多类型的并行关系，不属于主从关系。

多处理器计算机系统最初是围绕处理器展开的，各处理器共用计算机内部的一个存储器。随着实践的发展，现在大有围绕存储器展开或围绕两者同时展开的趋势。一个计算机内部可以有多个性质完全相同的存储器，每个性质相同的存储器中都有需要执行的程序或处理的数据，它们可以自由地选择空闲的处理器来执行程序，而不是像单个处理器计算机那样，将放置程序的存储器和处理器固定连接执行程序，多处理器和多存储器同在一个计算机内部存在，能否让它们动态地进行选择，已经成为多处理器计算机能否大幅度地提高效率的关键。

2.4.4　动态计算机

在多处理器计算机系统中,依据处理器与存储器的结合方式来划分,又可以将它们分成固定模式计算机和动态计算机。所谓动态计算机,是一个计算机内部有多个性质相同的存储器,多个地位相同完成任务性质不同的处理器类型,而每个类型的处理器又有多个计算机系统。

动态计算机中,程序是以动态连接的方式执行的,也就是装有某个程序的存储器,只要和某个空闲的处理器连接在一起,那么就能够立即执行其中的程序,当程序执行不下去或程序需要与另外一类型的处理器连接时,就断开和当前处理器的连接,释放当前处理器。这种程序执行的自动性,抛弃了由处理器运行系统程序来调度其他程序执行的"被动"模式,而转成了存储器当中的程序"自动调度执行"的主动方式,可想而知,这种程序主动调度执行的方式,会极大地提高一个计算机系统的能力和效率。

图 2-4 是由 3 个程序执行处理器 PU,两个输入输出管理处理器 CHL,两个程序通信处理器 T,6 个程序和数据存储器设备 MU 组成的动态计算机结构。大容量的外部存储器 logical memory 和用 DV 表示的各种外部设备,都通过处理器 CHL 运行进行工作,而 MU 可以与任何一个处理器结合执行程序。

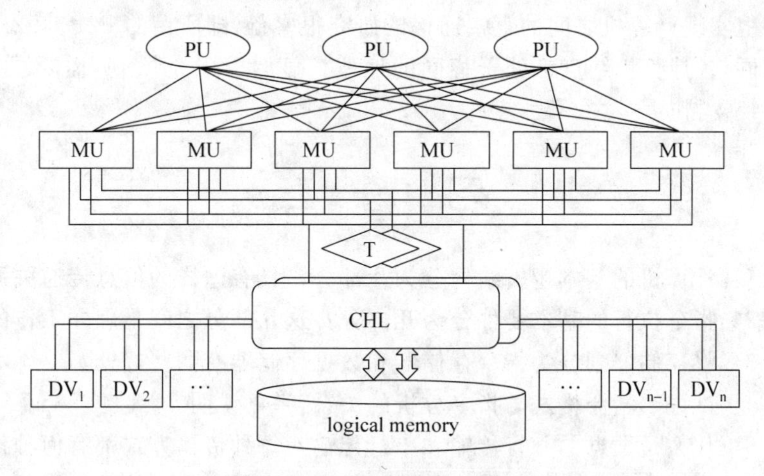

图 2-4　动态计算机的结构

一个多处理器计算机系统中,能够同时运行的最多处理器数量,被称为系统的最大并行度。显然,最大并行度是衡量多处理器计算机系统好坏的一个重要指标。在 MU 充分多的情况下,最大并行度主要取决于处理器的数量和工作方式。这个计算机由于 MU 只有 6 个,虽然处理器多达 7 个,但最大并行度也只能为 6。

2.4.5　计算机网络

由于通信技术的发展,可以将独立的计算机连接在一起,形成通过通信线路完成资源共享的结构,这就是计算机网络。计算机网络主要解决了异地资源的共享,同时也实现了远程信息查询、远程通信等项任务。现在的网络可以连接实现分布式的多机协作,共同在全球不同的地点,由多台计算机来完成超大型的、一台计算机难以完成的任务。因而有人就将计算机网络称为网络计算机。

计算机网络中各个独立的计算机所具有的软硬件资源,被称为资源子网,而各种用于通信的设施被称为通信子网。计算机网络就是由资源子网加通信子网构成的。

计算机网络和独立的计算机除了明显的结构差别之外,有许多单计算机所不具备的特点。连接在网络上的计算机不是不变动的,随时都会有计算机连在网络上,也随时会有计算机从网络上退下来。这种由于网络资源的分散和不确定性,使网络资源的管理成为一个非常复杂的问题。为了实现信息的有效和一致性,要求入网的计算机必须遵从相应的协议,按照协议的要求建立相应的网络设施,其中既包括硬件设施,也包括软件设施。计算机进入网络之后,要接受和执行网络协议和规则,要执行由管理计算机发出的管理信息,完成所承担的管理任务。

在网络结构中,每一台入网的计算机都被称为一个结点,不需要承担管理任务的计算机被称为终端结点,而承担管理任务的计算机被称为中间结点。由于中间结点的计算机自然地成为了网络资源的集散地,所以中间结点计算机可以向网络提供更多的服务。

网络中专门提供各种服务的计算机,叫做服务器,而要求服务的计算机被称为客户机。在信息服务的概念下,整个网络的信息发布和使用,形成了一种“客户/服务器”模式。最近在网络上实现计算机之间的直接通信的研究很盛行,即所谓的 P2P。P2P 与客户/服务器方式不同,各计算机结点都处于相同的地位。显然 P2P 的实现,需要更新的适合这种结构的协议支持。

习 题 二

习题 2-1 计算机的基本逻辑结构分为几部分?具有怎样的信息传递关系?

习题 2-2 指令执行的基本要件分为几部分?这几部分之间是怎样工作的?

习题 2-3 将存储器划分为指令存储器和数据存储器有哪些好处?

习题 2-4 试说明指令格式与指令分析的关系,举例说明。

习题 2-5 什么是数据的并行传输和串行传输?每种传输方式都有何种优缺点?

习题 2-6 什么是同步传输和异步传输?在设计上各有什么特点?

习题 2-7 同步总线结构要求总线有几态?为什么?

习题 2-8 连接在公共总线上的设备必须具有什么样的控制功能,才能够保证总线结构的正常工作?

习题 2-9 从计算机结构上考虑,计算机一般可以分成几类?特点是什么?

第3章 EDA设计工具

CHAPTER

由于超大规模集成电路技术的发展和计算机的普遍应用,使电子电路的设计工作摆脱了"刀耕火种"的时代。利用可编程的集成电路器件CPLD/FPGA,再通过电子电路设计自动化软件EDA,人们不用去做器件和电路的搭建就可以实现自己的设计,并且可以通过EDA软件实现仿真检验。EDA软件有几个,这里以Altera公司的Quartus II 6.0为例,说明如何使用EDA进行设计。

3.1 建立工程项目

3.1.1 启动Quartus II 6.0

在系统桌面上打开Quartus II 6.0的快捷方式图标,也可以选择【开始】→【所有程序】→Altera→Quartus II 6.0→Quartus II 6.0。Quartus II 6.0启动成功后出现如图3-1所示的界面。

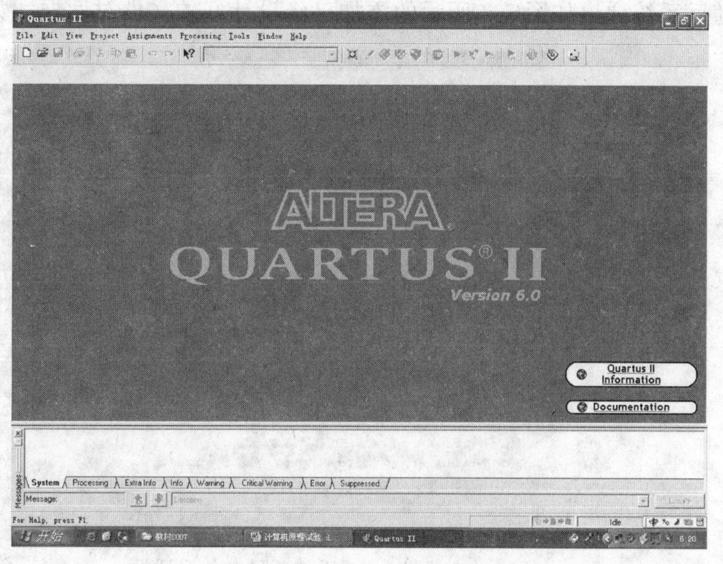

图3-1 Quartus II启动窗口

Quartus II 6.0 界面主要由菜单栏、工具栏 、工作区和多种辅助视窗构成。

3.1.2 建立项目

在使用 Quartus II 6.0 进行电路设计之前必须先建立项目,项目是所有设计工作的统一管理文件。建立项目的方法是选择菜单栏中的 File→New Project Wizard,系统弹出如图 3-2 所示对话框。

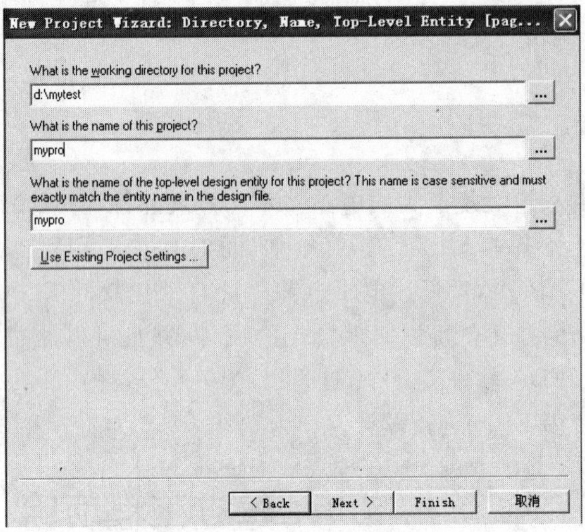

图 3-2 新建项目对话框

在第一栏中输入项目所在的文件夹路径(在此输入 d:\mytest),第二栏中输入所建项目的名称(在此输入 mypro),同时系统自动在第三栏中输入项目顶层文件的名称 mypro。

以上工作完成后单击 next 按钮,如果输入的文件夹并不存在,系统会提示是否建立,单击 Yes 按钮之后,即可建立相应文件夹和设定名称的项目。

随后系统弹出如图 3-3 所示的添加已经设计好的文件对话框。如果以前已经进行过

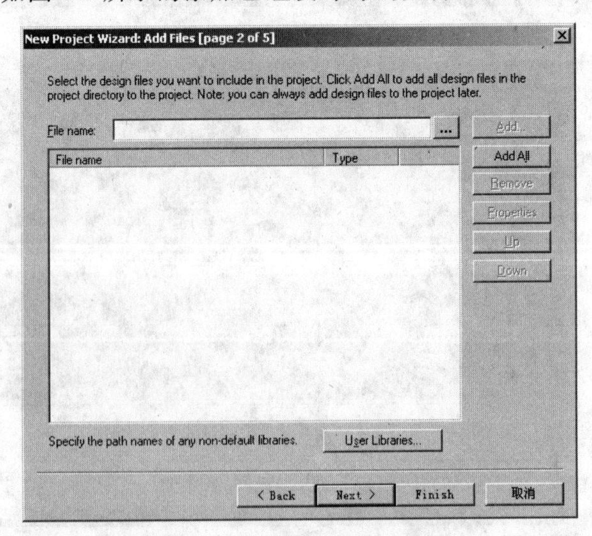

图 3-3 添加项目文件对话框

相关的设计，那么在此就可以将设计的文件添加到这个项目当中。

添加文件的工作可以在设计过程中随时进行，在此直接单击 Next 按钮即可。

随后系统将弹出如图 3-4 所示的选择目标器件及参数对话框，目标器件的参数包括器件封装型号、引脚数和速度级别等。此处按照图进行选择，然后单击 Next 按钮。

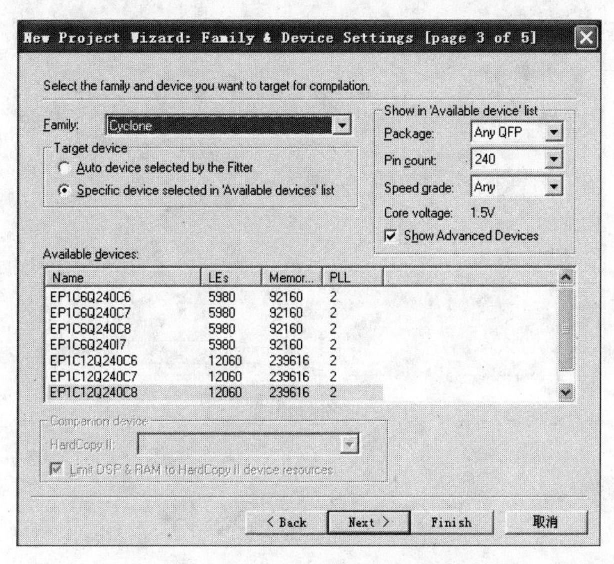

图 3-4　选择目标器件及参数对话框

单击 Next 按钮之后，系统弹出如图 3-5 所示窗口，要求用户选择 EDA 工具。可以不选，直接单击 Next 按钮。

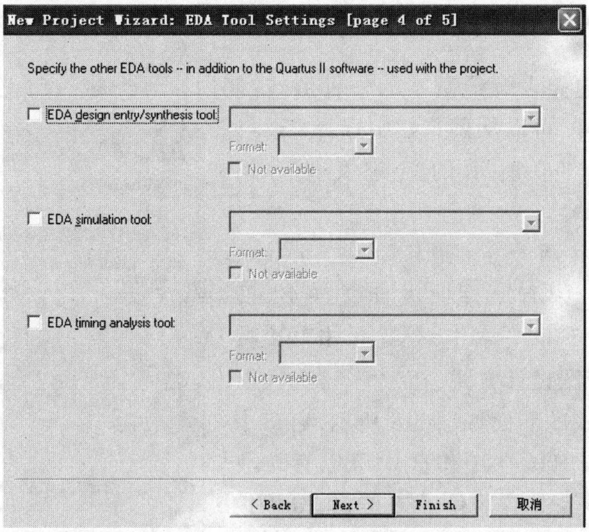

图 3-5　EDA 工具设置对话框

单击 Next 按钮之后，将弹出如图 3-6 所示的项目设置信息总结信息窗口，该窗口对之前所作的设置进行了汇总。单击 Finish 按钮，至此就完成了一个项目的建立工作。

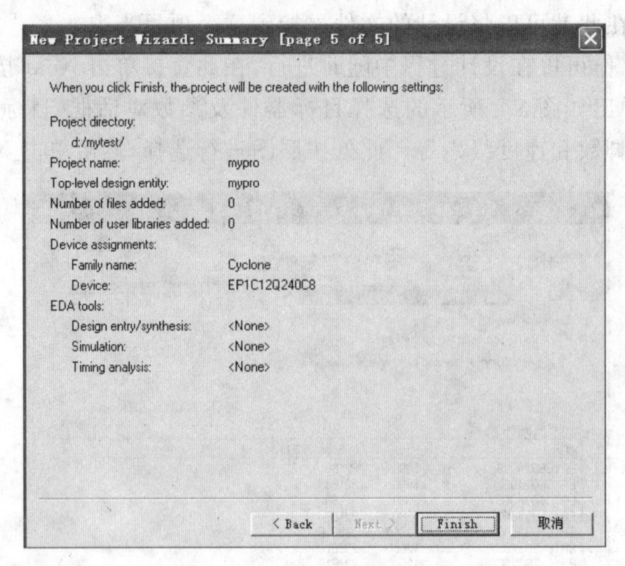

图 3-6　项目设置信息

3.2 设计文件

项目文件是一个工程管理文件，进行电子电路的设计，需要在工程项目文件的管理下建立具体的工作文件。Quartus II 根据需要为用户设立多种文件，并用菜单和对话框的方式，让用户能够十分方便地建立和使用它们。

3.2.1 原理图设计

原理图是电子电路设计最基本的一种形式，使用原理图进行电路设计直观、容易理解。建立原理图文件，可以从菜单栏中选择 File→New，将弹出如图 3-7 所示的新建文件对话框 New。

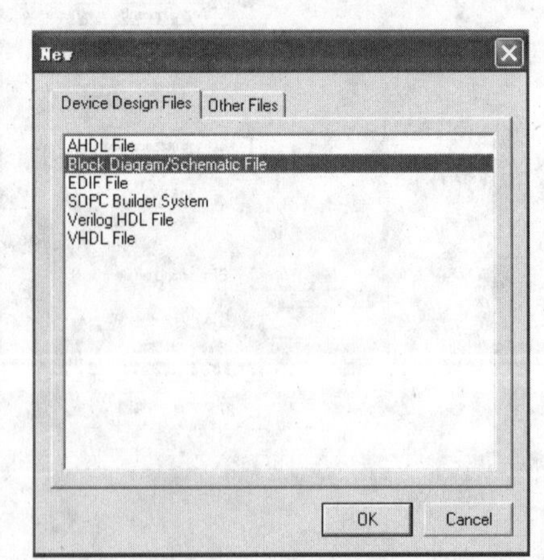

图 3-7　建立原理图文件对话框

New 对话框由两个选项卡组成。Device Design Files 选项卡中有原理图设计文件 Block Diagram/Schematic File，选择它，然后单击 OK 按钮，就可以进入原理图设计方式。

原理图设计方式的界面如图 3-8 所示，窗口中间空白的区域是工作区，在工作区中可以直接放入器件，并能够用导线进行器件的连接，构造用户所需要的电路。

选择原理图设计文件时，系统会给出文件的默认名称 Block1. bdf，如果想自己设定文件名称，可以在存储文件时更改。原理图设计窗口的左侧是系统自动打开的绘图工具栏。单击工

图 3-8　图形文件编辑窗口

具栏中 按钮，可以打开系统给出的元件库（见图 3-9）。

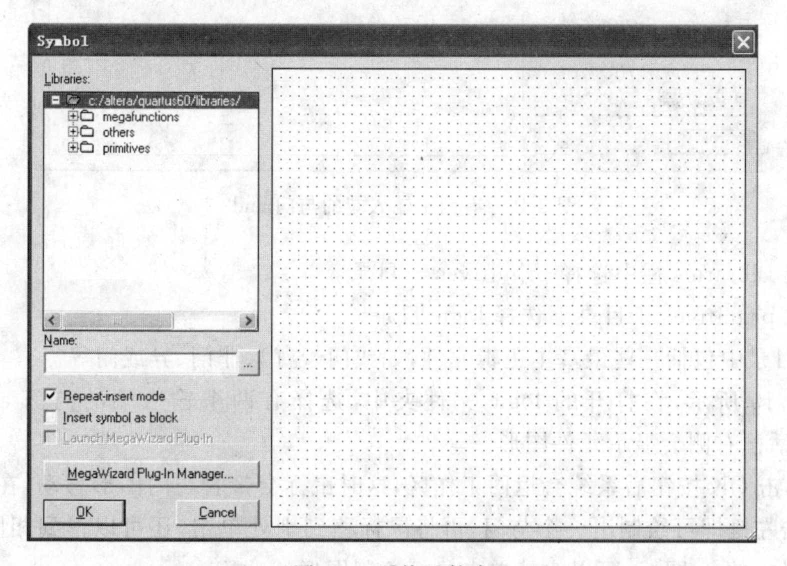

图 3-9　系统元件库

Quartus II 给出的元件库有三部分。第一部分叫 megafunctions，其中有 Arithmetic、Gates、IO 和 Storage 这 4 个文件夹。Arithmetic 中主要放置一些算术运算器件，Gates 中放置的是一些多位的门电路器件，IO 中放置了一些已经设计成功的输入输出器件，Storage 中放置了一些常用的存储器设备。

第二部分叫 others，其中有 maxplus2 和 opencore_plus 两个文件夹，maxplus2 主要

是继承 Quartus Ⅱ的前版本 maxplus2 的库内容而设立的，opencore_plus 是放置系统给出的开放核。

第三部分叫 primtives，是基本的元件库。primtives 中有 buffer、logic、other、pin 和 storage 五部分，这几部分在原理图设计中都很常用。

下面以逻辑表达式 $Y=AB+A'BC'+AC$ 的电路设计来说明原理图设计的基本方法。在图 3-8 工作区域内采用在系统元件库中选择元件来绘制该逻辑电路。具体步骤如下：

(1) 在绘图工具栏内单击 Symbol Tool 按钮，弹出如图 3-10 所示的 Symbol 对话框。

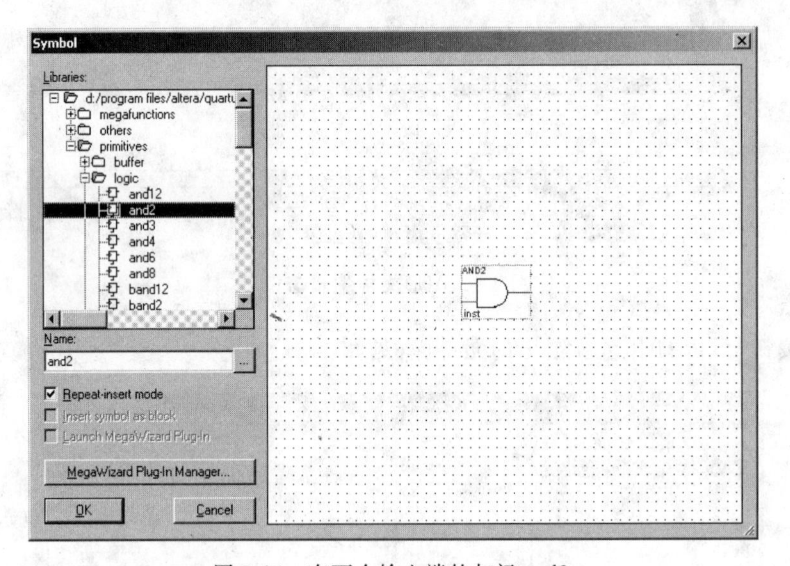

图 3-10 有两个输入端的与门 and2

(2) 在 Libraries 栏中选择 primitives 子目录。

(3) 在 primitives 子目录下选择 logic 目录。

logic 目录中包括一些最基本逻辑元件，如或门、与门、非门、异或门等。

如图 3-10 所示，在打开的 logic 文件夹中，选择有两个输入端的与门 and2，这时 Symbol 对话框右侧会显示元件图形。

(4) 单击 OK 按钮后系统会返回工作区，这时鼠标会带着与门图形移动，在工作区适当位置单击左键即可绘制出一个与门，再将鼠标移到别处单击，还可以得到相同的图形，选择工具栏中的图标，可以去掉单击鼠标绘制图形的功能。

(5) 照此方法在 logic 目录中找到非门 not、有三个输入端的或门 or3 和有三个输入端的与门 and3，分别放到如图 3-11 所示的工作区中的适当位置。

(6) 在工具栏中图标和都凹陷时，按住鼠标拖动，可以直接在元件间连线。

从一个元件的输入输出端点按住鼠标，拖到另一个元件的端点松开，就可以做出一条连线。两条连线对接时，接线处会自动出现实点，这表示这两条连线的导线连通。交叉的两线通过时一般不会出现实点，如果连通，可先对接，出现实点后接着画其余的线。

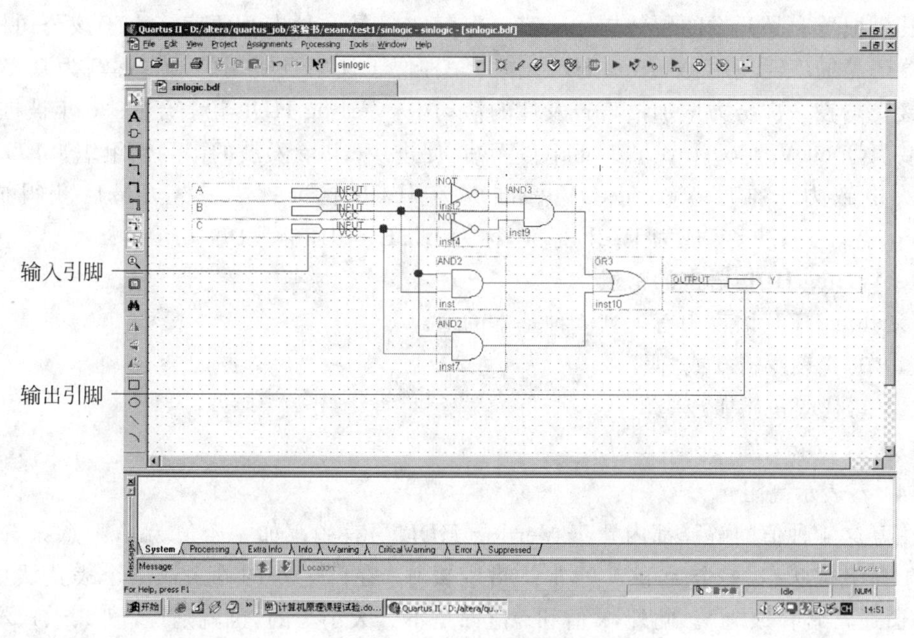

图 3-11　完成的逻辑电路图

将放入工作区的这些元件按照逻辑关系连接到一起，最后要加入逻辑电路图的输入引脚和输出引脚来表示信息的流向。具体做法是在 primitives 目录下的 pin 目录中选择引脚。输入输出引脚共有三种，其中输入引脚是 input，输出引脚是 output，输入输出引脚是 bidir。

为了便于观察，一般情况下输入引脚要放在电路图的最左侧，输出引脚放在电路图的右侧。用鼠标双击放好的引脚，就可对其重新命名。将三个输入引脚分别命名为 A、B、C，输出引脚命名为 Y。完成后的电路如图 3-11 所示。

完成原理图的设计后要将其保存。方法是选择菜单栏中的 File → Save，弹出保存文件对话框，输入文件名 sinlogic. bdf，然后单击【保存】按钮。注意此文件必须是顶层文件，不然不能进行编译。

3.2.2　Verilog HDL 语言设计

用程序设计语言对硬件电路进行描述是电子电路设计极其重要的变革，这种计算机辅助设计的方法依靠可编程逻辑器件的支持，使人们在电子电路的设计阶段，完全可以摆脱实际的电路和电器元件，从而大量地节省了人力、物力和财力。

比较流行的硬件电路描述语言有 VHDL 和 Verilog HDL。VHDL 语言出现较早，Verilog HDL 语言虽然出现较晚一些，但该语言具有 C 程序设计语言风格，很容易被学习过 C 程序设计的人掌握，故普及速度很快。本书用 Verilog HDL 进行电路描述，只介绍一些 Verilog HDL 的一些常用的基本知识，详细内容可参考专门介绍 Verilog HDL 语言的书籍。

Verilog HDL 是硬件描述语言，最初是于 1983 年由 Gateway Design Automation 公

司为其模拟器产品开发的硬件描述语言。那时它只是一种专用语言。由于该公司模拟、仿真器产品的广泛使用，Verilog HDL 作为一种便于使用且实用的语言逐渐为众多设计者所接受。在一次努力增加语言普及性的活动中，Verilog HDL 语言于 1990 年被推向公众领域。Open Verilog International(OVI)是促进 Verilog 发展的国际性组织。1992 年，OVI 决定致力于推广 Verilog OV 标准成为 IEEE 标准。这一努力最后获得成功，Verilog 语言于 1995 年成为 IEEE 标准，称为 IEEE Std1364—1995。

1. Verilog HDL 语言的常量

Verilog HDL 语言中有下列 4 种基本的值。

(1) 0：代表逻辑 0 或“假”

(2) 1：代表逻辑 1 或“真”

(3) x：表示未知

(4) z：表示高阻

注意这 4 种值的解释都内置于 Verilog HDL 语言中。如一个值为 z，则意味着该电路处于高阻抗状态，一个为值 0，通常是指逻辑 0。在门电路的输入或一个表达式中，为“z”的值通常解释成“x”。此外，x 值和 z 值都是不分大小写的，也就是说，值 0、x、1、z 与值 0、X、1、Z 相同。Verilog HDL 中的电路常量是由以上这 4 类基本值组成的。

Verilog HDL 程序设计中还使用整型、实数型和字符串型三类常量，整型数常用基数表示法给出。下划线符号“_”可以随意用在整数或实数中，它们就数量本身没有意义。它们能用来提高易读性，唯一的限制是下划线符号不能用作为首字符。

2. Verilog HDL 的数据类型

Verilog HDL 有网线 wire 和寄存器 reg 两大类数据类型。

网线类型表示 Verilog HDL 结构化元件间的物理连线，它的值由驱动元件的值决定，如果没有驱动元件连接到网线，网线的默认值为高阻 z。

寄存器类型表示一个抽象的数据存储单元，它只能在 always 语句和 initial 语句中被赋值，并且寄存器变量赋值之后，值会一直被保存下来。寄存器类型的变量具有 x 的默认值。

不论是网线型数据还是寄存器型数据都可以表述成向量的形式。例如定义，

```
wire [7:0] x;
reg [63:0] jcq;
```

x 是有 8 条线的多股线，jcq 是一个 64 位的寄存器。

向量描述的数据类型还能够选择其中的元素，具体的选择方法是用下标的形式。例如，x[5]表示选择 x 的第 5 条编号线，jcq[3]表示选择的是寄存器 jcq 的第 3 位数。还可以用这种表达方式选择其中的部分。如，x[5:1]表示选择 x 的第 5～1 条编号线，jcq[8:3]表示选择的是 jcq 寄存器的第 8～3 位数。

3. Verilog HDL 的操作符

同其他程序设计语言一样，EDA 硬件描述语言要定义运算和操作符号。其实不论是哪一种运算或操作符都会有实际的电路与之对应，运算或操作的过程最终还是通过

实际的电路来完成的。各种EDA硬件描述语言事先已经将各种运算符或操作符电路设计好，在程序设计的时候用符号代替，在编译的时候在将预先设计好的电路添加进去。

Verilog HDL中的操作符可以分为算术操作符、关系操作符、相等操作符、逻辑操作符、按位操作符、归约操作符、移位操作符、条件操作符、连接和复制操作符等，具体如表3-1所示。

表3-1　Verilog HDL的操作符

操作符	功　能	操作符	功　能
+	一元加	≫	右移
−	一元减	<	小于
!	一元逻辑非	<=	小于等于
~	一元按位求反	>	小于
&	归约与	>=	大于等于
~&	归约与非	==	逻辑相等
^	归约异或	!=	逻辑不等
^~或~^	归约异或非	===	全等
|	归约或	!==	非全等
~|	归约或非	&	按位与
*	乘	^	按位异或
/	除	^~或~^	按位异或非
%	取模	|	按位或
+	二元加	&&	逻辑与
−	二元减	‖	逻辑或
≪	左移	?:	条件操作符

此表中操作符的优先级排列顺序是，列从上到下，最高优先级（顶行）到最低优先级（底行）排列，处在同一级别操作符优先级相同，在表达式中先完成前面的操作。例如a−b+c是先“−”后“+”。

4. Verilog HDL描述方式

Verilog HDL语言的描述主要有数据流描述和行为描述两种方式。数据流描述方式主要用assign语句，行为描述主要用always结构。每个描述语句以“;”结束。

1) assign连接语句

Verilog HDL中线路的连接使用assign语句描述。assign语句的格式如下：

```
assign  网线变量=表达式;
```

连接语句只要在右端表达式的操作数上有事件（事件为值的变化）发生时，表达式即被计算，如果结果值有变化，新结果就赋给左边的网线变量。格式右面的表达式常为逻辑运算或条件操作表达式。例如：

```
assign W3=~A & B & ~C;
assign y=x? a:b;
```

条件操作表达式表示的连接连接语句，具有条件变换连接的功能，当x的值为1时，y与a连接，而当x的值为0时，y与b连接。

assign连接语句是并行独立执行的。

2）always结构

行为描述结构主要有initial结构和always结构。

一个程序中可以包含任意多个initial或always结构。这些结构都是相互并行执行的，即这些结构的执行顺序与其书写的顺序无关。一个initial结构或always结构的执行，产生一个单独的控制流，所有的initial和always结构都在0时刻开始并行执行。

由于本书基本不涉及initial结构，故在此不予介绍，重点介绍always结构。

always结构是不断重复执行的，内部语句顺序执行的结构。下面举例说明always结构的形式和应用。

例如：

```
always Clk=~Clk;     //将无限循环
```

一行中出现的"//"其后面是注释部分，如果要用多行进行注释，那么注释部分前端要用"/ *"，注释的结束处要使用"* /"。

此always结构有一个过程性赋值。因为always结构重复执行，并且在此例中没有延时控制，过程语句将在0时刻无限循环。因此，这种always结构语句的执行必须带有某种延时控制。语句的延时控制是由"#"加正整数构成的，如上面的always结构，加上延时控制表示如下。

```
always #5 Clk=~Clk;     //产生时钟周期为10个单位时间长度的波形
```

always结构有事件触发的表达方式，形式是在always的后面添加"@"字符，并用括号指出事件，对于多个操作在事件发生时产生，要用begin ... end的方式将动作语句包含在其中。例如：

```
reg Q,Qbar;
always @(t)
    begin
      #5 Q=1'b1;
      #1 Qbar=~Q;
    end
```

各always结构是并行执行的，always内部的语句都顺序执行的。因而这里描述的是：如果事件t发生，经过5个单位时间将二进制数1送到Q，之后再经过1个单位时间将Q的反码送给Qbar。

这里用"="连接的赋值方式是要消耗一定时间的，叫阻塞赋值。在顺序结构中阻塞赋值语句要前一个执行完成，后面的一个语句才能够执行。

always 结构的事件驱动还可以更加精确，例如信号变化的前沿或后沿的时刻。这要使用保留字 posedge 或 negedge 修饰事件变量，事件变量也称为敏感变量。例如：

```
reg Q,Qbar;
always @(posedge t or negedge v)
    begin
      Q<=1' b1;
      Qbar<=~Q;
    end
```

这里的敏感变量有 t 和 v，在 t 变化的前沿和 v 变化的后沿，begin 与 end 之间的语句执行。符号“<=”表示的是没有延时的赋值，称为非阻塞赋值，因而这两个语句都是在事件发生的时刻执行的。Verilog HDL 规定，多个敏感变量只要有一个发生变化，都会引起 always 结构 begin 与 end 之间的语句执行。多个敏感变量之间用“or”进行列表。

同阻塞赋值的区别是非阻塞赋值不用管其他语句是否执行，它只与敏感变量的变化时刻有关。上面例子中的两个非阻塞赋值语句，就相当于两个并行执行的语句，所以本次执行完成后，Qbar 的值并不是本次 Q 值的反码 0，而是前次 Q 值的反码。

5. 模块

模块是 Verilog HDL 的器件描述单位，用于描述某个设计的功能或结构及其与其他模块通信的外部端口等。一个模块的基本语法结构如下：

```
module 模块名称 (端口列表);
```

说明：

```
  reg, wire, parameter,
  input, output, inout,
  function, task, . . .
```

语句：

```
  Initial statement
  Always statement
  Module instantiation
  Gate instantiation
  UDP instantiation
  Continuous assignment
endmodule
```

说明部分用于定义不同的项，例如，模块描述中使用的寄存器和参数等，而语句部分定义设计的功能和结构。说明部分和语句可以散布在模块中的任何地方，但是变量、寄存器、网线和参数等的说明部分必须在使用前出现。为了使模块描述清晰和具有良好的可读性，最好将所有的说明部分放在语句的前面。

例如，将逻辑表达式 $Y=AB+A'BC'+AC$ 用 Verilog HDL 语言描述，那么输入变量为 A、B、C,输出变量为 Y。

```
module ljdl(A,B,C,Y);
    //端口描述:
        input    A;
        input    B;
        input    C;
        output   Y;
    //内部工作变量:
        wire  W1;
        wire  W2;
        wire  W3;
    //逻辑连接描述:
        assign  W3=~A & B & ~C;
        assign  Y=W1|W2|W3;
        assign  W1=A & B;
        assign  W2=A & C;
endmodule
```

模块的结构中允许将多个模块组织成更大的模块。它的组织方式很像 C 语言中带有形参数的函数调用。有关其详细组织方式放到第 6 章的程序中加以表明。

6. 其他常用语句

在模块结构的描述部分,还有许多常用的语句,比如条件语句、循环语句、并行执行语句、选择执行语句等。此外,Verilog HDL 语言中也使用函数,包括系统函数等。这些内容都和 C 语言的结构形式相似,这里仅提出几个常用的语句作个介绍,详细内容请参考 Verilog HDL 语言的专门书籍。

(1) If 语句

If 条件语句在电路控制的结构中会经常出现,它的语法结构如下:

```
if(条件 1)
    过程描述 1
else if(条件 2)
    过程描述 2
else
    过程描述 3
```

如果对条件 1 求值的结果为一个非 0 值,那么过程描述 1 被执行,如果条件 1 的值为 0、x 或 z,那么过程描述 1 不执行。

如果存在一个 else 分支,那么这个分支被执行。下面是一个 if 语句的例子。

```
if(Sum< 60)
begin
    Grade=C;
    Total_C=Total_c+1;
end
```

```
else if(Sum<75)
begin
   Grade=B;
   Total_B=Total_B+1;
end
else
begin
   Grade=A;
   Total_A=Total_A+1;
end
```

(2) case 语句

case 选择语句在多路控制选择中使用的频率很高，在有限状态机的描述中，就使用case 语句表达状态。case 语句的语法结构如下：

```
case(条件表达式)
   条件表达式的求值 1: 过程描述 1
   条件表达式的求值 2: 过程描述 2
   ⋮
   [default: 过程描述 n]
endcase
```

case 语句首先对条件表达式求值，然后依次对各分支项求值并进行比较，第一个与条件表达式值相匹配的分支中的语句被执行。可以在一个分支中定义多个分支项，这些值不需要互斥。默认分支 default 覆盖所有没有被分支表达式覆盖的其他分支。

分支表达式和各分支项表达式不必都是常量表达式。在 case 语句中，x 和 z 值作为文字值进行比较。case 语句的例子如下所示：

```
parameter MON=0,TUE=1,WED=2,THU=3,FRI=4,SAT=5,SUN=6;
reg[0:2] Day;
integer Pocket_Money;
case(Day)
  TUE:Pocket_Money=6;              //分支 1
  MON,WED:Pocket_Money=2;          //分支 2
  FRI,SAT,SUN:Pocket_Money=7;      //分支 3
  default:Pocket_Money=0;          //分支 4
endcase
```

前面的 parameter 语句定义了符号常量。如果条件变量 Day 的值为 MON 或 WED，就选择分支 2。分支 3 覆盖了值 FRI、SAT 和 SUN，而分支 4 覆盖了余下的所有值，即 THU 和位向量 3'b111。

(3) For 循环语句

for 循环语句的形式如下：

```
for(初始赋值;条件表达式;步长)
```

过程描述

一个 for 循环语句按照指定的次数重复执行过程赋值语句若干次。初始赋值给出循环变量的初始值。条件表达式指定循环在什么情况下必须结束。只要条件为真,循环中的语句就执行;而步长给出要修改的赋值,通常为增加或减少循环变量计数。下面是一个循环语句的实例。

```
integer K;
for(K=0;K<MAX_RANGE;K=K+1)
begin
  if(Abus[K]==0)
    Abus[K]=1;
  elseif (Abus[k]==1)
    Abus[K]=0;
  else
    $display("Abus[K]isanxoraz");
end
```

"integer K"是定义 K 是一个整型变量。"$display("Abus[K]isanxoraz")"是调用系统函数 $display 显示字符串 Abus[K]isanxoraz。MAX_RANGE 是一个常量。

(4) 并行语句块

并行语句块带有定界符 fork 和 join,并行语句块中的各语句并行执行。并行语句块内的各条语句指定的延时值都与语句块开始执行的时间相关。

当并行语句块中最后的动作执行完成时(最后的动作并不一定是最后的语句),顺序语句块的语句继续执行。换一种说法就是并行语句块内的所有语句必须在控制转出语句块前完成执行。

并行语句块语法如下:

```
fork
  [:block_id{declarations}]
  procedural_statement(s);
join
```

并行语句块本书没有使用,故在此不予详细介绍了。

3.3 原理图转换和程序编辑

利用 Quartus II 可以直接将逻辑表达式 $Y=AB+A'BC'+AC$ 的原理图,转化成 Verilog HDL 的程序描述,方法是选择菜单 File→Create/Update→Create HDL Design File for Current File,此时会出现描述语言种类选择对话框(见图 3-12)。在描述语言种类 File Type 域中,单击 Verilog HDL 单选按钮,并单击 OK 后,就可以得到自动生成的 Verilog HDL 程序。

```
module ljdl(
    A,
    B,
    C,
    Y
    );

    input  A;
    input  B;
    input  C;
    output  Y;
    wire SYNTHESIZED_WIRE_0;
    wire SYNTHESIZED_WIRE_1;
    wire SYNTHESIZED_WIRE_2;
    wire SYNTHESIZED_WIRE_3;
    wire SYNTHESIZED_WIRE_4;
    assign  SYNTHESIZED_WIRE_4=SYNTHESIZED_WIRE_0 & B & SYNTHESIZED_WIRE_1;
    assign  Y=SYNTHESIZED_WIRE_2|SYNTHESIZED_WIRE_3|SYNTHESIZED_WIRE_4;
    assign  SYNTHESIZED_WIRE_2=A &B;
    assign  SYNTHESIZED_WIRE_3=A &C;
    assign  SYNTHESIZED_WIRE_0=~A;
    assign  SYNTHESIZED_WIRE_1=~C;
endmodule
```

图 3-12　描述语言种类选择

这种直接转化出来的程序似乎不够简练，因而实际的 Verilog HDL 程序设计，多数情况下要程序员自己编码。

如果要在 Quartus II 中直接进行编码，可以在图 3-7 中选择 Verilog HDL 文件，在得到的编辑窗口内单击鼠标右键，会弹出快捷菜单（见图 3-13），其中 Insert Template 选项会帮助用户确定编码的格式。

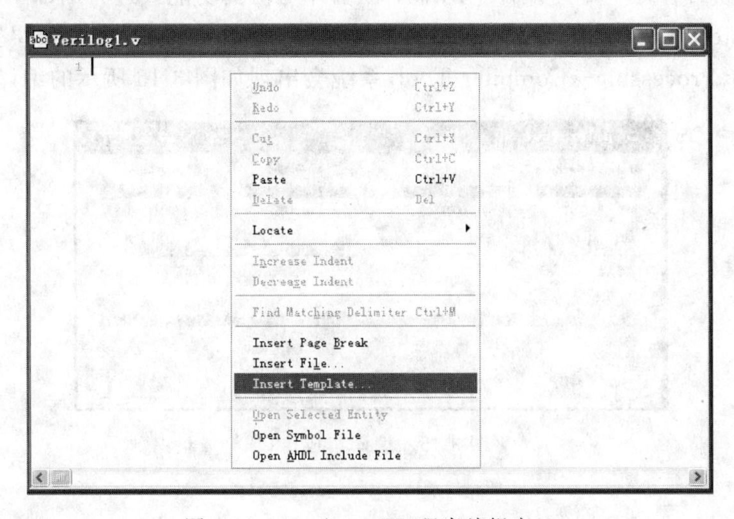

图 3-13　Verilog HDL 程序编辑窗口

Insert Template 对话框如图 3-14 所示，在 Template section 域有多种描述语句格式可选。图中下面 Preview 域展示的是 always 语句的格式，单击 OK 按钮，这种格式会写到程序编辑窗口，用户可以按照格式修改，从而减少编码出错。

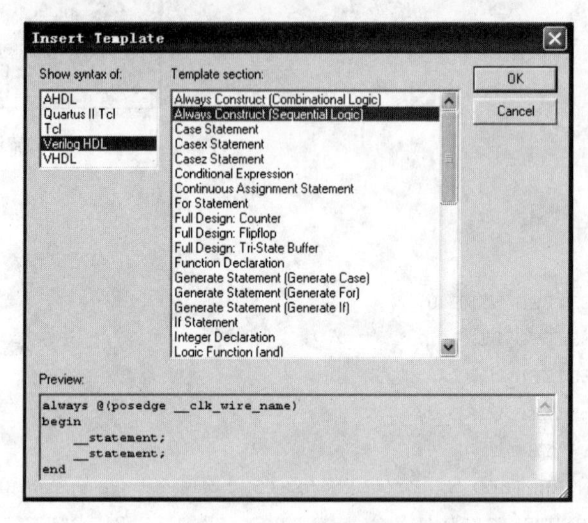

图 3-14 编码格式选择

3.4 编译与器件封装

设计好的原理图或程序文件是否正确，可以通过编译与仿真进行初步检验，编译之后的结果可以放入用户程序库，形成器件，供今后在原理图设计中直接使用。

3.4.1 局部工程编译

Quartus II 为了方便设计过程中进行局部验证和修改，除了对整个工程进行集成编译之外，还在项目管理中专门设计了局部工程编译与仿真功能。进行局部工程编译，可以选择菜单 Project→Set as Top-Level Entity，将当前设计的文件暂定为顶层文件，然后在菜单栏中选择 Processing→Compiler Tool，系统会出现如图 3-15 所示的编译窗口。

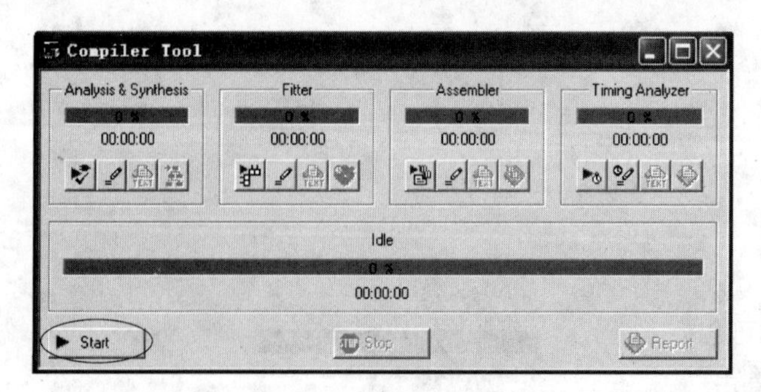

图 3-15 编译集成窗口

集成编译窗口内包含顺序的四项工作，先进行分析综合，然后进行装配，接着再进行组装，最后还要进行电路的时间分析。这四项工作，只要单击左下角的 Start 按钮，系统就自动连续地进行，若编译成功，系统会提示 Full Compilation was successful，不然系统会提示出现的问题，出现的问题一律会罗列在下面的状态信息窗口。

对于状态信息窗口中的错误和警告，可以用鼠标右击，这时会出现快捷菜单（见图 3-16）。在一级快捷菜单中选择 locate，接着会出现二级快捷菜单。在二级快捷菜单中选择 Locate in Design File，系统就会自动找到出现错误的设计文件，并到达或标示出错误的位置。

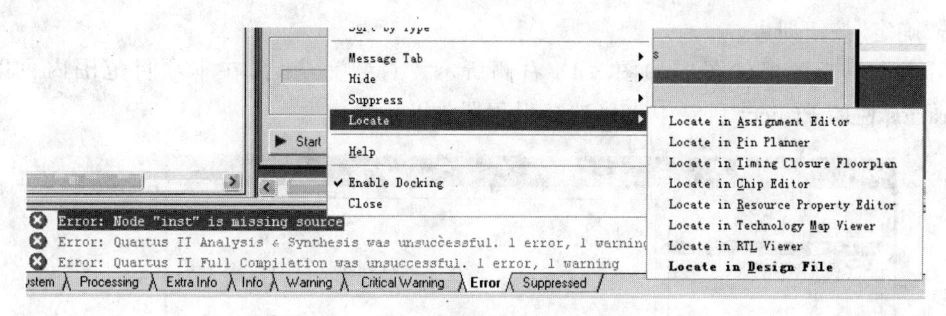

图 3-16　出现错误时查找选择

由于漏画了一条连接线，当在二级快捷菜单中选择 Locate in Design File 后，系统会自动打开相应的文件，并指出出现错误的位置（见图 3-17），让设计者修改。修改之后要再次编译。

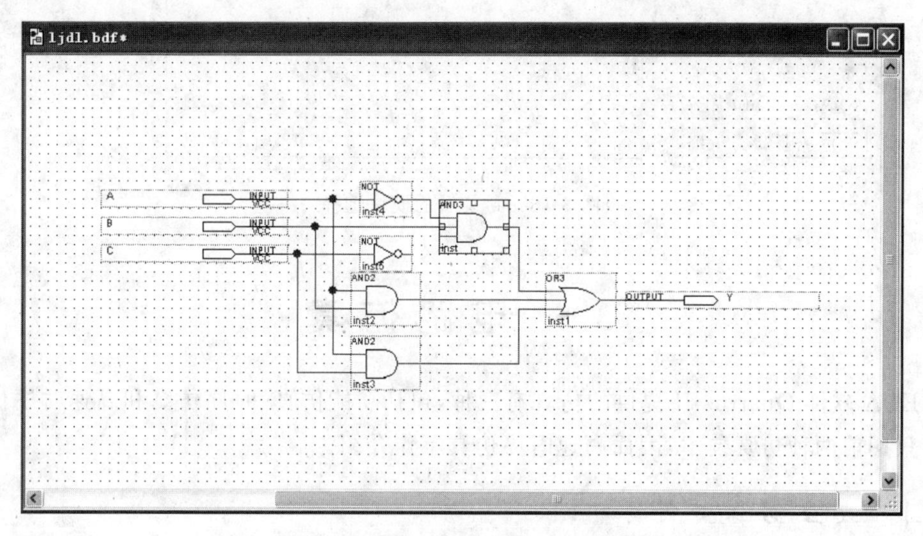

图 3-17　错误的位置标注

编译的操作也可以直接单击快捷按钮 ▶，这样就能够直接进入编译状态，如果发现错误操作，还可以单击 STOP 按钮，使错误操作停止。

3.4.2 封装成器件放入用户库

已设计完成的 ljdl 原理图设计或程序描述，都可以封装为器件放入用户的器件库。用户器件库 Project 中的器件是供原理图设计方式使用的，不论原理图设计还是程序描述都被表示成矩形图。矩形的左面安排的是输入端口，矩形的右面安排的是输出端口和输入输出端口。

将原理图设计或程序描述进行封装，要选择菜单栏中的 File→Create/Update→Create Symbol Files for Current File，系统弹出提示 Created Block Symbol File sinlogic，单击“确定”按钮即可。

ljdl 封装后的器件图形如图 3-18 右侧所示。封装完毕后，在本项目范围内可以从 Libraries 栏的 Project 目录中直接选择引用器件 ljdl。

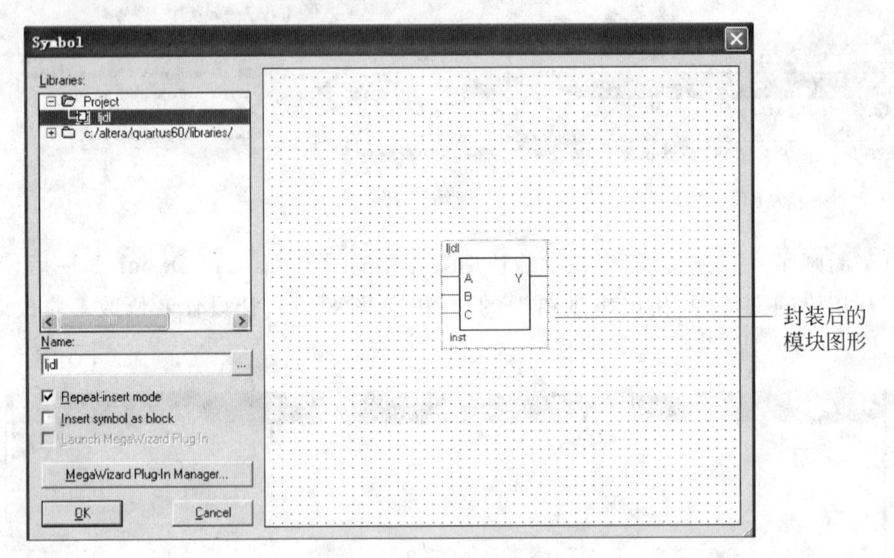

图 3-18 封装后的模块选择

3.5 电路仿真

EDA 软件 Quartus II 提供的仿真有三种，包括功能仿真、时序仿真和高速时序仿真。本书只用前两种仿真技术，因而高速时序仿真不作介绍。

3.5.1 建立仿真文件

要验证电路设计的逻辑是否正确，一般用功能仿真检验。功能仿真会忽略电信号在传输过程中的改变，例如波形信号的形变等。功能仿真是在理想的器件状态下进行仿真的过程。

Quartus II 提供的仿真形式是波形文件，因而不论进行何种仿真都首先要建立一个扩展名为 .vwf 的文件。具体的作法是，选择菜单栏中的 File→New，在所弹出对话框的

Other Files 选项卡中选择 Vector Waveform File，然后单击 OK 按钮，就出现图 3-19 所示的波形文件编辑窗口。

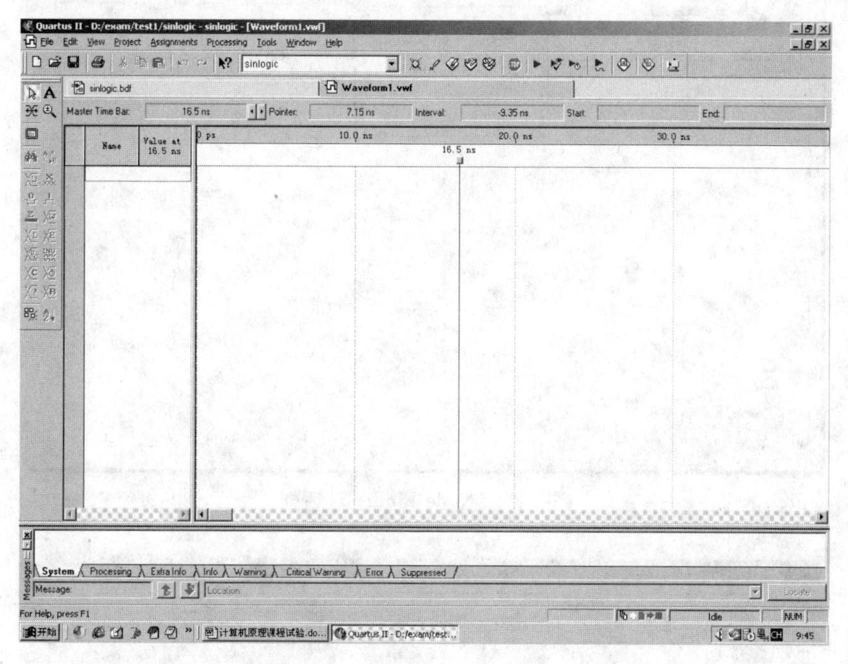

图 3-19　波形文件编辑窗口

在波形文件编辑窗口左侧一栏空白区域中右击，并在弹出的快捷菜单中选择 Insert Node or Bus...，这样会弹出图 3-20 所示对话框。

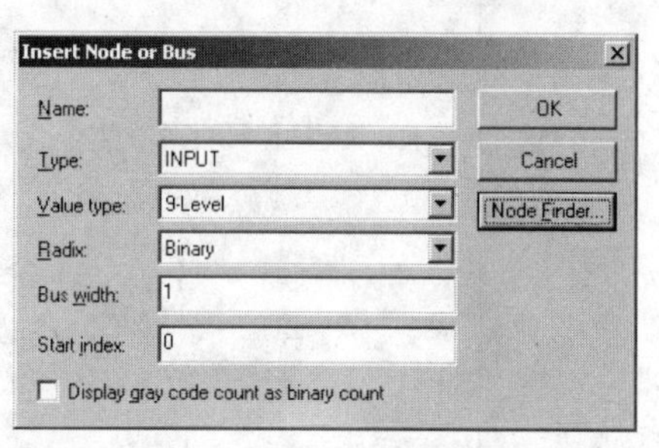

图 3-20　Insert Node or Bus 对话框

不用考虑其他项，直接单击 Node Finder 按钮，会出现图 3-21 所示对话框。

在这个对话框的 Filter 栏的下拉列表框中有许多选择项，由于只用考察输入输出信号，所以选择 Pins：all，然后单击 List 按钮。此后，在该窗口的 Nodes Found 域中会列出顶层文件中含有的所有输入输出引脚。再选择 >> ，就会将全部引脚添加到右侧的 Selected Nodes 域中，操作结果如图 3-22 所示。

各种观察信号被称为 Node，左面的区域是可选的 Node，右面的区域是用户选择的 Node。用 > 按钮可以单个地选，用 < 按钮可以将错选的 Node 退回，也可以用 << 按钮全部退回。

单击 OK 按钮，会弹出图 3-23 所示的对话框。

再单击 OK 按钮，将弹出如图 3-24 所示的已添加信号后的波形文件编辑窗口。其中 A、B 和 C 是输入引脚，默认为低电位(低电位用 0 记，高电位用 1 记)。输出引脚 Y 的值尚未确定。用鼠标单击箭头一栏，选中 B，然后选择左侧波形编辑工具栏中的 Forcing High(1)按钮 1 ，将 B 的值设为 1。A 和 C 的值不作改变，仍为 0。

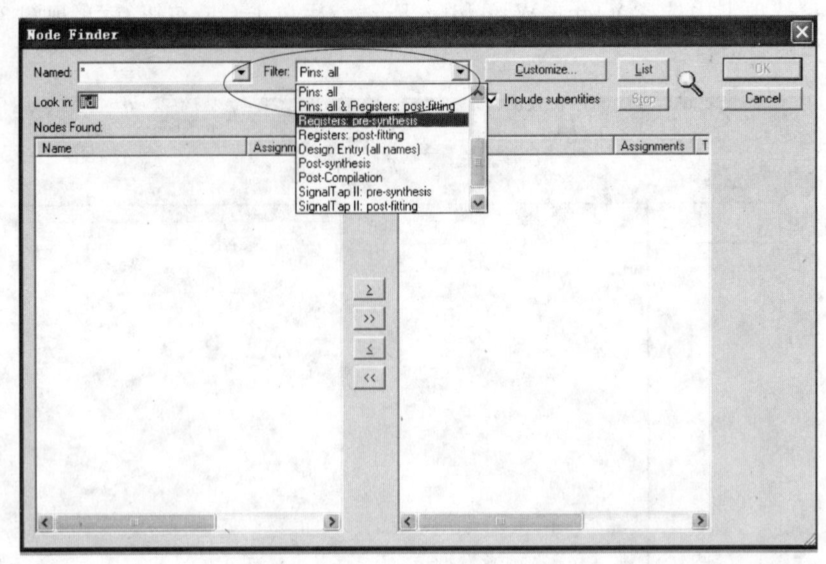

图 3-21 Node Finder 对话框

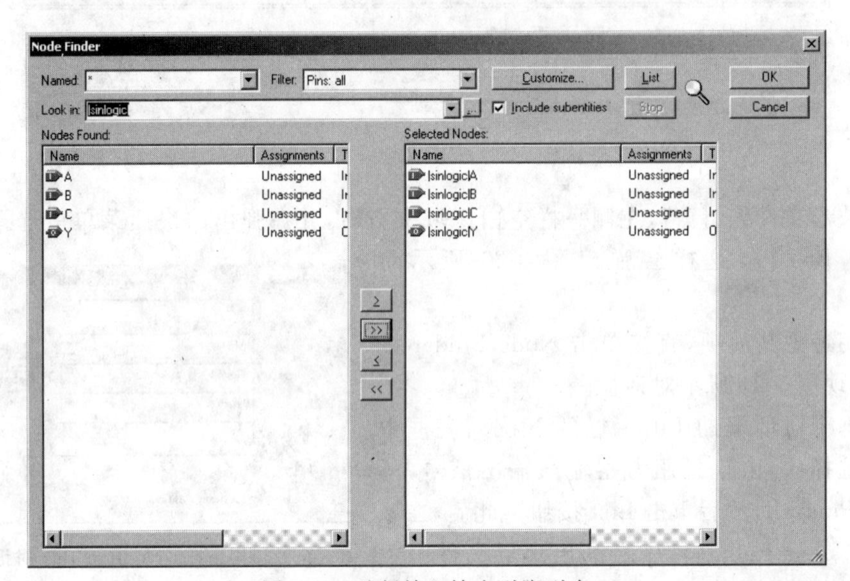

图 3-22 选择输入输出引脚列表

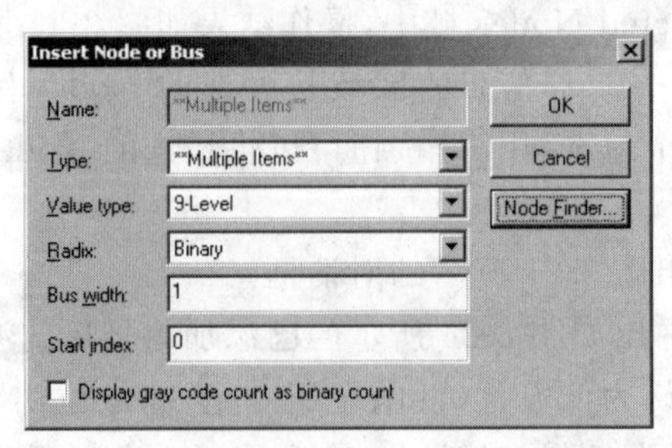

图 3-23 已完成选择的 Insert Node or Bus 对话框

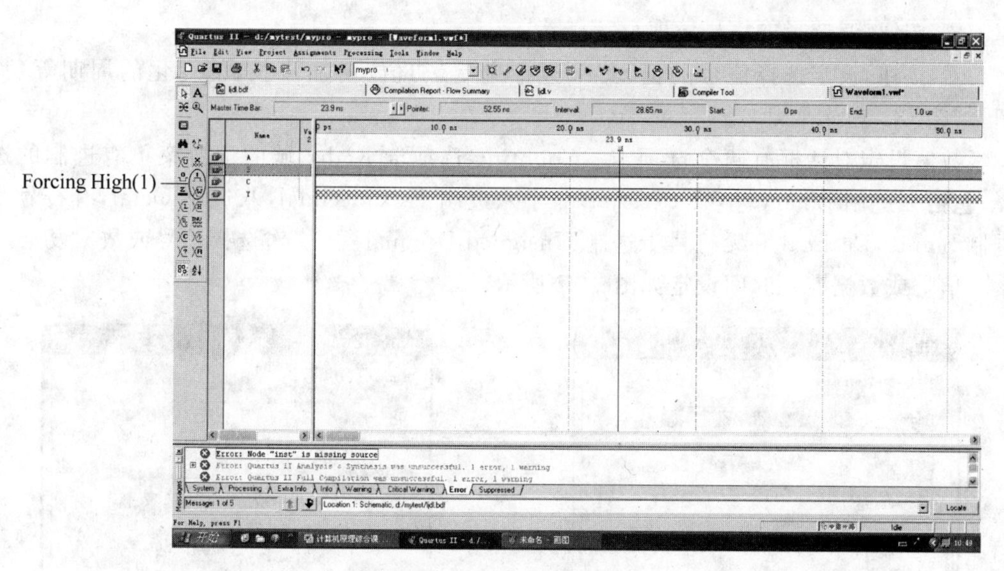

图 3-24 波形文件编辑窗口

选择菜单栏中的 File→Save，弹出保存文件对话框，输入波形文件名 ljdl. vwf，然后单击“保存”按钮，这样就建立了仿真的波形文件。

3.5.2 仿真设置工具

进行波形仿真需要对输入信号进行设置，为此系统专门准备了设置工具（见图 3-25）。

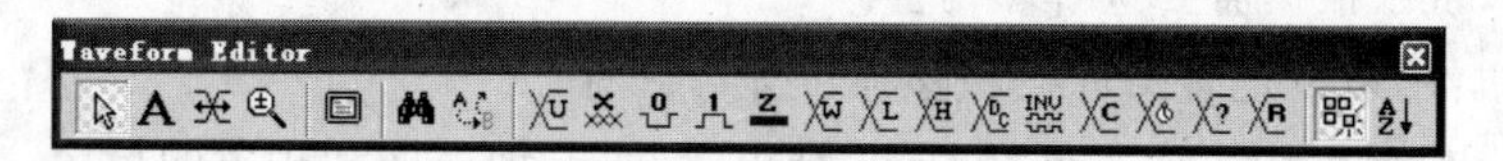

图 3-25 波形仿真设置工具

按钮：选择后，使用所有按钮处于待选择状态。

A 按钮：选择后，输入文本。

按钮：选择后，拖拉出赋值区域。

按钮：选择后，单击鼠标左键，放大波形，单击鼠标右键，缩小波形。

按钮：使选择的信号不定义。

按钮：使选择的信号值不确定。

按钮：使选择的信号值为 0。

按钮：使选择的信号值为 1。

按钮：使选择的信号值为 z。

按钮：使选择的信号值为不知道的弱信号。

按钮：使选择的信号值为弱的低电位信号。

按钮：使选择的信号值为弱的高电位信号。

按钮：使选择的信号值不用考虑。

按钮:使选择的信号值取反。

按钮:设定选择信号的值,其中包括进制、初值、增加步长,值变化的周期等(见图 3-26)。

数值设定对话框有两个选项卡。Counting 选项卡 Radix 域的下拉菜单有进制的选择,包括二进制 Binary,小数 Fractional,十六进制 Hexadecimal,八进制 Octal,有符号十进制 Signed Decimal 和无符号十进制 Unsigned Decimal 等,供对选择信号或数据设定。

信号或数据变化时间设定如图 3-27 所示。

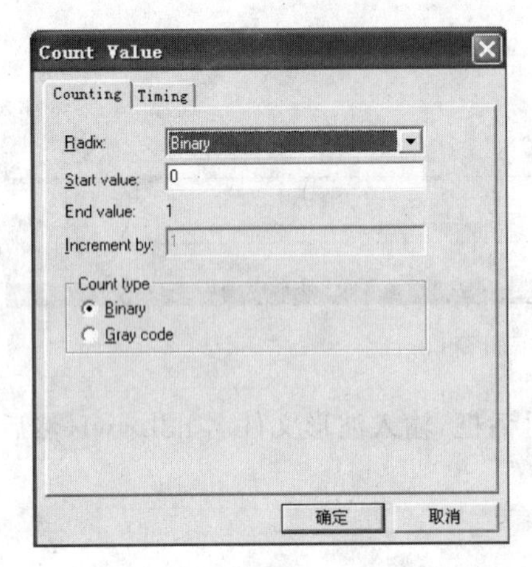

图 3-26 数值设定对话框

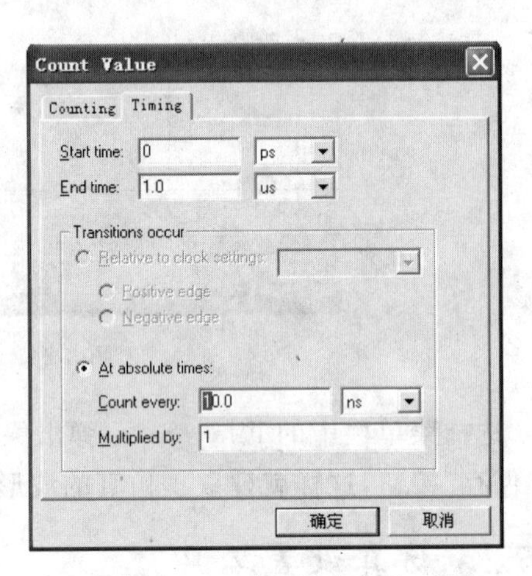

图 3-27 时间设定卡片

在时间 Timing 选项卡中有开始时间 Start time,结束时间 End Time,还有周期设定 Count every,可以根据需要选择填写。

按钮:用来设定时钟周期和移项位等,其操作如图 3-28 所示。

在 Clock 对话框中主要是开始时间、结束时间、时钟周期和相位的设定。其中 Period 设置时钟周期,右面的下拉菜单选择时钟单位,Offset 选择相位。

按钮:为选择数据直接输入数值,操作界面如图 3-29 所示。

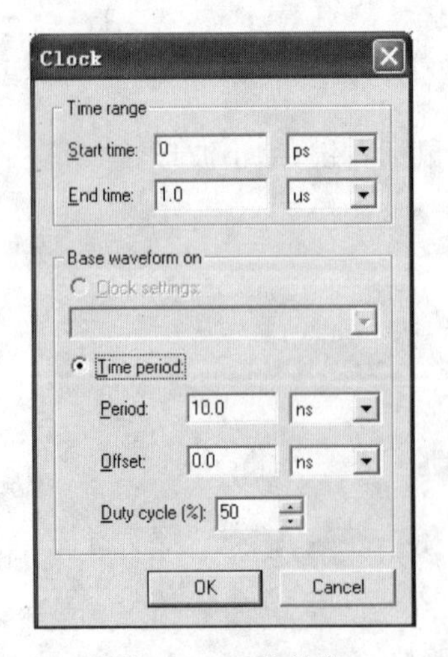

图 3-28 时钟设定

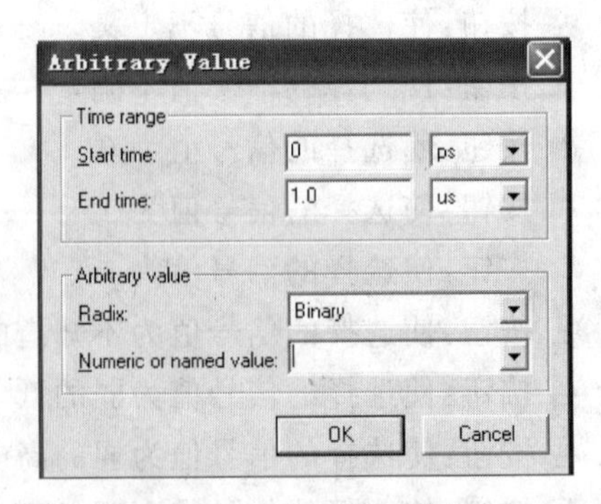

图 3-29 选择输入数据

选择输入数据也可以在 Radix 域选择设定进制。在 Numeric or named value 区域输入数据后，单击 OK 按钮就可以给指定的信号区段赋值，这在复杂一些的仿真输入中将经常用到。

其他的工具按钮用得不多，就不一一介绍了。

3.5.3 功能仿真

不论何种仿真都有一个全局的时间设定，这个工作是在仿真文件建立后，选择系统菜单 Edit→End Time 项后，在图 3-30 所示的对话框中设定的。

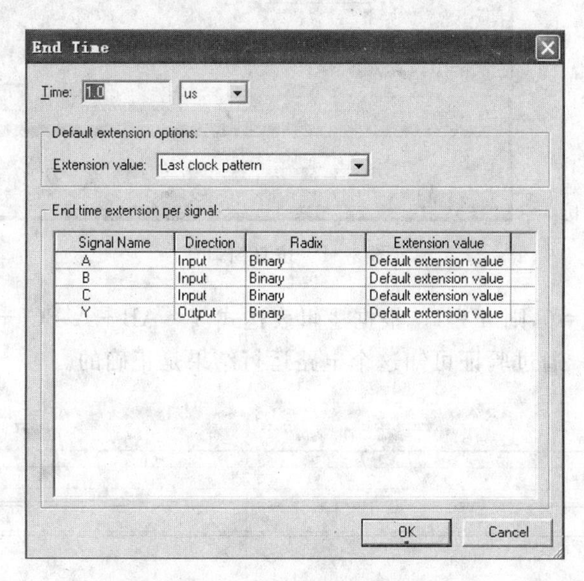

图 3-30 整体仿真时间设定

一般的仿真时间有几十微秒就够了，作为计算机整体的仿真时间要在几百微秒以上，不然很难观测到需要的结果。

功能仿真主要检查逻辑设计是否正确。选择菜单栏中的 Processing→Simulator Tool，之后会弹出图 3-31 所示的仿真窗口。

在 Simulation mode 区域的下拉菜单中，选择 Functional，确定进行功能仿真。在 Simulation input 域中选择波形文件 ljdl. vwf。进行功能仿真必须要先进行功能仿真的编译，单击 Generate Functional Simulation Netlist 按钮完成功能编译。

如果正确，系统会提示 Functional Simulation Netlist Generation was successful，此后才能够进行仿真。

在窗口的 Simulation Option 域中有几个选择操作，Automatically add simulation output waveform 是自动添加输出波形选项，Overwrite simulation input with simulation result 是将仿真的结果覆盖原来的波形文件选项。

一切准备妥当，最后单击窗口左下角的 Start 按钮就可以进行功能仿真了。若系统提示 Simulation was successful，表示仿真成功，不然需要修改重作。

选择窗口右下角的 Open 按钮可以打开波形文件 ljdl. vwf，观察仿真结果。如图 3-32

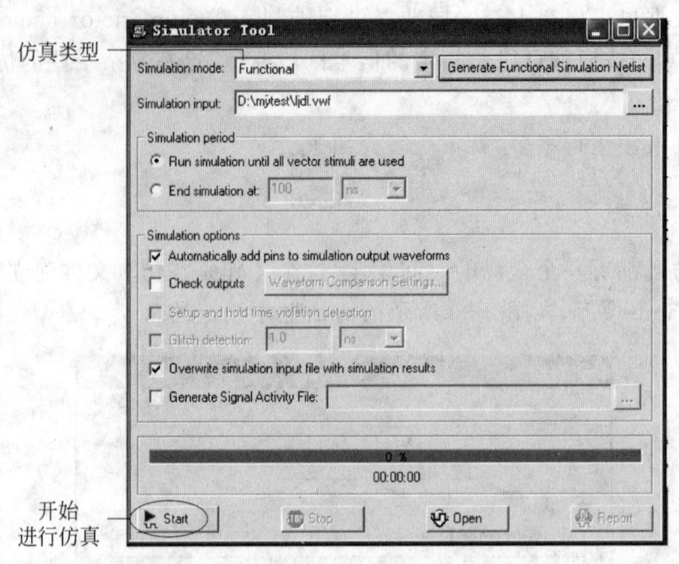

图 3-31　仿真窗口

所示，A=0，B=1，C=0，则 Y=1。根据逻辑表达式 $Y=AB+A'BC'+AC$，当 A=0、B=1 且 C=0 时，Y=1。通过验证可知这个电路运行结果是正确的。

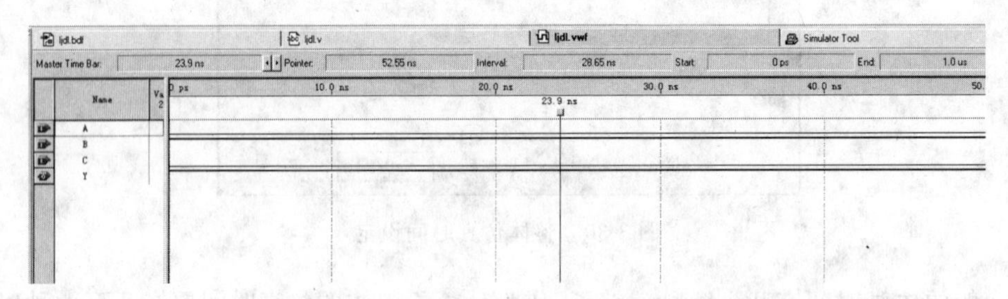

图 3-32　简单逻辑电路的功能仿真结果

3.5.4　时序仿真

实际电路当中信号数据传输处理的情况和功能仿真并不相同，原因是因为电信号通过器件时会有时间上的消耗，叫做延时。器件不同，产生的延时一般也不同，因而从同一地方发出的信息，会在不同的电路器件中检测到的时间不一样，实际信号是否会按照我们的设想到达是很重要的问题。时序仿真就是观察实际电路的工作情况的。

经过编译之后的设计，时序仿真的操作相对简单一些。在图 3-31 的窗口中，在 Simulation mode 区域选择 timing，然后单击 Start 按钮，就能够得到时序仿真的结果。在这个简单的逻辑电路设计中，时序仿真与功能仿真的结果没有什么区别，而在复杂的电路设计中，这两种仿真有时会区别很大。

通过时序仿真的设计，一般和实际电路的工作情况基本上会一致。

3.6 工程下载验证

运用 Quartus II 设计的工程项目，最终的验证是下载到开发板上，让设计变成实际的电路运行，这是检验设计成果的实施的一步。特别是像计算机这样复杂的电路，更需要实际电路运行的检验。

经过编译综合之后的项目，以顶层文件命名生成可以下载到 FPGA/CPLD 器件的文件，文件的扩展名是.sof 和.pof。本例中下载文件是 mypro.sof 和 mypro.pof。

要将设计下载到开发板上，需要选择菜单 Tools→Programmer，这样会出现如图 3-33 所示的下载界面。

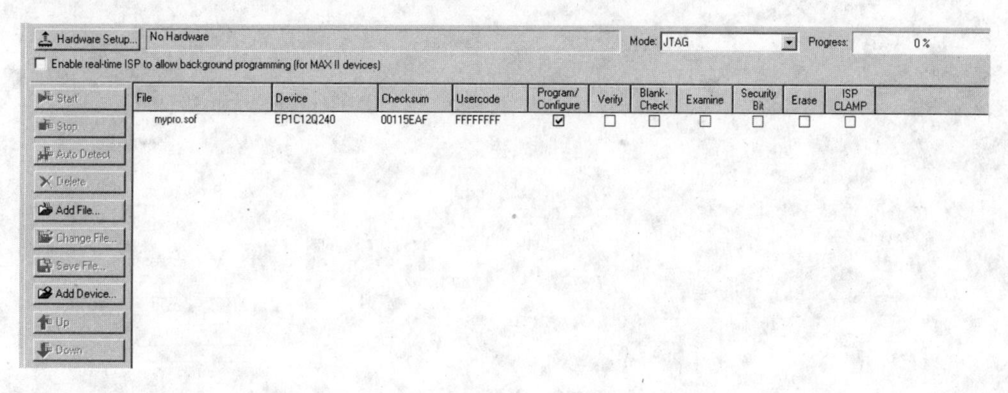

图 3-33 项目工程下载界面

工程下载常用的分为临时性下载 JTAG 和永久性下载 Active Serial Programming，前者使用扩展名为.sof 的文件，后者使用扩展名为.pof 的文件。要进行何种方式的下载，需要在图 3-33 的 Mode 域中选择，还要添加相应的下载文件，连接实验开发板，选择下载操作内容等，还要涉及 FPGA 或 CPLD 的引脚连接定义等问题，比较复杂，需要放在后面具体一些的实际设计项目工程中详细说明。

习 题 三

习题 3-1 EDA 软件 Quartus II 可以采用几种方式进行电路设计？如何实现不同设计方法间的转换？

习题 3-2 对设计的模块或原理图电路进行封装的目的是什么？怎样封装和使用？

习题 3-3 Quartus II 中可以使用几种硬件描述语言进行电路描述？它们之间可以转换吗？

习题 3-4 如何将设计的复杂电路封装成可重复使用的器件？这些用户封装的器件如何使用？

习题 3-5 局部工程编译如何进行？局部工程编译和全局工程编译之间具有怎样的

关系?

习题 3-6　功能仿真和时序仿真的主要区别是什么?哪种仿真更接近实际的电路?

习题 3-7　在 Quartus II 中如何设计仿真的波形文件?举例说明具体的设计方法。

习题 3-8　电路设计的仿真可以检验设计的正确与否,为什么还要将设计下载到电路设计开发板?下载之后的产品具有哪些优越性?

第4章 常用基本器件设计

CHAPTER

EDA编程设计语言 Verilog HDL 或 VHDL 已经将许多常用的器件直接定义出来,例如,reg、＞＞、＜＜、＋、－、＊、/、％等,ram 可以用 reg 来描述。将这些本应由设备完成的事变成了一种语言描述格式,这样十分方便程序员使用。但从另一个角度来看,由于屏蔽了这些基本器件的设计方法,对那些需要探究基本理论和基础设计的人来说,很可能就失去了理解原理,并失去了在根基上有所创造和发明的机会。要知道,在基本理论和方法上的改变,哪怕是一点点,也会为未来学科的发展产生巨大的影响。

出于计算机原理的科研和对学生未来研究发展的需要,本章将那些用语言形式替代了的重要的器件设计方法,尽可能地用最基本的形式把它们描述出来,这样不仅能够深层次地回答"为什么电路能够替代算术和逻辑运算"的问题,更重要的是能够更好地培养学生的研究问题能力。器件设计中尽可能用原理图描述,这样可以更清楚地发掘出硬件的结构,同时也用最基础的入门级 Verilog HDL 语言将其描述出来,以便让学生能够很好地熟悉硬件和描述语言的基本关系,灵活地运用它们。

4.1 寄存器设计

寄存器简单且是理解存储原理的大门,因此首先选择寄存器进行设计。

4.1.1 寄存器原理图设计

寄存器是计算机器件当中应用最多的,它的结构相对简单(见图 4-1),比较容易理解。

寄存器一般有 3 个或 4 个输入控制端,多位输入总线和同样位数的输出总线。图中的输入线有时钟 clk,数据输入控制线(也称为输入使能)rL,复位(或叫清零)控制线 cclr,如果输出要有控制的话,那么还要增加一条输出控制(使能)线(这条线在图中没有)。输入的数据总线是 d[7..0],这是

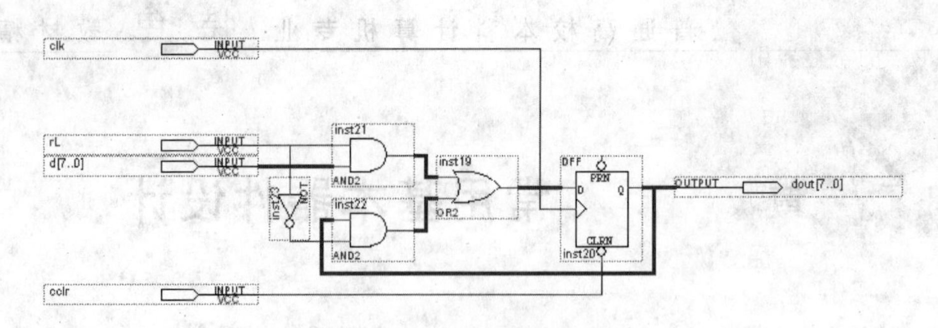

图 4-1 寄存器原理图

告诉我们共有 8 条线。dout[7..0]标注输出也有 8 条线。在原理图中标明线的条数是放在方括号当中,数字之间用两个点表示,这一点与用语言描述不同。读者将会看到,硬件描述语言是用冒号来进行分隔的。

在 Quartus II 的原理图设计中,有些元件是允许单股线与多股线的原理图连接的,这给图形设计带来了方便。

4.1.2 寄存器工作原理

边沿触发器 DFF 只能在两个时钟节拍之间保持数据不变,置位端 PRN 和复位端 CLRN 瞬间低电位有效,它们给 DFF 赋值不受时钟信号 clk 的影响,这是边沿触发器的特点。图 4-1 的寄存器工作过程表述如下。

(1) 当控制线 rL=1 时,外部数据 d[7..0]可以通过与门 inst21,而通过非门与 rL 连接的另一条线接在 inst22 的输入端,使 inst22 的输出总线为 0,通过或门 inst19 到达触发器 DFF 的数据就是 d[7..0]。

(2) DFF 是 lck 信号的上升沿边沿触发器,在 clk 上升沿没有到达之前,数据不能进入 DFF,因而输出端 dout[7..0]的值保持原值不变。

(3) 当clk=1 的前沿到来时,数据 d[7..0]进入 DFF,从这时开始,输出端 dout [7..0]的值与 d[7..0]相同。

(4) 如果在 d[7..0]的值改变之前使 rL=0,那么到达 DFF 输入端的数据将是 dout[7..0],因而当 clk=1 的前沿到来时,进入 DFF 触发器的是 dout[7..0],也就是数据的原来值。

(5) 瞬间 cclr=1 会使触发器 DFF 复位,值为 0,致使 dout[7..0]=0。

这个寄存器的输出端没有控制门,触发器 DFF 的值是直接输出的,如果将寄存器输出端连入公共线路,那么必须要加控制输出电路,而它的输入线 d[7..0]连接到公共线路不受限制。

4.1.3 寄存器的语言描述

用原理图进行多位寄存器的设计很容易帮助我们理解,但在某些时候用硬件描述语言会很方便。硬件描述语言常用的有 VHDL 和 Verilog HDL,这两种语言的功能区别不大。笔者比较喜欢 Verilog HDL，所以下面的语言描述都是用 Verilog HDL 书写的。

上面的寄存器用 Verilog HDL 描述如下。

```
'define WEISHU 8   //定义数据的宽度
module jcq(
        rL,        //输入控制
        clk,       //时钟
        cclr,      //复位端
        d,         //数据输入
        dout       //数据输出
        );
//下面是端口说明
input   rL;
input   clk;
input   cclr;
input   ['WEISHU-1:0] d;
output  ['WEISHU-1:0] dout;
//下面定义中间使用的变量
wire ['WEISHU-1:0] w_0;
wire ['WEISHU-1:0] w_1;
wire ['WEISHU-1:0] w_2;
wire               w_3;
reg ['WEISHU-1:0] w_dff;
//进行连接描述和行为描述
assign  dout=w_dff;
assign  w_2=w_0|w_1;

always@(posedge clk or negedge cclr)
begin
   if (! cclr)
      w_dff<=0;      //复位
   else
      w_dff<=w_2;
end
assign  w_0=d & {'WEISHU{rL}};
assign  w_1={'WEISHU{w_3}} & w_dff;
assign  w_3=~rL;

endmodule
```

有关 Verilog HDL 语言方面的知识，不作为本书的基本内容，需要这方面知识的读者可参阅参考文献[1]的附录，也可阅读其他相关 Verilog HDL 语言程序设计的书籍，在此只对设计中的重点内容作一些解释。

(1) 'define WEISHU 8 是定义了数据位数 WEISHU 的宏语句。宏语句以'define 开

始，空格后面是宏代号，再空格后是宏代号代表的内容，结束符是空格。使用中宏代号前要加“'”号。

(2) 原理图中使用的连线，在语言描述中要定义出中间变量，这样才容易描述线路的连接形式。对照图 4-1 中与门 inst21 与 inst19 的连接，连接线起名叫 w_0，它下面的总线称为 w_1，它们经过或门的输出线称为 w_2。

```
assign  w_0=d & {'WEISHU{rL}};
assign  w_1={'WEISHU{w_3}} & w_dff;
assign  w_2=w_0|w_1;
```

这 3 句话就描述了它们之间的关系。相信读者根据原理图不难找出其他中间变量所代表的导线。

(3) 行为描述的部分是 always 语句：

```
always@ (posedge clk or negedge cclr)
begin
    if (! cclr)
        w_dff<=0;    //复位
    else
        w_dff<=w_2;
end
```

需要注意参数描述中是 negedge cclr，因而 cclr 是下降沿有效，也就是它从 1 变到 0 的时候才能够发挥作用，所以条件语句中的条件是!cclr。还要注意给寄存器变量赋值，不能使用连接语句，而是使用赋值运算符“<=”，或者“=”，前者在时钟 clk 的上升沿进行，而后者要在前面赋值语句完成后才能进行。

(4) always@(posedge clk or negedge cclr)语句是依据 clk 和 cclr 的变化重复进行的，只要两者有一个发生变化的事件，begin，end 之间的语句都要执行一次，因为 clk 是不断重复的，因而这个语句是无限循环的。如果多个变量用“<=”值，它们是并行的，而用“=”则是有先后的。

(5) 边沿触发器在描述中使用的是：

```
reg   ['WEISHU-1:0] w_dff;
```

reg 保留字指明 w_dff 是能够寄存数据的设备，['WEISHU-1:0]指明了数据位数。

4.1.4 寄存器仿真

利用 Quartus II 的波形文件进行时序仿真，可以直接检验寄存器设计。一般来说，数据位数较多的设备要比位数较少的设备，从输入到输出的延时要长，为了较好地说明对工作时钟频率的把握，仿真是针对 16 位寄存器进行的。图 4-2 是时钟周期为 10ns 的波形仿真，可以看到当 rL=1 时，从时钟上升沿获得数据 h0003 到达输出端 dout 输出 h0003 的时间将近 7ns，没有超过 10ns。dout 的输出至少保持 10ns，因而在下一个时钟节拍的上升沿可以正确地获得输出结果。可以想到如果要在第一个时钟上升沿后的 7ns 之内读取 dout 的值，那一定不是正确的。

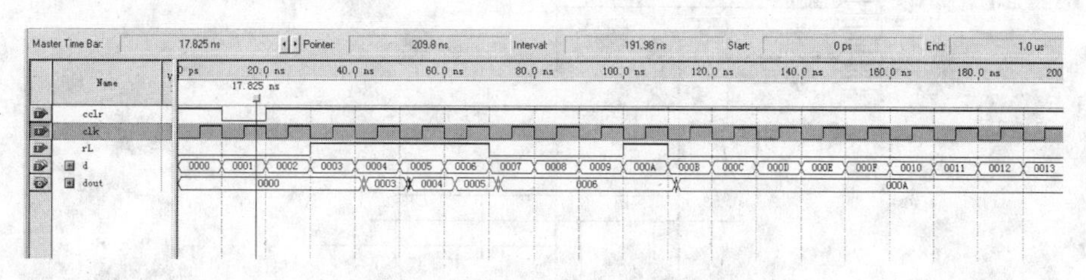

图 4-2　时钟周期 10ns 的时序仿真

图 4-3 是时钟周期为 50ns 的寄存器时序仿真。从图上可以看到 dout 的输出离 clk 的前沿更近些，但实际的延时仍然是 7ns 左右。

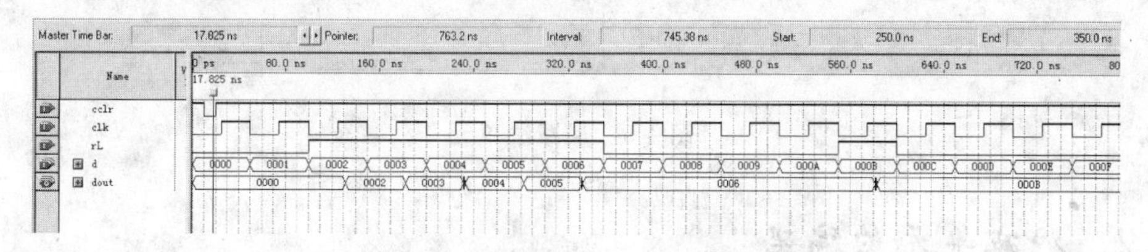

图 4-3　时钟周期为 50ns 的时序仿真

如果将时钟周期定为 6ns，如图 4-4 所示，dout 的输出将在两个周期之后才能够取得正确的值，此时如果在第二个时钟节拍就取 dout 值，那么一定是错误的。还要看到由于频率的提高，可能造成器件延时的增加，这个频率之下，寄存器的延时超过了 12ns，这在使用寄存器的设计中需要予以充分的注意。

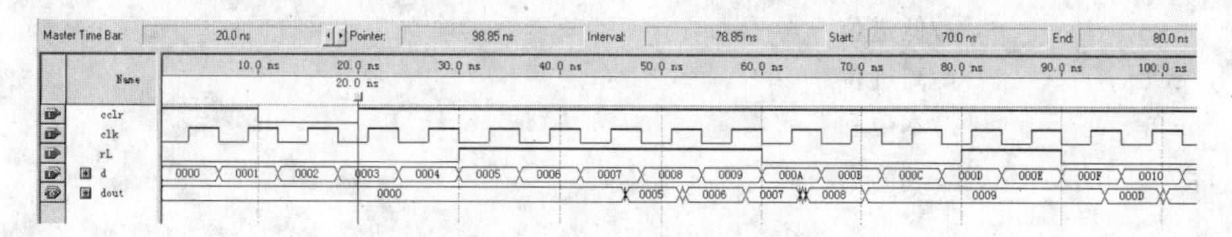

图 4-4　时钟周期为 6ns 的时序仿真

4.2　加减法运算器设计

利用补码制可以将加减法运算器组织在一个电路中。加减法运算器是计算机进行算术运算的基础设备，由加减法运算器的基本单元可以构造出乘除法运算器等。

4.2.1　加减法单元原理图设计

加减法单元是在全加器的 b 输入端连接上反向可控器组成的（见图 4-5）。

Sub＝1 时进入全加器的是 b 的反码，否则是 b 的值直接进入全加器。

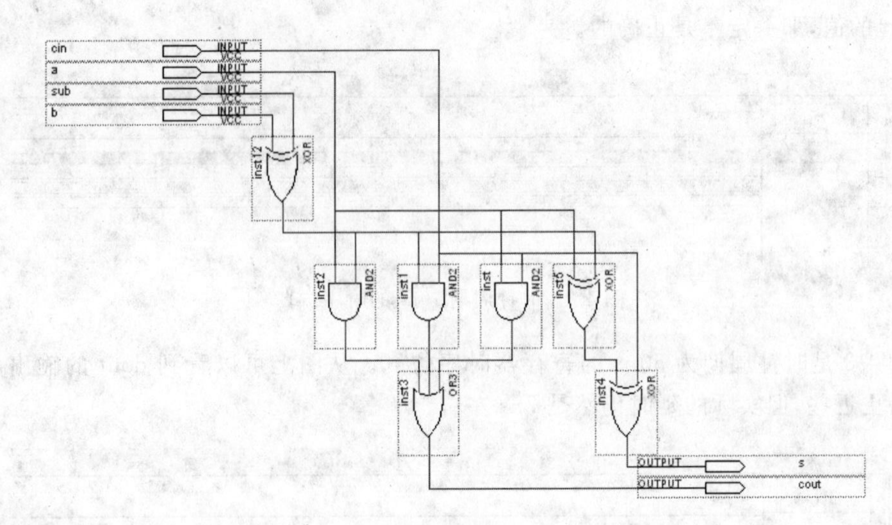

图 4-5 加减法单元

4.2.2 加减单元的编码

加减单元的电路简单,对照图 4-5 很容易得到下面的 Verilog HDL 编码。

```
module tfa(
  a,             //被加数
  sub,           //取反控制
  b,             //加数
  cin,           //低进位
  cout,          //高进位
  s              //本位和
);

input  a;
input  sub;
input  b;
input  cin;
output cout;
output s;
//工作变量设置:
wire w_7;
wire w_2;
wire w_3;
wire w_4;
wire w_5;
//逻辑连接:
assign  w_4=cin & a;
assign  w_2=cin & w_7;
```

```
assign  w_7=sub^b;
assign  w_3=w_7 & a;
assign  cout=w_2|w_3|w_4;
assign  s=cin^w_5;
assign  w_5=w_7^a;

endmodule
```

4.2.3　多位加减单元的连接

组成多位的加减法运算器需要将多个加减单元的进位首尾连接起来。这种连接可以展开来画出原理图(见图 4-6),也可以用 Quartus II 的多元素画法,减少图形的面积(见图 4-7)。

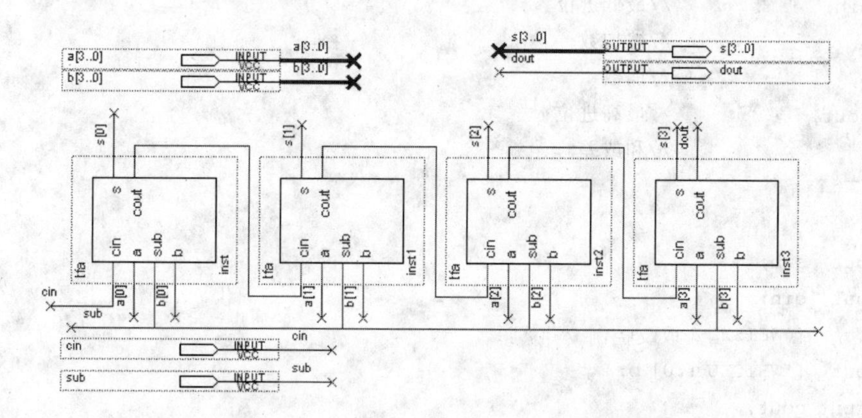

图 4-6　展开画的 4 位加减单元的连接

展开画原理图虽然结构清晰,然而位数很多的时候画起来很麻烦。图 4-7 的多元结构画法非常节约面积。在这种多元画法中,高低位进位线的连接不能够直接标注出来,因

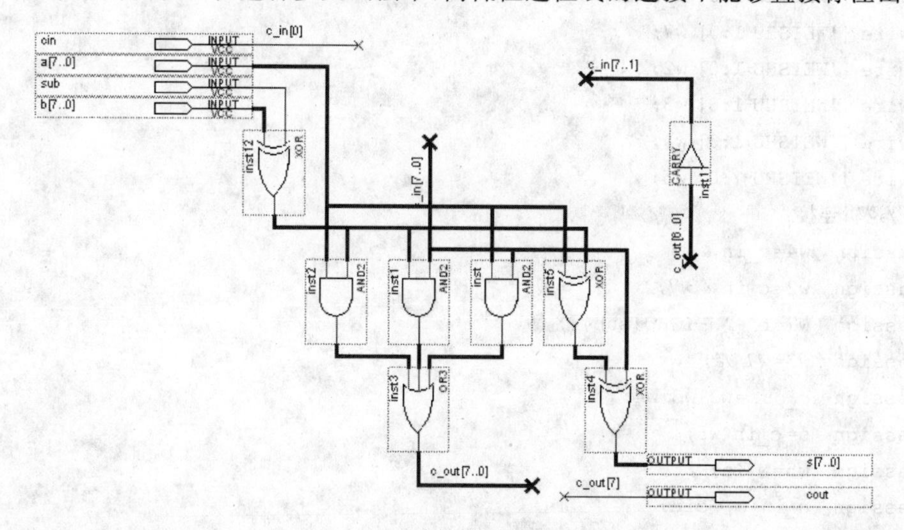

图 4-7　多位加减单元的连接

而用缓冲元件 carry(图中 inst11)放在中间,这样编译时可以通过。

图 4-7 最大的好处是位数可以任意,需要不同位数的连接时,只要将多位的引脚和线路的标注修改一下就可以,而展开的画法却要一个一个地连接,十分繁琐。

4.2.4 多位加减单元连接编程

多位加减单元连接用 Verilog HDL 的程序设计如下所示,由于编程方法比图形设计方法更灵活,所以加减单元的上下进位线的连接可以直接用 assign 语句描述,省去了缓冲元件 Carry。

```
'define WEISHU 8   //位宽
module nfa(
  sub,             //取反控制端
  cin,             //最低进位
  a,               //被加数
  b,               //加数
  cout,            //最高进位
  s                //和或差
);

input  sub;
input  cin;
input  ['WEISHU-1:0] a;
input  ['WEISHU-1:0] b;
output cout;
output ['WEISHU-1:0] s;
//内部变量:
wire ['WEISHU-1:0] c_in;
wire ['WEISHU-1:0] c_out;
wire ['WEISHU-1:0] w7;
wire ['WEISHU-1:0] w2;
wire ['WEISHU-1:0] w3;
wire ['WEISHU-1:0] w4;
wire ['WEISHU-1:0] w5;
//逻辑连接:
assign  w4=c_in & a;
assign  w2=c_in & w7;
assign  w7=b^{'WEISHU{sub}};
assign  w3=w7 &a;
assign  c_out=w2|w3|w4;
assign  s=c_in^w5;
assign  w5=w7^a;
assign  c_in[0]=cin;
assign  c_in['WEISHU-1:1]=c_out['WEISHU-2:0];
```

```
assign  cout=c_out['WEISHU-1];

endmodule
```

4.2.5　加减法运算器原理图设计

加减法运算器的原理图设计如图 4-8 所示，这是一个 16 位的加减法运算器。在 16 位加减单元连接的基础上，增加了一个一位进位寄存器 r，还增加了一些逻辑门，并将输入输出线像图中那样连接好。

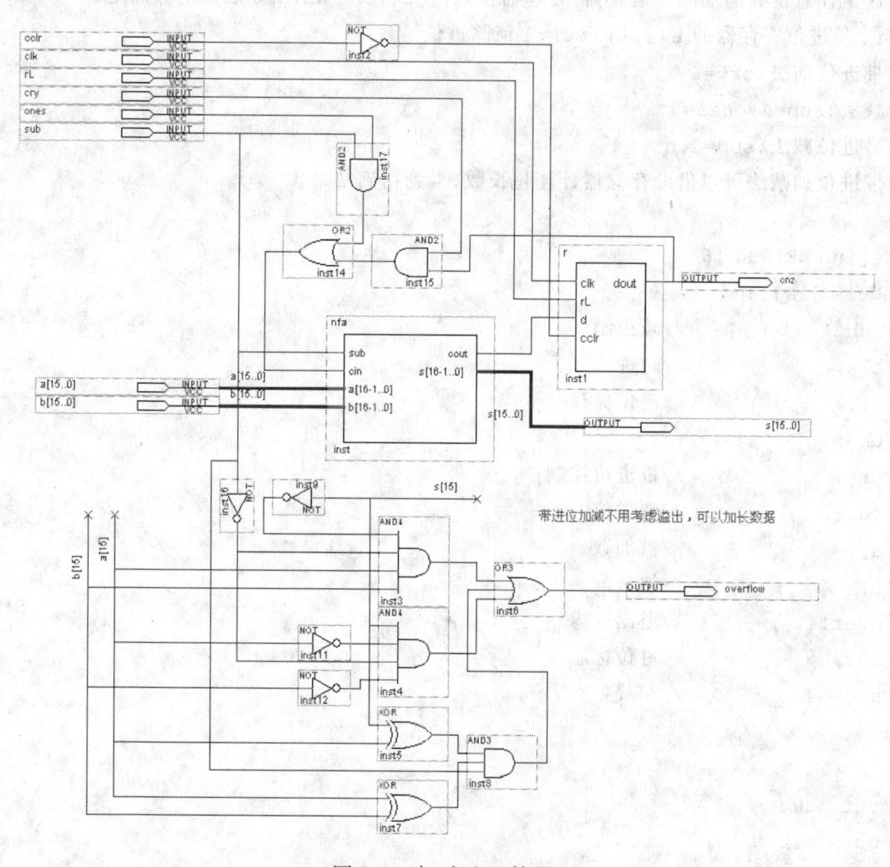

图 4-8　加减法运算器

由于加减单元可以求反码，利用最低进位的输入端可以控制是否加 1，这样就不难实现不带进位的加减法和带进位的加减法运算。

首先考虑用 cry 输入信号控制是否进行的是带进位的加减法运算。当 cry＝1 时，寄存器 r 中的前次运算的进位就通过与门 inst15、或门 inst14 连接到最低进位端，这样就可以将前次运算得到的进位加到本次运算之中。因为减法的运算完全是用加法运算完成的，因而减法的借位问题完全用加法解决了。ones 输入端是为决定是否加 1 而设定的控制端，由于 sub＝1 时，b 取反，再令 ones＝1 才能够实现“求反加一”的运算，实现减法。但在进位加减法中，除了首次加法之外，都不需要再加 1，因此需要 cin＝0，这时可以设定

ones=0。只有做减法时才需要 ones=1,用与门 inst17 可以避免错误发生。cclr=1 清除进位。

图 4-8 下面的 Overflow 标志线只有在同符号两数相加时出现变号时为 1,以便标注出溢出。

4.2.6 加减法运算器程序描述

加减法运算器程序描述如下:

```
//这是任意位数的加减法运算器,处理器位数由'define WEISHU 后面的数确定。
//rL 是进位寄存器的 L 门,用 cclr=1 清除进位。
//带进位加法:cry=1
//减法:sub=1,ones=1
//带进位减法:sub=1,cry=1
//带进位加减法可以借助存储器计算超长数,得到精确结果。

'define WEISHU 16
module jiajian(
  sub,             //减控制
  clk,             //时钟
  rL,              //进位保存
  ones,            //1
  cry,             //带进位控制
  cclr,            //清进位
  a,               //被加数
  b,               //加数
  overflow,        //溢出标志
  cnz,             //进位标志
  s                //和或差
);

 input  sub;
 input  clk;
 input  rL;
 input  ones;
 input  cry;
 input  cclr;
 input  ['WEISHU-1:0] a;
 input  ['WEISHU-1:0] b;
 output overflow;
 output cnz;
 output ['WEISHU-1:0] s;
 //中间变量:
 wire ['WEISHU-1:0] ww;
```

```
wire w_0;
wire w_1;
wire w_2;
wire w_3;
wire w_4;
wire w_5;
wire w_6;
wire w_16;
wire w_8;
wire w_10;
wire w_11;
wire w_12;
wire w_13;
wire w_14;
wire w_15;
//连接和逻辑:
assign  cnz=w_5;
nfa pmc_j(.sub(sub),.cin(w_0),.a(a),.b(b),.cout(w_1),.s(ww));
r  pmc_j1(.clk(clk),.rL(rL),.d(w_1),.cclr(w_2),.dout(w_5));
assign  w_8=~a['WEISHU-1];
assign  w_10=~b['WEISHU-1];
assign  w_0=w_3|w_4;
assign  w_3=cry &w_5;
assign  w_16=~sub;
assign  w_4=sub &ones;
assign  w_2=~cclr;
assign  w_13=w_6 & w_16 & a['WEISHU-1] & b['WEISHU-1];
assign  w_12=ww['WEISHU-1] & w_8 & w_16 & w_10;
assign  w_14=ww['WEISHU-1]^a['WEISHU-1];
assign  overflow=w_11|w_12|w_13;
assign  w_15=a['WEISHU-1]^b['WEISHU-1];
assign  w_11=w_14 & w_15 & sub;
assign  w_6=~ww['WEISHU-1];
assign  s=ww;

endmodule
```

4.2.7　加减法运算器仿真

加减法运算器的时序仿真如图 4-9 所示。

从图 4-9 可以看到设定条件 rL＝1,可以见到全程是否有进位。进位标志 cnz 在图中有两处反映出运算产生了进位,一处是减法运算产生的,一处是右面的加法。进位标志是进位寄存器的输出,受时钟控制,因而进位标志产生于时钟上升沿之后。由于运算电路不受时钟控制,因而运算结果会在时钟上升沿之前就可以得到。

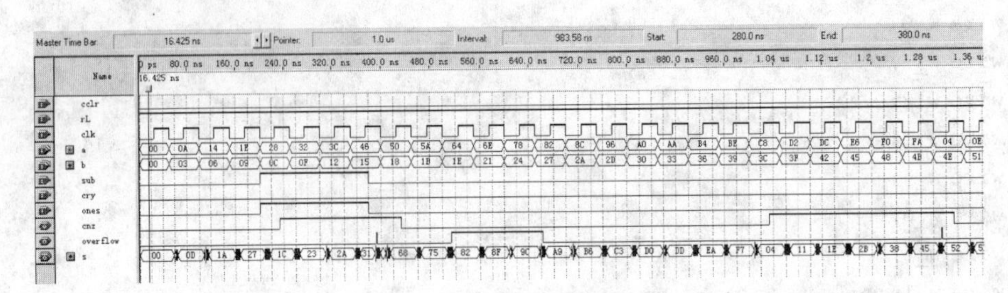

图 4-9 加减法运算器仿真

有 3 处加法运算产生溢出,这是:

h64+h1E⇔h82

h6E+h21⇔h8F

h78+h24⇔h9C

有人错误地认为溢出时一定有进位,从这 3 例和仿真图可以看到这种认识是不对的。

4.3 同步计数器设计

用 JK 触发器可以构造异步计数器,但这种计数器不能应用在过程极短的计数设计问题中,因为由 JK 触发器构造的计数器,n 位数的变化常需要 n 个时钟节拍才能完成。这样,需要在一个节拍内完成计数的问题,必须另外寻求解决办法。

4.3.1 设备同步工作

如果设备器件的输入到输出的变化可以在一个时钟周期内完成,那么就可以说这个器件工作是时钟周期内完整的,如果设备的所有器件都是同一个时钟周期内完整的,则称这个设备是同步工作的。设备传输信息的过程是需要时间的,如果在限定的时间内,开始输入端进入设备的信息,在输出端得不到设备的一些正确结果,这是电路设计所不允许的。由于器件的物理特性的改变,会使数据通过器件的延时发生变化,同样的器件在 90ns、65ns 和 40ns 的设计工艺中,所产生的延时肯定不同。

同步设计的设备的工作周期取决于其中延时最长的器件,如果某个器件的延时超过了多数器件很多,那么可以考虑让它工作在其他器件的倍数周期上,这样才不会影响整个设备工作的同步性。

4.3.2 程序计数器

将图 4-7 的多位加减法器的 b 输入端和加减控制端 sub 保持为 0,就得到一个进行加一的计算器。加一的计算器如果将运算的结果保存在一个寄存器中,加一运算时先将寄存器内容送到 a 端,这样就可以完成不断加一的工作。程序计数器就是这样一个能够加一,而且在需要时能够输入数的设备。

图 4-10 是程序计数器的原理图设计,L 控制外部数据 d[7..0]的输入,inc 是加一控制端,只要 inc=1,每当 clk=1 时,就会将寄存器 reg8 的值加一,然后再保存到 reg8 当中。

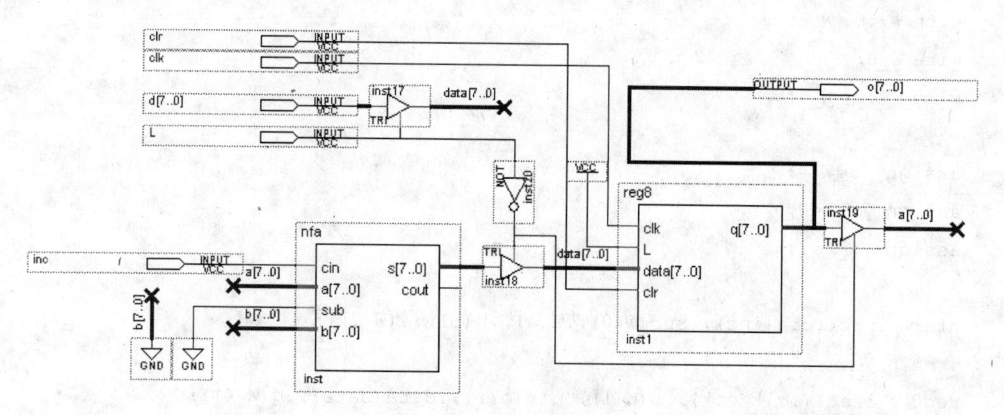

图 4-10 程序计数器

三态门 inst17 控制着外部数据进入寄存器 reg8，而 inst18、inst19 配合着决定寄存器 reg8 的数据是否要反馈到加运算的输入端。当 L＝1 时，通过非门的作用，inst18、inst19 两个三态门都是高阻状态，而 inst17 接通，于是外部数据 d[7..0]在 clk 前沿进入寄存器保存起来。当 L＝0 时，inst17 断开，inst18、inst19 两个三态门接通，于是 reg8 的数据立即传到 nfa 的 a[7..0]端，如果 inc＝1，那么就会将值加一，在 clk 前沿进入寄存器保存起来，如果 inc＝0，在 clk 前沿到来时保存的仍然是寄存器的原值。

程序计数器的 Verilog HDL 描述写在了下面。

```
module chxjshq(
  inc,
  L,
  clr,
  clk,
  d,
  o
);

input   inc;
input   L;
input   clr;
input   clk;
input   [7:0] d;
output  [7:0] o;

wire [7:0] a;
wire [7:0] b;
wire [7:0] data;
wire W_0;
wire W_1;
```

```
wire [7:0] W_2;
wire W_6;
wire [7:0] W_4;

assign  o=W_4;
assign  W_0=0;
assign  W_1=1;

nfa v_inst(.cin(inc),.sub(W_0),.a(a),.b(b),.s(W_2));

reg8 v_inst1(.clk(clk),.L(W_1),.clr(clr),.data(data),.q(W_4));
assign  data[7:0]=L ? d[7:0] : 8'bzzzzzzzz;
assign  data[7:0]=W_6 ? W_2[7:0] : 8'bzzzzzzzz;
assign  a[7:0]=W_6 ? W_4[7:0] : 8'bzzzzzzzz;
assign  W_6=~L;
assign  b=8'b00000000;
endmodule
```

图 4-11 是程序计数器的时序仿真。从仿真图可以看到，最初的 3 个节拍由于加一控制端 inc＝1，所以不断地加。遇到 clr 瞬间的低电位信号，寄存器的值复位，根据加一控制端的信号，连续加到 4。在置数控制端 L＝1 的瞬间，外线上的数据 h0B 被寄存器接收，一直保持到瞬间加一控制端 inc＝1，使寄存器的值变为 h0c，再遇到置数控制端 L＝1，使外部的数据 h14 进入寄存器。后面没有控制信号的变化，所以这个值一直保持着。

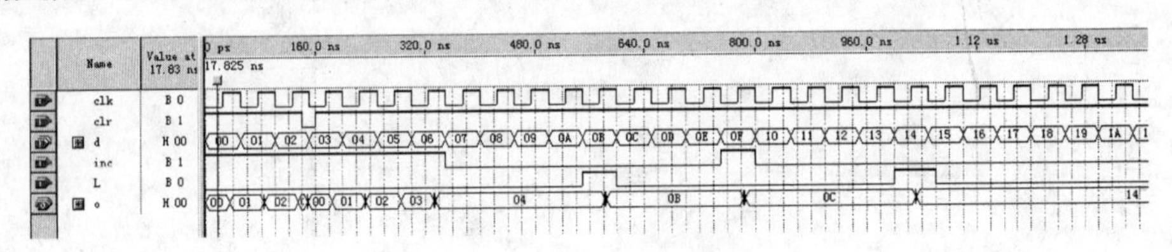

图 4-11 程序计数器仿真

4.3.3 通用计数器

通用计数器是能够在需要的时候接收数据，并且能够在需要的时候进行加一或减一运算与保存的设备。同步通用计数器同样可以用加减法器和寄存器组织在一起来实现，当然逻辑控制的设计上要比程序计数器复杂一些。

通用计数器要设置加一和减一控制端，将加减法器的 b 数据端固定成 1，基本结构的原理图设计如图 4-12 所示。

通用计数器的逻辑控制要比程序计数器复杂，可以预先进行状态真值表设计。表 4-1 是函数分析的真值表，自变量有 inc、dec、L，受它们影响发生变化的有 sub、cin、L0、L1、L2、L3。

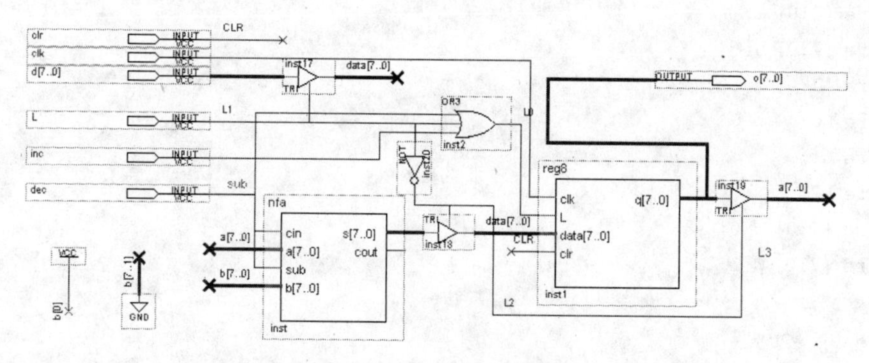

图 4-12　同步通用计数器

表 4-1　控制变量状态真值表

inc	dec	L	sub	cin	L0	L1
		1			1	1
1					1	
	1		1	1	1	

$$sub = cin = dec$$

$$L0 = inc + dec + L$$

$$L1 = L$$

另外，L＝0 时 inst18、inst19 这两个三态门必须打开，其他情况它们必须都打开，故 L2＝L3＝L′。

同步通用计数器程序描述如下，搞清楚了部件间的逻辑关系，编程并不复杂。

```
module jiajian1(
  inc,
  dec,
  L,
  clr,
  clk,
  d,
  o
);

input  inc;
input  dec;
input  L;
input  clr;
input  clk;
input  [7:0] d;
output [7:0] o;
```

```
wire [7:0] a;
wire [7:0] b;
wire [7:0] data;
wire L0;
wire L1;
wire L2;
wire [7:0] W_0;
wire [7:0] W_1;

assign  o=W_1;
nfa  v_inst(.cin(dec),.sub(dec),.a(a),.b(b),.s(W_0));
reg8 v_inst1(.clk(clk),.L(L0),.clr(clr),.data(data),.q(W_1));
assign  data[7:0]=L1 ? d[7:0] : 8'bzzzzzzzz;
assign  data[7:0]=L2 ? W_0[7:0] : 8'bzzzzzzzz;
assign  a[7:0]=L2 ? W_1[7:0] : 8'bzzzzzzzz;
assign  L0=L1|inc|dec;
assign  L2=~L1;
assign  L1=L;
assign  b[7:1]=7'b0000000;
assign  b[0]=1;

endmodule
```

通用计数器的时序仿真如图 4-13 所示。

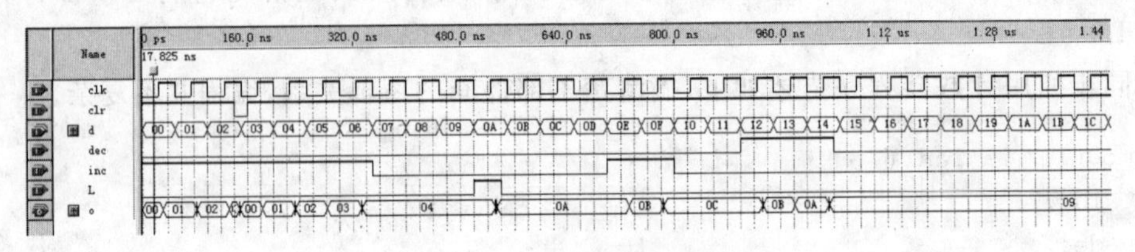

图 4-13　通用计数器的仿真

4.4　标志线的设计

在计算机中，标志线起着十分重要的作用。标志线是能够表示设备状态的线，像指令线、节拍线、为零线、为负线等都是标志线。标志线是直接影响机器动作的线，常常成为机器选择进行某种动作的条件。

4.4.1　累加器的标志线设计

累加器是由寄存器再加上能够表达数据情况的标志线组成的。累加器的结构如图 4-14 所示。

4.4.2　数据监测标志设计

数据传输过程中常需要监测某些特殊的数,例如监测 h80 的逻辑电路设计如图 4-15 所示。

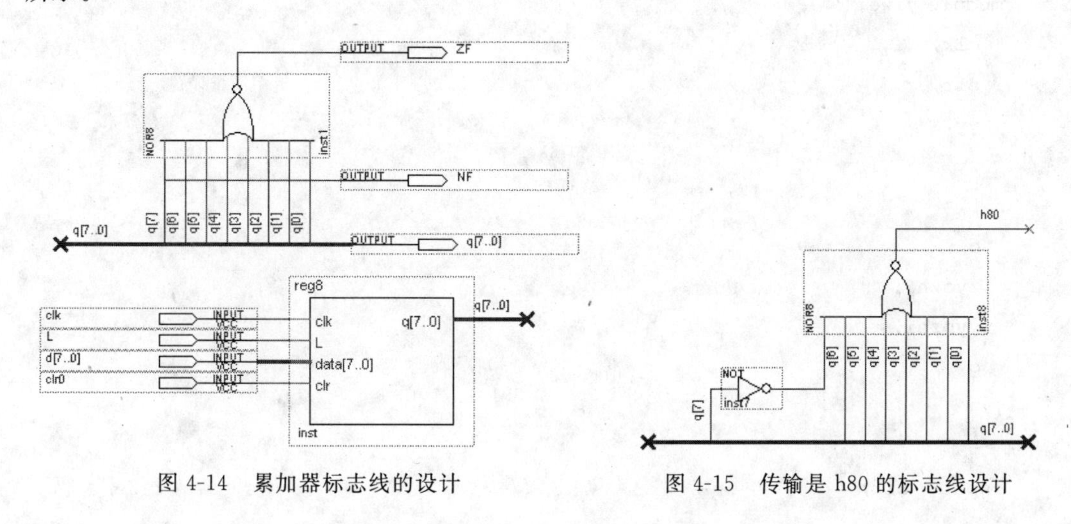

图 4-14　累加器标志线的设计　　　　图 4-15　传输是 h80 的标志线设计

4.5　移位运算器的设计

左移位寄存器和右移位寄存器组织到一起就是移位运算器。移位运算器画图比较麻烦,用 Verilog HDL 描述却非常简单。

4.5.1　原理图设计

移位运算器如图 4-16 所示。

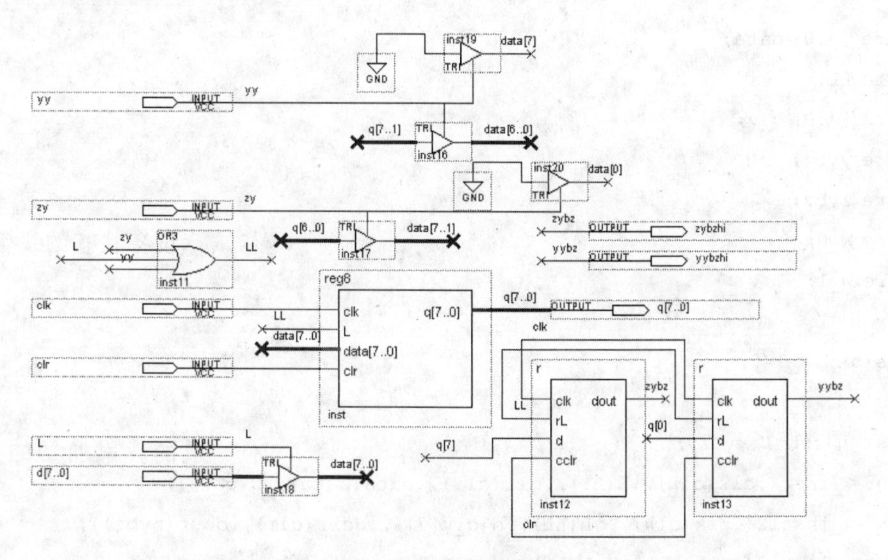

图 4-16　移位运算器

4.5.2 移位运算器程序描述

移位运算器程序描述如下：

```
module yiwei(
   clk,
   clr,
   yy,
   zy,
   L,
   d,
   zybzhi,
   yybzhi,
   q
);

input   clk;
input   clr;
input   yy;
input   zy;
input   L;
input   [7:0] d;
output  zybzhi;
output  yybzhi;
output  [7:0] q;

wire [7:0] data;
wire LL;
wire [7:0] q_v;
wire yybz;
wire zybz;
wire W_0;
wire W_1;

assign  W_0=0;
assign  W_1=0;
assign  LL=L|yy|zy;
reg8 v_inst(.clk(clk),.L(LL),.clr(clr),.data(data),.q(q_v));
r    v_inst12(.clk(clk),.rL(LL),.d(q_v[7]),.cclr(clr),.dout(zybz));
r    v_inst13(.clk(clk),.rL(LL),.d(q_v[0]),.cclr(clr),.dout(yybz));
```

```
assign  data[6:0]=yy ? q_v[7:1] : 7'bzzzzzzz;
assign  data[7:1]=zy ? q_v[6:0] : 7'bzzzzzzz;
assign  data[7:0]=L ? d[7:0] : 8'bzzzzzzzz;
assign  data[7]=yy ? W_0 : 1'bz;
assign  data[0]=zy ? W_1 : 1'bz;
assign  zybzhi=zybz;
assign  yybzhi=yybz;
assign  q=q_v;

endmodule
```

4.5.3　移位运算器仿真

移位运算器的仿真如图 4-17 所示。

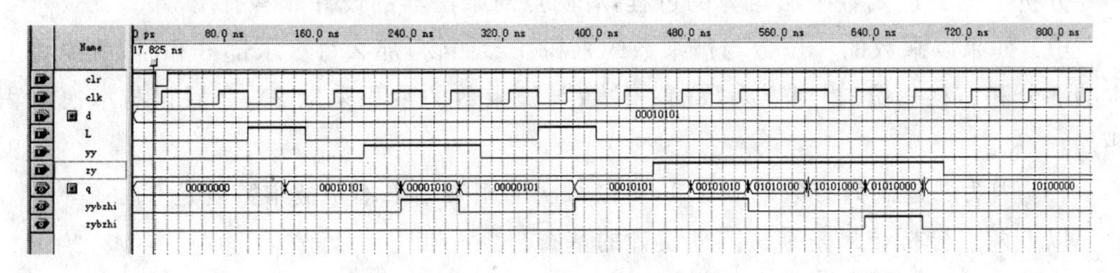

图 4-17　移位运算器的仿真

4.6　乘法运算器的设计

利用加减法运算器的功能，通过软件的方法就可以实现数的乘法或除法运算，但软件的方法太慢，要获得高速度的执行效果，最好的办法就是用硬件电路来实现。

4.6.1　乘法手算形式分析

为了能够找到设计同步乘法器的方法，需要将乘法运算的手算形式进行适当的总结，从中找到设计的思路。

乘法运算的手算过程是将乘数从个位起的每一位分别与被乘数相乘，每次的乘积要左移一位与上次的部分和相加，从而得到新的部分和，将乘数的最高位与被乘数相乘的积与上次的部分和相加之后，将前面部分和中不参加后面运算的数码，依次添加在最后一个部分和数码的右面，这样就得到了乘积运算的结果。这种人们熟知的运算形式，用二进制表示出来，并分步求和，就是下面列出的形式，其中下面有短线的数码表示不参加本次求和运算。

```
       1011
  ×    0101
  ──────────
       0000        部分和初值
       1011
  ──────────
       1011        1次部分和
      0000
  ──────────
       0101        2次部分和
      1011
  ──────────
       1100        3次部分和
     0000
    0110011        4次部分和形成的乘积
  ──────────
```

分析上面二进制数乘法运算的过程,有两点对乘法器的设计非常有用。

(1) 如果以乘数的一位数与被乘数的乘积作参照物,那么每次求部分和时,就要将上次的部分和右移一位(相当于乘数的一位数与被乘数的乘积乘以 2),之后再与本次乘积相加。

(2) 因为二进制只有数码 0 和 1,所以每次的相乘结果不是被乘数就是 0。

以上两点分析结果是乘法阵列设计的基石。

4.6.2 乘法阵列原理图设计

乘法阵列运算器的设计来源于手算乘法,由乘数的低位向高位逐一乘以被乘数,将所得积加入到和数当中,最终的和数就是所求。二进制数乘法有特殊性,部分积不是被乘数就是零,这是由当前相乘的乘数数码所决定的。将乘数位与被乘数作运算,就得到了一位乘积,再用加法运算器求和,得到移位的加法运算器组成阵列。图 4-18 是详细的 4 位乘法阵列运算器原理图。

这个原理图与手算的乘法形式完全一致,用十六进制形式仿真的结果如图 4-19 所示。这种乘法阵列自动扩充了位数,因而不会产生溢出。

需要说明,这个乘法阵列只能实现无符号数的乘法,对有符号数的乘法还要增加相应的逻辑电路。

将乘法阵列的一行乘加运算用简练的多元画法来画,结果如图 4-20 所示。

这种行乘加简图方便进一步组织任意位数的乘法阵列。8 位的乘法阵列原理图设计如图 4-21 所示。

原理图方式设计的时序仿真如图 4-22 所示,mg 是乘积的高 8 位,ms 是乘积的低 8 位。

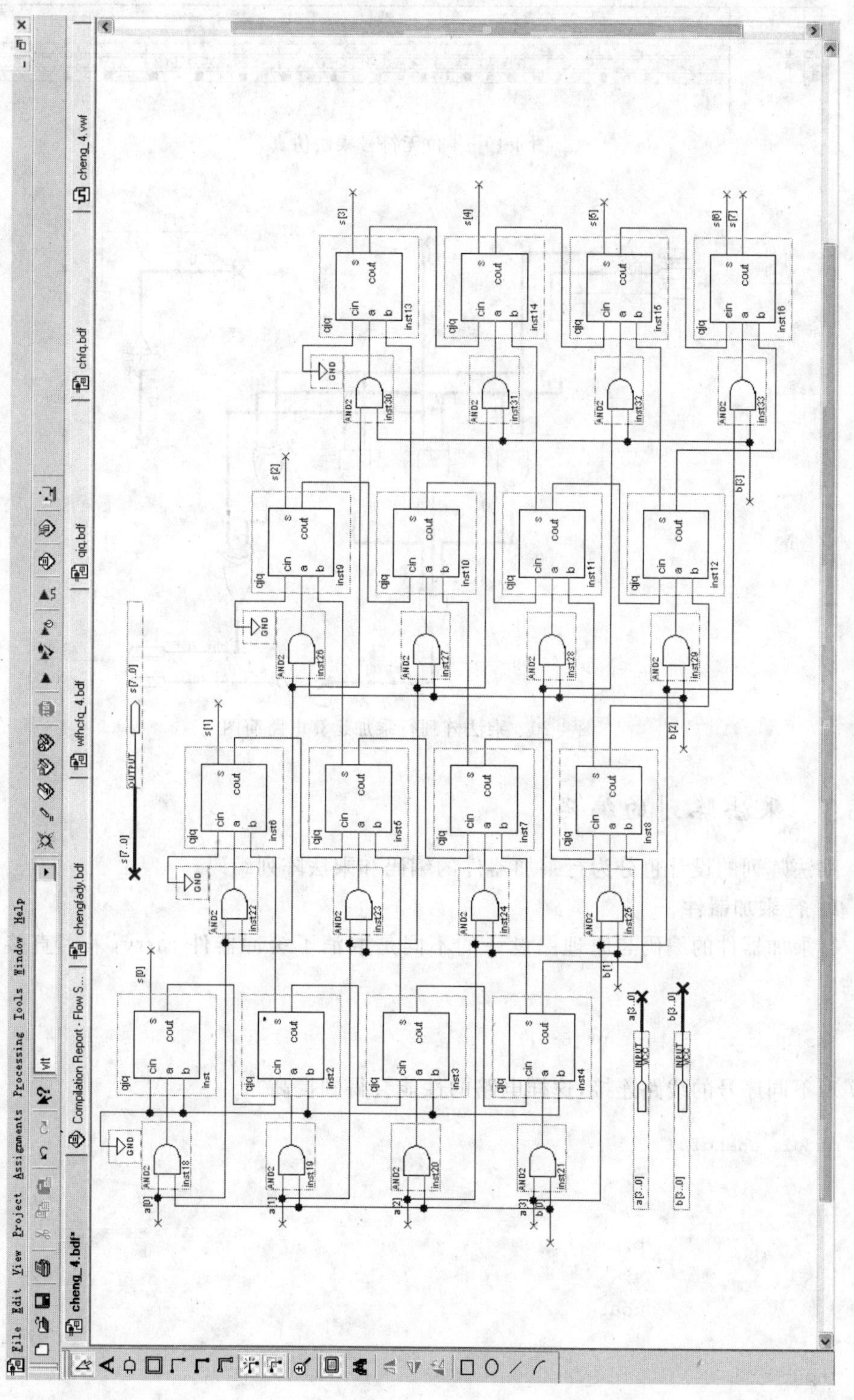

图 4-18　乘法阵列的原理图

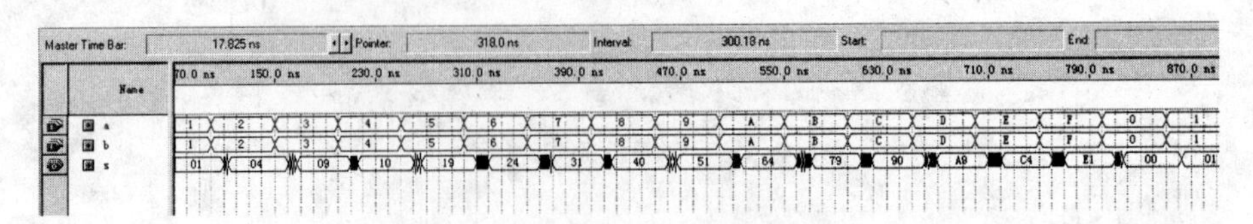

图 4-19　4 位无符号乘法仿真

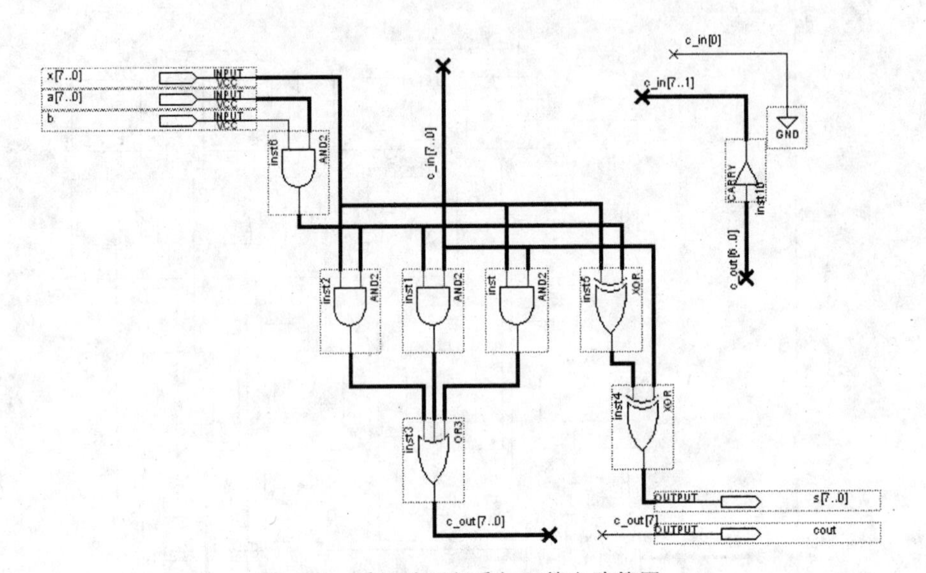

图 4-20　乘法阵列行乘加运算电路简图

4.6.3　乘法阵列的编码

乘法阵列的设计也分为行乘加器件的编码和乘法阵列编码。

1. 行乘加器件

行乘加器件的编码与原理图设计的不同是取消了缓冲器件 carry,采用直接连接的方法

```
assign c_in[7:1]=c_out[6:0];
```

来实现不同序号的线路连接,这样电路的性能会得到提高。

```
module chengfa(
                x,
                a,
                b,
                s,
                cout
        );
input b;
input [7:0] a;
input [7:0] x;
```

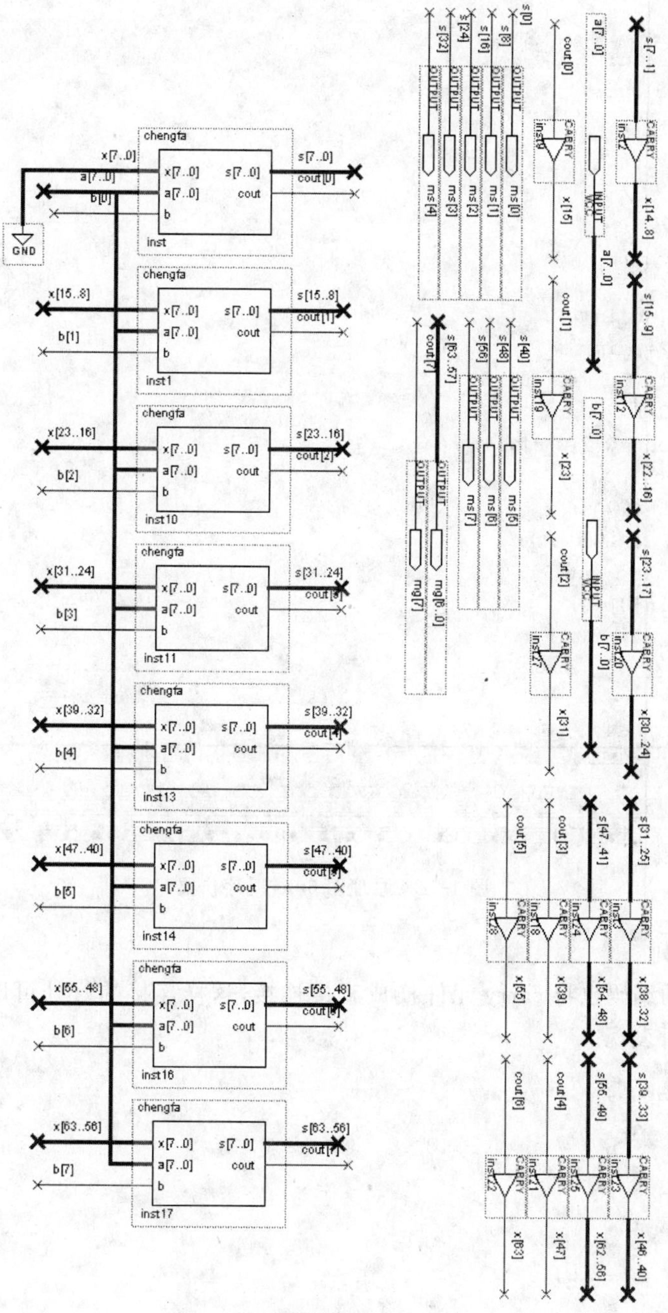

图 4-21　乘法阵列画法简图

```
output  cout;
output [7:0] s;
//中间变量:
wire [7:0] c_in;
wire [7:0] c_out;
wire [7:0] w_7;
wire [7:0] w_2;
wire [7:0] w_3;
wire [7:0] w_4;
wire [7:0] w_5;
//逻辑连接:
assign  w_4=c_in & x;
assign  w_2=c_in & w_7;
assign  c_in[7:1]=c_out[6:0];
assign  w_3=w_7 & x;
assign  c_out=w_2|w_3|w_4;
assign  s=c_in^w_5;
assign  w_5=w_7^x;
assign  w_7=a & {8{b}};
assign  cout=c_out[7];
assign  c_in[0]=0;

endmodule
```

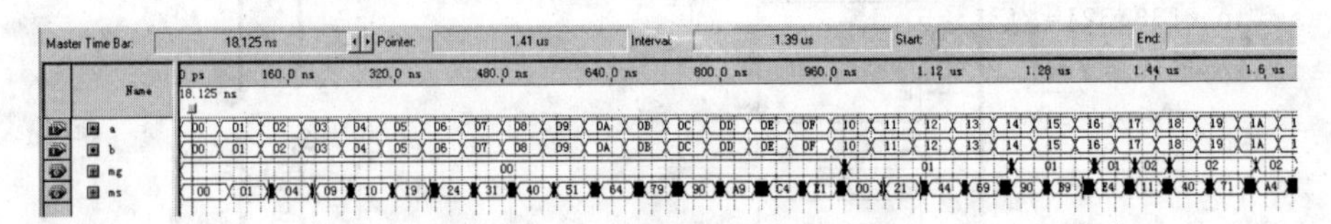

图 4-22　原理图 60ns 时序仿真

2. 乘法阵列

乘法阵列的编码也将 carry 元件换成直接连接，这样连接的好处可以在乘法阵列的时序仿真中有所表现。

```
module chfq(
            a,
            b,
            mg,
            ms
       );

input  [7:0] a;
input  [7:0] b;
output [7:0] mg;
output [7:0] ms;
//中间变量:
wire   [7:0] cout;
wire   [63:0] s;
```

```
wire   [63:0] x;
//逻辑逻辑:
chengfa v_inst(.b(b[0]),.a(a),.x(x[7:0]),.cout(cout[0]),.s(s[7:0]));
chengfa v_inst1(.b(b[1]),.a(a),.x(x[15:8]),.cout(cout[1]),.s(s[15:8]));
chengfa v_inst10(.b(b[2]),.a(a),.x(x[23:16]),.cout(cout[2]),.s(s[23:16]));
chengfa v_inst11(.b(b[3]),.a(a),.x(x[31:24]),.cout(cout[3]),.s(s[31:24]));
assign x[22:16]=s[15:9];
chengfa v_inst13(.b(b[4]),.a(a),.x(x[39:32]),.cout(cout[4]),.s(s[39:32]));
chengfa v_inst14(.b(b[5]),.a(a),.x(x[47:40]),.cout(cout[5]),.s(s[47:40]));
chengfa v_inst16(.b(b[6]),.a(a),.x(x[55:48]),.cout(cout[6]),.s(s[55:48]));
chengfa v_inst17(.b(b[7]),.a(a),.x(x[63:56]),.cout(cout[7]),.s(s[63:56]));
assign x[39]=cout[3];
assign x[23]=cout[1];
assign x[14:8]=s[7:1];
assign x[30:24]=s[23:17];
assign x[47]=cout[4];
assign x[63]=cout[6];
assign x[46:40]=s[39:33];
assign x[54:48]=s[47:41];
assign x[62:56]=s[55:49];
assign x[31]=cout[2];
assign x[55]=cout[5];
assign x[38:32]=s[31:25];
assign x[15]=cout[0];
assign mg[6:0]=s[63:57];
assign mg[7]=cout[7];
assign ms[0]=s[0];
assign ms[1]=s[8];
assign ms[2]=s[16];
assign ms[3]=s[24];
assign ms[4]=s[32];
assign ms[5]=s[40];
assign ms[6]=s[48];
assign ms[7]=s[56];
assign x[7:0]=8'b00000000;

endmodule
```

图 4-23 是编程设计的乘法阵列时序仿真,比较图 4-22,可见波形的干扰要小得多。

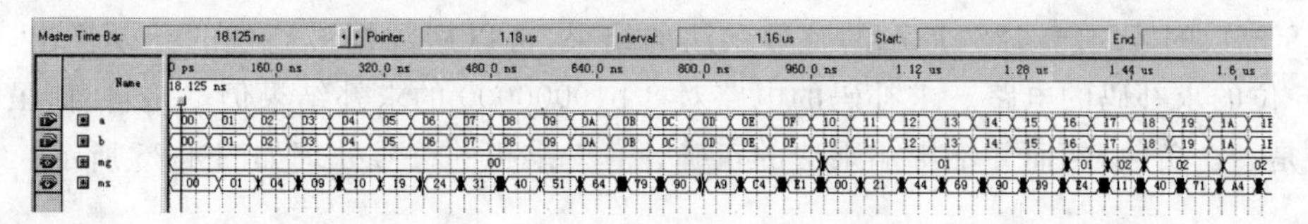

图 4-23　乘法阵列编程 60ns 时序仿真

4.6.4 有符号数乘法运算器

乘法阵列实际就是一个无符号数的乘法运算器，根据限位数的有符号表示法，那么8位二进制数的表数范围是[－128,127]的整数。乘法的运算法则是两数相乘，绝对值相乘，且同号两数相乘结果为正，异号两数相乘，结果为负。依据这个法则，可以先取绝对值，作绝对值的乘法，然后再确定符号。

1. 求绝对值电路

求绝对值电路如图4-24所示。如果输入数据b[7..0]是负数，那么最高位b[7]＝1，电路会进行“求反加一”运算，a＝0，所以s[7..0]就是b[7..0]的绝对值；如果b[7]＝0，那么电路执行的是b＋0运算，结果s[7..0]也是b[7..0]的绝对值。

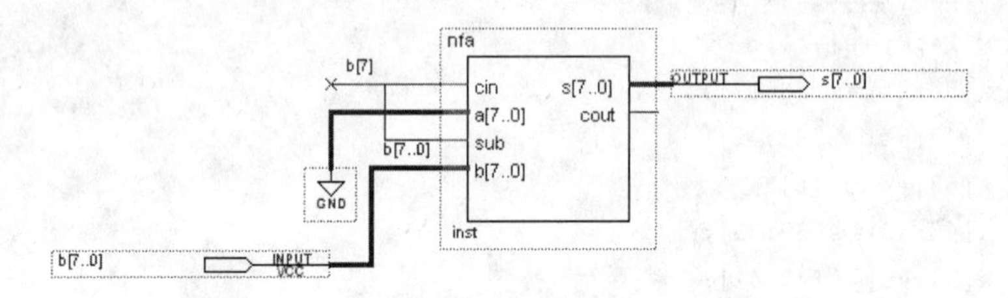

图4-24 求绝对值电路

求绝对值电路的Verilog HDL描述如下：

```
module juedui(
            b,
            s
            );

input   [7:0] b;
output  [7:0] s;

wire [0:7] w_0;
assign w_0=0;
nfa v_inst(.cin(b[7]),.sub(b[7]),.a(w_0),.b(b),.s(s));

endmodule
```

求绝对值电路就是求补码的电路，求补码电路用的地方很多。

2. 积的符号处理

8位数的区间[－128,127]的整数乘法的结果，可以用数据最高位的异或输出，来控制16位的求补码的电路。求补码的电路对8′b10000000的求补结果仍然是自身，虽然规定这是一个负数，然而并不影响乘法的正确计算。乘积的符号处理如图4-25所示。

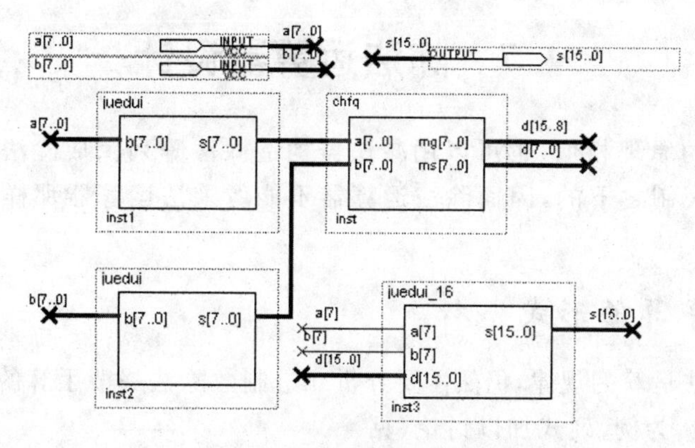

图 4-25　乘积的符号处理

有符号乘法运算器的程序描述如下：

```
module duicheng(
                a,
                b,
                s
                );

input   [7:0] a;
input   [7:0] b;
output  [15:0] s;

wire [15:0] d;
wire [7:0] w_0;
wire [7:0] w_1;

chfq    v_inst(.a(w_0),.b(w_1),.mg(d[15:8]),.ms(d[7:0]));
juedui  v_inst1(.b(a),.s(w_0));
juedui  v_inst2(.b(b),.s(w_1));
juedui_16  v_inst3(.a(a[7]),.b(b[7]),.d(d),.s(s));

endmodule
```

有符号乘法运算器的时序仿真如图 4-26 所示，从仿真图上虽然见到积的稳定输出都要经过一定的延迟时间，然而结果却十分稳定，采用时钟前沿很容易采集相应的数据。可以见到 h80 * h80＝h4000，结果是正确的，乘法阵列运算是无符号的一种运算形式。

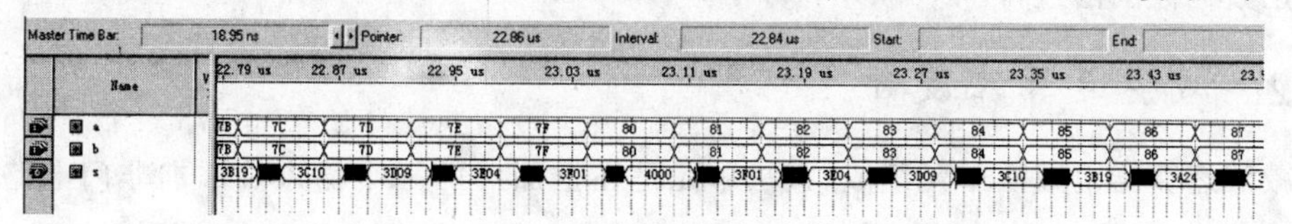

图 4-26　有符号乘法仿真

4.7 除法运算器设计

同乘法阵列的原理相似，也可以用减法器构造除法阵列完成除法的运算。由于减法器是运行在补码制之下的，因而除法运算器不能像乘法运算器那样完全实现无符号运算。

4.7.1 除法手算的形式分析

为了说明除法运算的规律，仍然需要分析二进制数除法一般手算的过程。下面以正数 $0111_{(2)} \div 0011_{(2)}$ 为例，列式加以讨论（见图 4-27）。应当明确 4 位二进制非负数的表数范围是[0,7]，有符号数的表数范围是[−4,3]，超过这个范围结果就会溢出。一般 n 位非负数的表数范围是$[0,2^n-1]$，有符号数的表数范围是$[-2^{n-1},2^{n-1}-1]$。

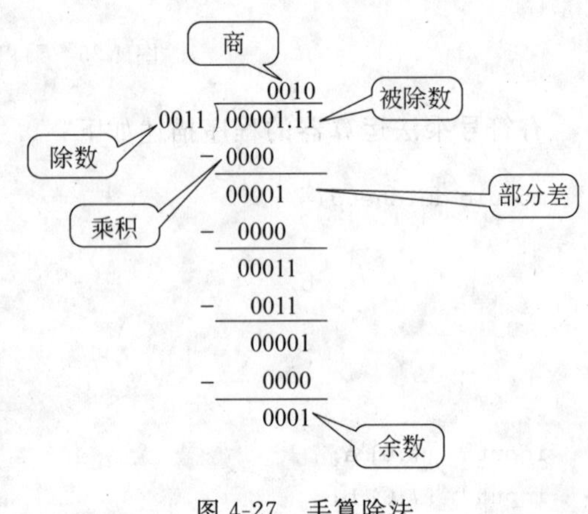

图 4-27 手算除法

作除法时，商的数码是从高向低填写的，填写前要比较被除数中位数与除数位数相同的部分是否够减，不够减商 0，够减商 1。因为这种试商方式是从被除数的最高位开始的，为了保证位数的一致性，将被除数的最高位需填写 3 个 0，然后进行 4 位数的比较。每次得到的部分差要左移一位，最低位要由被除数没参加比较的下一位填充。当被除数的最低位数码经过试商，与一位积相减之后，得到的部分差就是余数。

再分析图 4-27，可以知道移位的方法。当部分积是 0 时，要直接将前次部分差左移一位，使之低三位成为下一次的被减数的高 3 位，不然就将本次减法运算的结果左移一位，使之成为被减数的高 3 位。

整个除法的运算过程，认定除数是不动的，那么被除数和商是每步之后都要左移一位，然后与一位乘积作减法。

从以上分析，可知设计除法器的关键的问题，是判断每次试商是否够减的问题，而这个问题的处理，仍然要用减法器完成，要用到减法结果的最高位是 0 还是 1，来判断部分积是应该填写 0 还是除数，因此讨论除法的运算不能使用无符号数。显然用最高位是 0 还是 1 来判断够减与不够减的问题，也不能运用于补码制表示的正负数，这种判断方法只能在正数的范围内进行。

4.7.2 减法运算器设计

减法运算器由减法单元组成，减法单元是在全加器的一个输入端添加非门电路构成的（见图 4-28）。

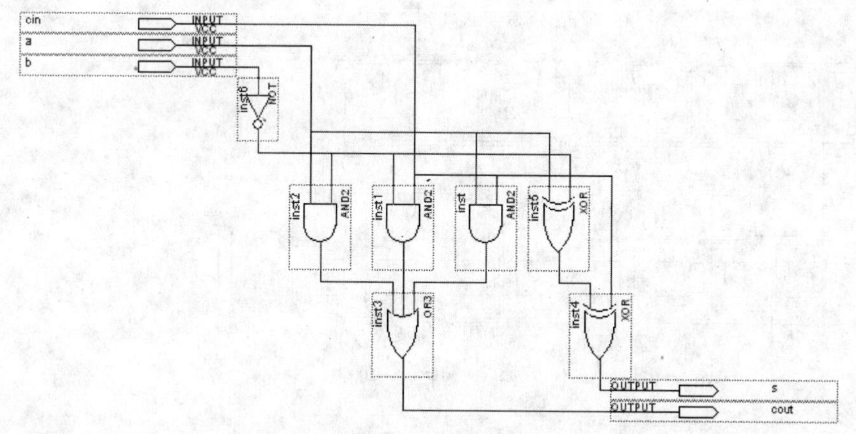

图 4-28　减法单元电路

将减法单元的前后进位端顺次连接起来，再将最低进位端置高电位，就得到了减法运算器（见图 4-29）。

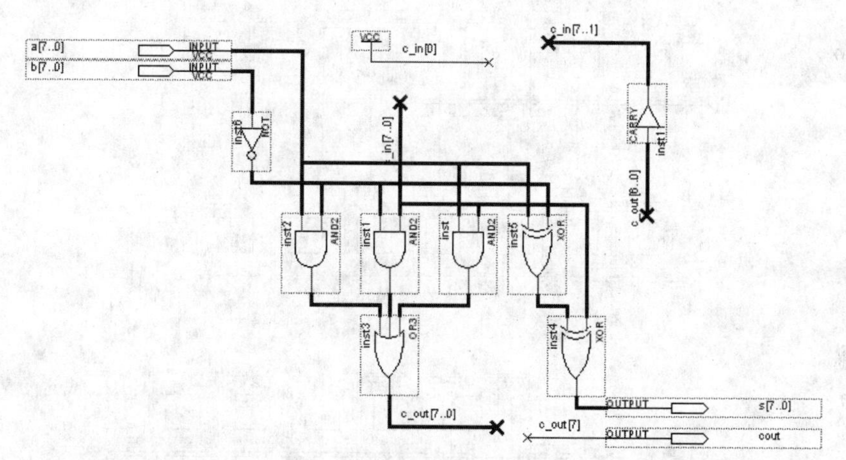

图 4-29　减法运算器电路

4.7.3　除法阵列设计

用减法运算器、与门、或门和非门就可以组织除法阵列。图 4-30 是一个 8 位的除法阵列，上方左面的 8 条竖线是除数的输入线，右面的 8 条竖线是被除数的输入线。从行右移的形式来看，与手算的形式基本是一致的，由于 a[7]＝0，相当于被除数的左面增加了 7 个 0，部分积的初值不是 0，这样就能够从最高位施行试商了。如果 a[7]＝1，那么被除数是个负数，而试商时所作的乘法是无符号的运算，出现了不一致，这是除法阵列只在正数范围内有效的原因。

图 4-30 就是展开的二进制正整数除法运算器电路，它的有效范围是[0,127]区间的整数，如果要实现 8 位无符号数的除法运算，则需要图 4-32 的设计。虽然输入输出仍然是 8 位数，但在作减法时要判断是否够减，因而需要增加一位作判断使用。这实质上是将 8 位无符号数扩展成 9 位正数用除法阵列计算，结果再恢复成 8 位数而已。

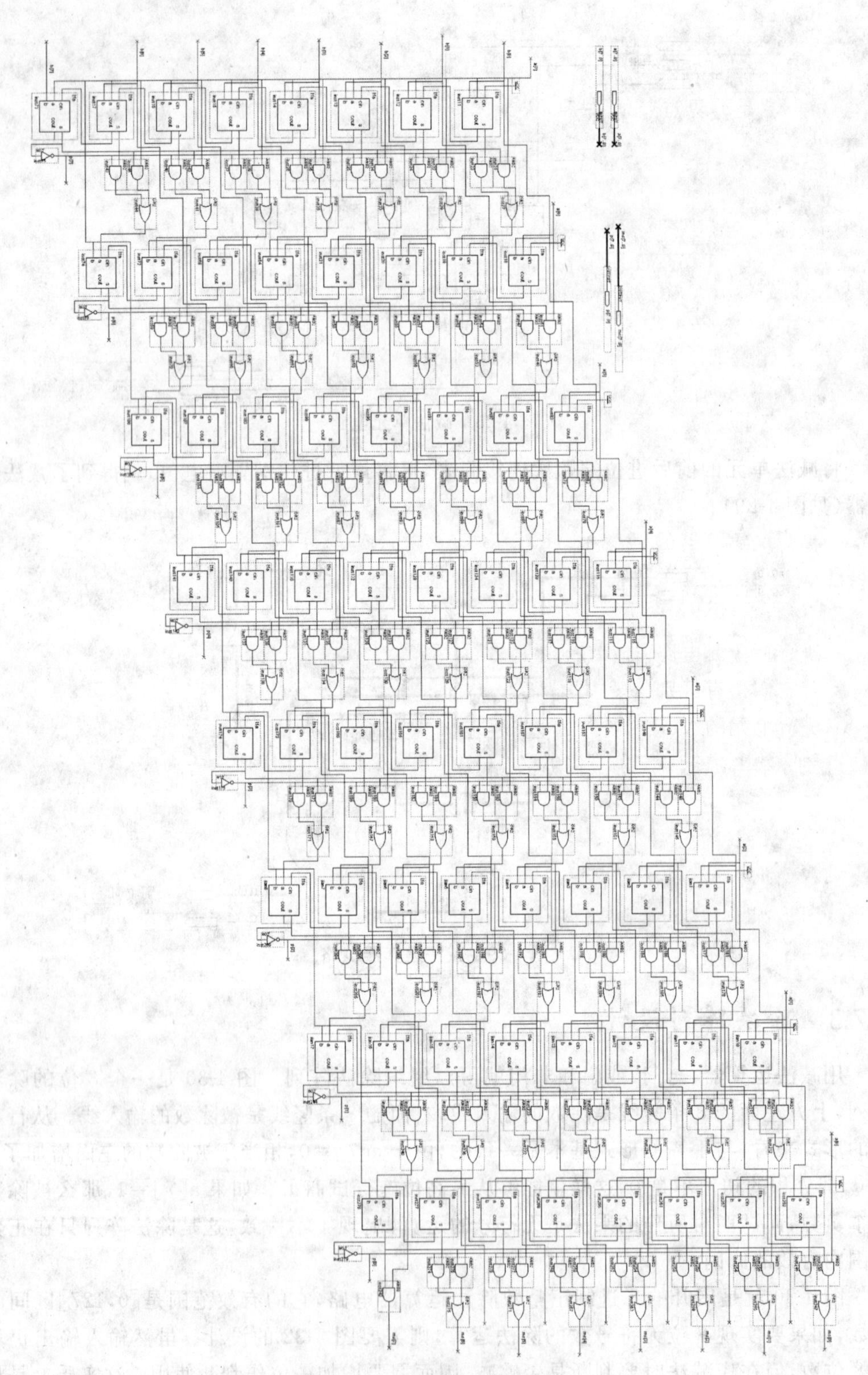

图 4-30　正数除法阵列电路

8位正数除法阵列的时序仿真如图4-31所示，a[7..0]是被除数，b[7..0]是除数，p[7..0]是商，ms[7..0]是余数。从图中可以看出被除数是负数的时候，结果已经不对了，负数h80是分界点。

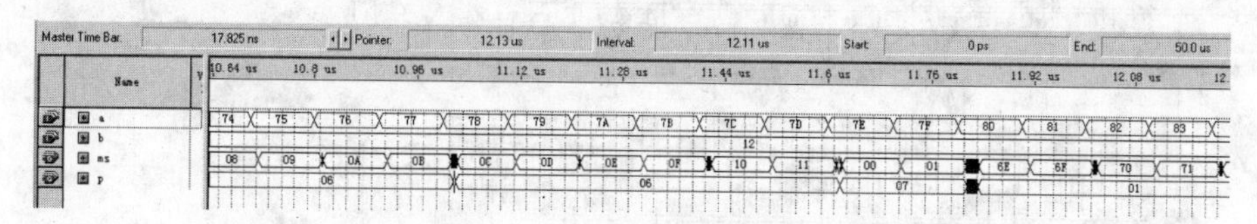

图4-31 正数除法阵列时序仿真

8位无符号数除法阵列的时序仿真如图4-33所示，从图中可以看到h80及往后的数除法仍然正确，这种正确会延伸到最大的数hFF。之所以能够将运算范围扩大一倍，是由于事先将8位无符号数变成了9位正数进行运算。

4.7.4 除法行单元电路

同加减法运算器的设计一样，展开画原理图的方式太繁琐，因此要设法简化。在除法阵列的一行中除包括减法运算之外，还有逻辑选择电路，将它们组织在一起，如图4-34和图4-35所示。

除法首行单元电路是一条线对多条线的逻辑运算，而后面各行都是多对多的运算，所以首行与它们稍有区别。

除法行单元的Verilog HDL语言的描述如下，只要修改宏定义的数据宽度，就能够设计出不同的除法行单元。

```
'define WEISHU 8
module chufa (
            b,
            x,
            cout,
            p,
            q
        );


input   ['WEISHU-1:0] b;
input   ['WEISHU-1:0] x;
output  cout;
output  p;
output  ['WEISHU-2:0] q;

wire ['WEISHU-1:0] c_in;
wire ['WEISHU-1:0] c_out;
wire ['WEISHU-1:0] s;
wire u;
wire ['WEISHU-1:0] w_10;
```

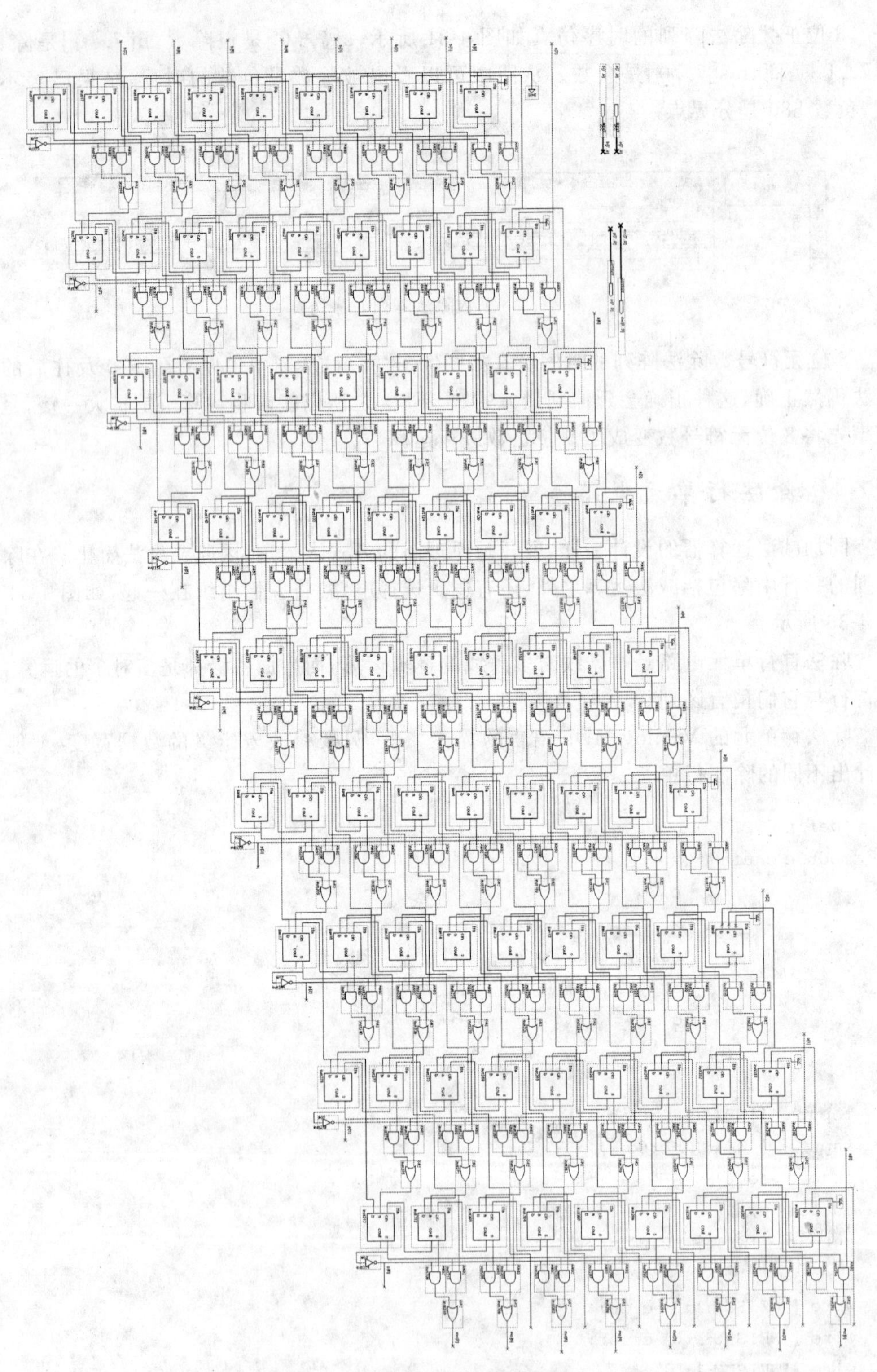

图 4-32　8 位无符号数除法阵列

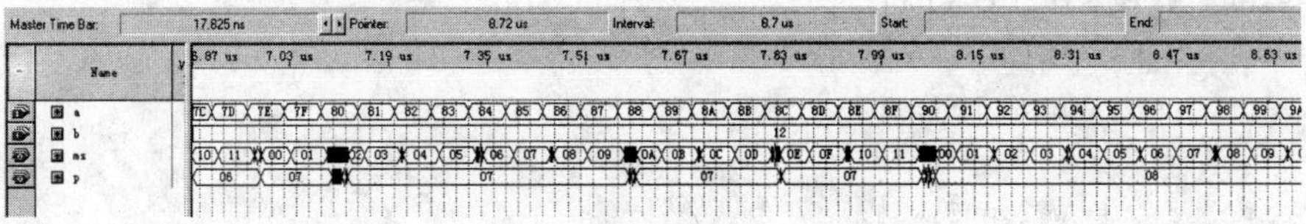

图 4-33　8 位无符号数除法阵列仿真

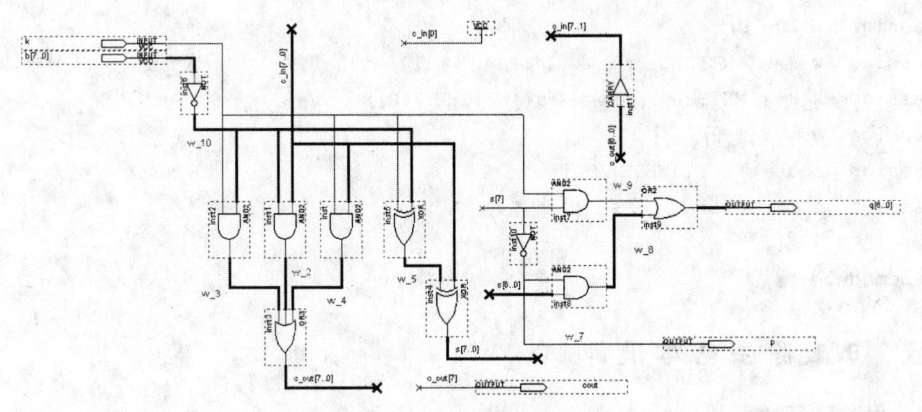

图 4-34　除法首行单元电路(1)

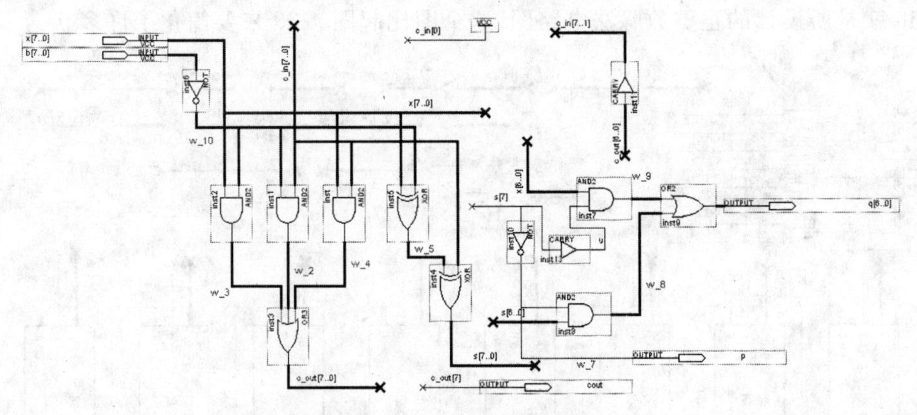

图 4-35　除法首行单元电路(2)

```
wire ['WEISHU-1:0] w_2;
wire ['WEISHU-1:0] w_3;
wire ['WEISHU-1:0] w_4;
wire ['WEISHU-1:0] w_5;
wire w_7;
wire ['WEISHU-2:0] w_8;
wire ['WEISHU-2:0] w_9;

assign  p=w_7;
assign  w_4=c_in & x;              //
assign  w_2=c_in & w_10;           //
```

```
assign  w_7=~s['WEISHU-1];                //
assign  c_in['WEISHU-1:1]=c_out['WEISHU-2:0];  //传递进位
assign  u=s['WEISHU-1];
assign  w_3=w_10 & x;                     //
assign  c_out=w_2|w_3|w_4;                //
assign  s=c_in^w_5;                       //
assign  w_5=w_10^x;                       //
assign  w_10=~b;                          //
assign  w_9=x['WEISHU-2:0] & {`WEISHU-1{u}};        //
assign  w_8={`WEISHU-1{w_7}} & s['WEISHU-2:0];   //
assign  q=w_8|w_9;                        //
assign  cout=c_out['WEISHU-1];
assign  c_in[0]=1;

endmodule
```

4.7.5 正数除法电路设计

1. 用除法行单元设计

用除法行单元来设计 8 位正整数除法电路,因为有连接移位,不容易画得十分简洁。图 4-36 就是所设计的正整数除法电路图,这个图比起图 4-30 来要简化了许多。

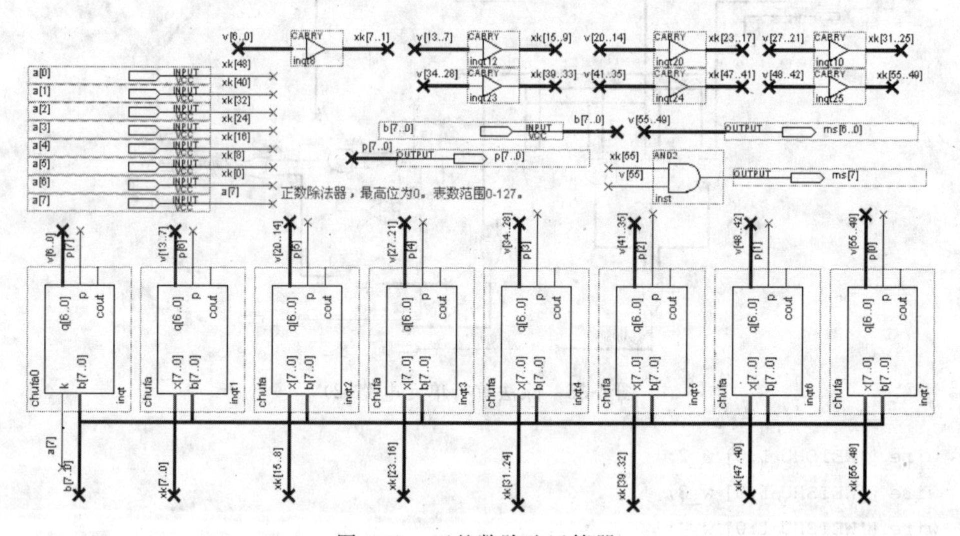

图 4-36 正整数除法运算器

2. 正数除法器设计语言描述

正数除法器设计的 Verilog HDL 语言的描述如下。

```
module chufq(
  a,
  b,
  ms,
```

```
    p
    );

    input   [7:0] a;
    input   [7:0] b;
    output  [7:0] ms;
    output  [7:0] p;

    wire [7:0] p_ww;
    wire [55:0] v;
    wire [55:0] x;

    //下面 6 项没有从原理图生成,而是特别添加的
    assign x[0]=a[6];
    assign x[8]=a[5];
    assign x[16]=a[4];
    assign x[24]=a[3];
    assign x[32]=a[2];
    assign x[40]=a[1];
    assign x[48]=a[0];

    chufa0  v_inqt(.k(a[7]),.b(b),.p(p_ww[7]),.q(v[6:0]));
    chufa  v_inqt1(.b(b),.x(x[7:0]),.p(p_ww[6]),.q(v[13:7]));
    assign  x[31:25]=v[27:21];
    assign  x[15:9]=v[13:7];
    chufa  v_inqt2(.b(b),.x(x[15:8]),.p(p_ww[5]),.q(v[20:14]));
    assign  x[23:17]=v[20:14];
    assign  x[39:33]=v[34:28];
    assign  x[47:41]=v[41:35];
    assign  x[55:49]=v[48:42];
    chufa  v_inqt3(.b(b),.x(x[23:16]),.p(p_ww[4]),.q(v[27:21]));
    chufa  v_inqt4(.b(b),.x(x[31:24]),.p(p_ww[3]),.q(v[34:28]));
    chufa  v_inqt5(.b(b),.x(x[39:32]),.p(p_ww[2]),.q(v[41:35]));
    chufa  v_inqt6(.b(b),.x(x[47:40]),.p(p_ww[1]),.q(v[48:42]));
    chufa  v_inqt7(.b(b),.x(x[55:48]),.p(p_ww[0]),.q(v[55:49]));
    assign  x[7:1]=v[6:0];
    assign  ms[7]=x[55] & v[55];
    assign  ms[6:0]=v[55:49];
    assign  p=p_ww;

    endmodule
```

不论是图形方式还是程序方式,这一层都不方便作宏替换,原因是图形或语句个数变化无法简洁表示。

上面三种设计方法，用 60ns 时钟周期时序仿真，效果最好的是这个程序方式，一体图形设计次之，带 carry 连接方式的图形设计方式最差。

4.7.6　有符号除法运算器设计分析

从 8 位正数除法阵列的设计原理可知，负数并不能直接用除法阵列计算，特别是即使使用绝对值，也不能用乘法阵列表达出 h80 这个数，这种情况对 8 位数当然是不能允许的。借助于 a、b 的[0,127]的表示能否解决－128 参与的除法运算？解决的基本方法如图 4-37 所示。最小数是－128(即 h80)，只有当被除数是最小数时，才用 127 做被除数，然后将求得的余数加 1，如果结果大于等于除数的绝对值，那么将这个结果减去除数，并将绝对值运算的商加 1，用这个减法运算的结果作余数，不然用 127 被除得到的余数加 1 作绝对值除法的余数。这种方法得到的商和余数，最后要依据输入原数的符号进行正负调整。

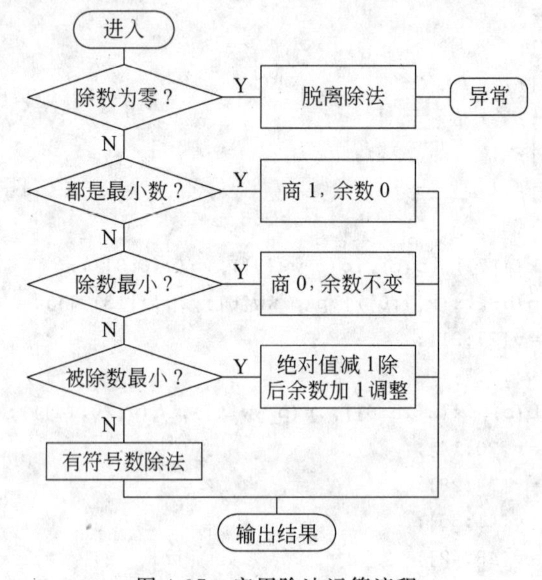

图 4-37　实用除法运算流程

4.7.7　对称区间的除法运算器

利用求补码电路可以在[－127,127]的整数区间上完成除法运算，实现的方法是将负数变成绝对值参加运算，得出的结果再根据原数据的符号，还原成实际的表示。图 4-38 是对称区间的除法运算器。

这个除法运算器不能计算包括 h80 的除法，这种情况可以从对称区间除法运算器的波形仿真图 4-39 中见到。该图中只有 h80/h13 的结果是错误的，其余不论正数还是负数结果都正确。例如 h82/h13，得到的商 p＝hFA，余数 ms＝hF4。h82 的值是－126，h13 的值是 19，－126/19 的商是－6，余数是－12。而这里的 p＝hFA＝－6，ms＝hF4＝－12，可见结果完全正确。

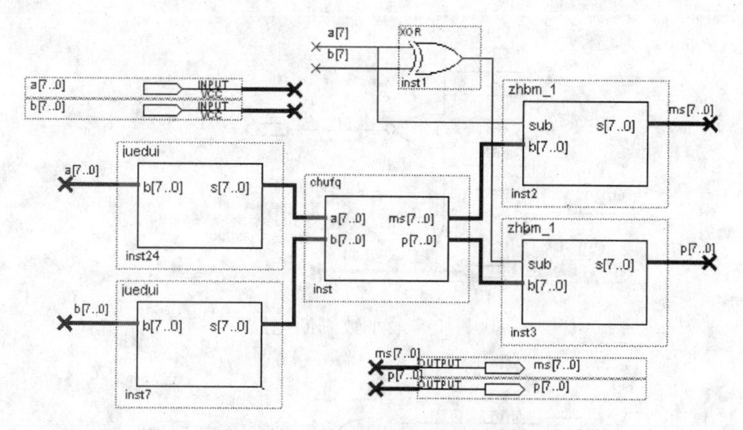

图 4-38　对称区间的除法运算器

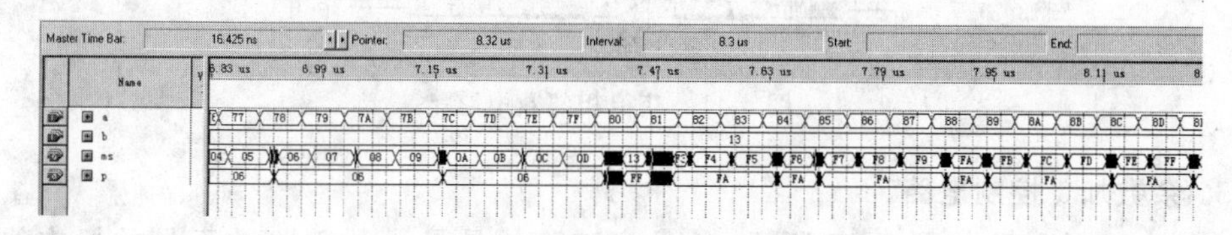

图 4-39　对称区间的除法运算器仿真

4.7.8　实用除法运算器要件

由于正数除法运算器或对称区间的除法运算器都不包括 h80 这个数，而 8 位数当中有 h80，故而必须解决 h80 参与除法运算的问题。根据图 4-37 的流程分析，需要分 4 种情况处理实用除法运算的问题。

(1) 除数与被除数都不是最小数，则可以直接用对称区间的除法运算器实现除法运算。

(2) 除数与被除数都是最小数，则商为 1，余数为 0。

(3) 除数是最小数，被除数不是，于是商为 0，余数为被除数。

(4) 被除数是最小数，而除数不是，得不出直接结果。

这 4 种情况中，最后一种情况的处理最复杂，如何利用对称区间的除法运算器求得正确结果是关键。由于 h80/b=p+ms(p 是商，ms 是余数)，可以将被除数 h80 的绝对值减 1，这样就可以用 h81/b 来暂时替代 h80/b 用对称区间的除法运算器来计算，h81 的绝对值是 127，b 不是最小值，因而是可以用对称区间的除法运算器来计算的。

1. 最小数判断电路

除数和被除数是否是最小数，可以用图 4-40 的电路来判断，标志线 zxshu=1 表示肯定，否则否定是最小数。

2. 获得相邻数电路

将被除数 h80 转换成相邻数 h81 的电路如图 4-41 所示，其中 k 是最小数标志线。当 k=1 时，s[0]将取 a[0]的反码，那么 s 就是 a 的一个相邻数。

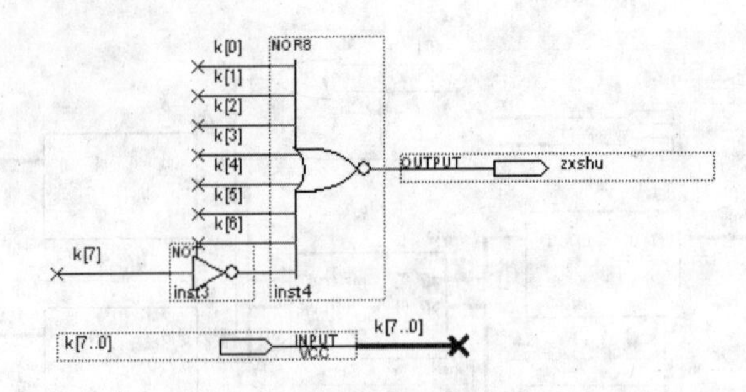

图 4-40 最小数判断电路

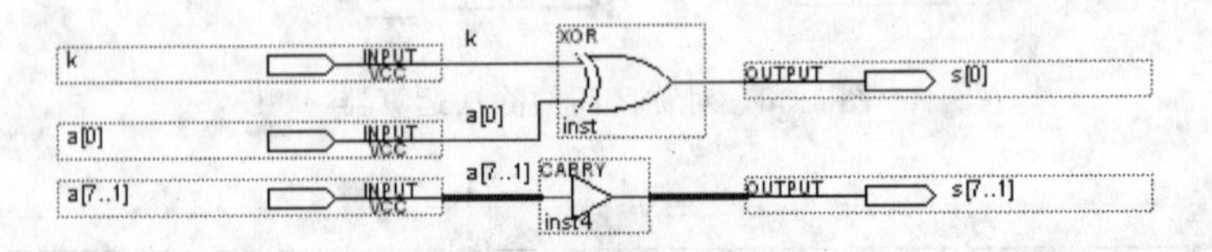

图 4-41 获得相邻数电路

3. 余数加 1 控制电路

余数加 1 的电路如图 4-42 所示。f 是当被除数是最小数而除数不是的标志线，当 f=1 时会有 s=a+1，不然 s=a。

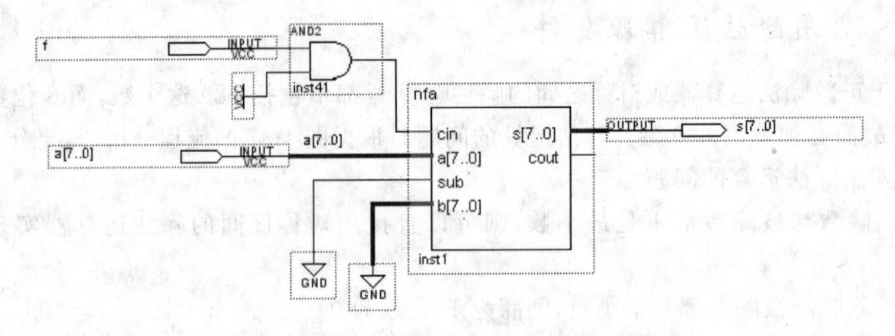

图 4-42 加 1 运算电路

nfa 是加减法运算器，sub 和 b 接地，就有 sub=0，b=0。在 f=0 时，nfa 作的是加 0 运算，只有在 f=1 时，才进行的是加 1 运算。

4. 被除数最小的余数转换电路

图 4-43 是被除数最小而除数不最小的余数转换电路。当标志线 f=1 时，除法阵列计算出的余数要先加 1，然后再与除数 b 进行比较。因为这些都是绝对值加减法运算，所以只能出现余数加 1 等于除数或小于除数的情况。

比较的结果为 0 的标志线是 zfh。当 zfh=1 时，说明加 1 后的余数与除数相等，结果最终的余数取 0，商需要加 1。如果 zfh=0，那么加 1 后的余数仍然比除数小，这种情况下，商不变，余数取除法阵列的余数加 1。

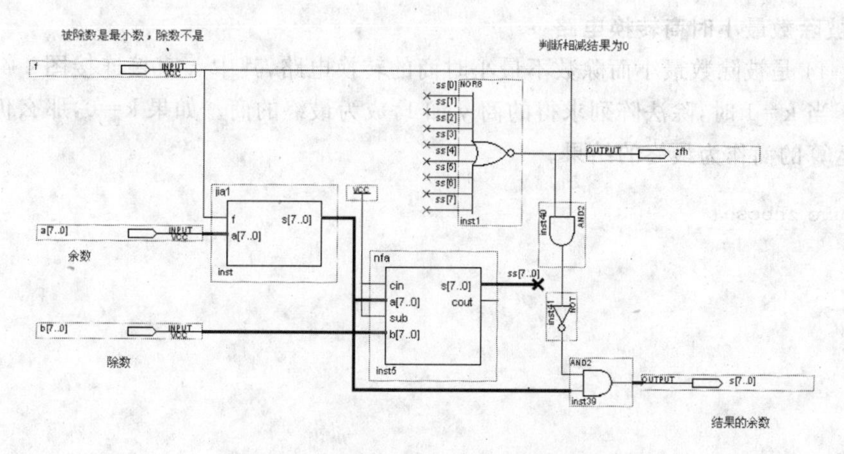

图 4-43　被除数最小的余数转换电路

```
module zfh(
  f,
  a,
  b,
  zfh,
  s
);

input   f;
input   [7:0] a;
input   [7:0] b;
output  zfh;
output  [7:0] s;

wire [7:0] ss;
wire w_0;
wire [7:0] w_7;
wire w_2;
wire w_3;
wire w_8;

assign  zfh=w_2;
assign  w_8=1;
jia1 b2v_inst(.f(f),.a(a),.s(w_7));
assign  w_2=~(ss[0]|ss[2]|ss[1]|ss[3]|ss[5]|ss[4]|ss[6]|ss[7]);
assign  s={w_0,w_0,w_0,w_0,w_0,w_0,w_0,w_0} & w_7;
assign  w_3=f & w_2;
assign  w_0=~w_3;
nfa b2v_inst5(.cin(w_8),.sub(w_8),.a(w_7),.b(b),.s(ss));

endmodule
```

5. 被除数最小时商转换电路

图 4-44 是被除数最小而除数不最小时商的转换电路，其中 k 直接连接图 4-43 的 zfh 标志线。当 k=1 时，除法阵列求得的商 y 加 1，成为最终的商。如果 k=0，那么仍然以除法阵列运算的商作为最终的结果。

```
module zhbcsh(
  f,
  k,
  y,
  u
);

input   f;
input   k;
input   [7:0] y;
output  [7:0] u;

wire [7:0] w_0;
wire w_1;
wire [7:0] w_2;
wire [7:0] w_3;

assign  w_1=~k;
jia1 v_inst1(.f(f),.a(y),.s(w_0));
assign  w_2={8{k}} & w_0;
assign  w_3=y & {8{w_1}};
assign  u=w_2|w_3;

endmodule
```

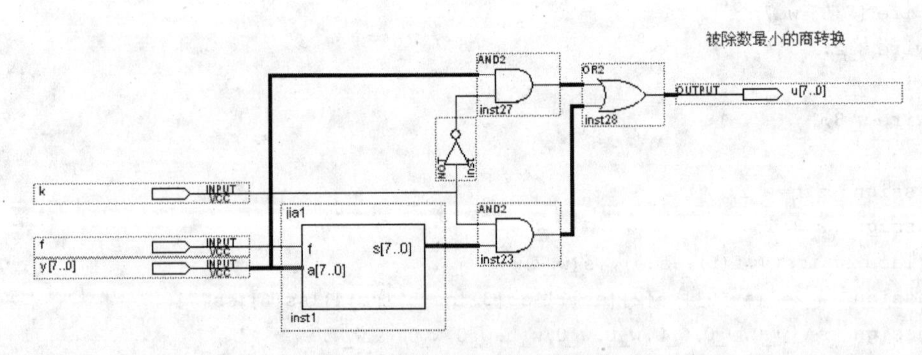

图 4-44 被除数最小时商转换电路

6. 传输变换电路

最小数 h80 参与的除法阵列运算器，商的变化有对称区间运算的商，商为 1，商为 0 和被除数是最小数的除法运算得到的商 4 种情况。这 4 种商要在同一个地点输出，因而要用传输门电路进行控制。

让商为 1 或让数据通过的传输门如图 4-45 所示，其中 k 是控制端。当 k＝0 时输出 s＝1，而当 k＝1 时，s＝a。

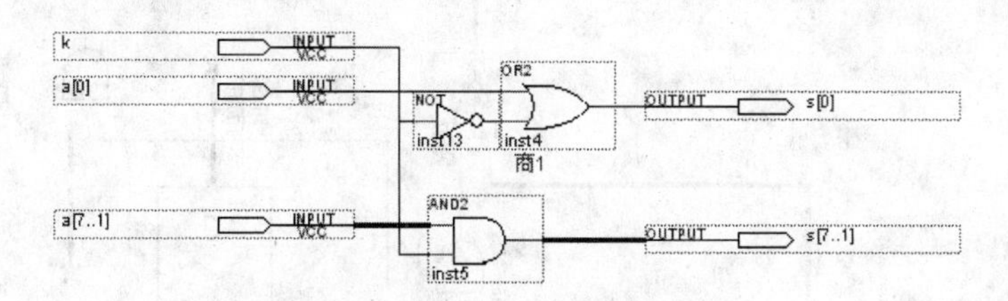

图 4-45 商为 1 的传输门电路

一般的通断要用三态门电路，运算器最终得到的结果是数，故而只用传输门来控制输出是 0 还是非 0 就可以。8 位的数据传输门如图 4-46 所示。

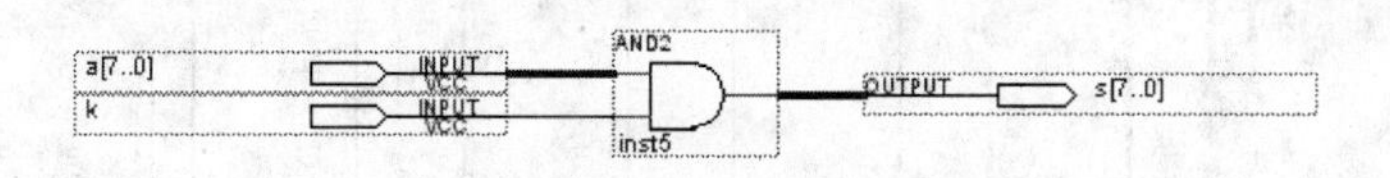

图 4-46 简单传输门

当 k＝0 时，s＝0；当 k＝1 时，s＝a。

4.7.9 实用除法运算器整体设计

1. 整体电路的组织

实用除法运算器的整体设计包括要件连接和逻辑控制两部分。要件连接如图 4-47 所示。

2. 实用除法运算器仿真

十进制有符号数除法仿真如图 4-48 所示。

3. 实用除法运算器的程序描述

```
module shiyongchufq(
  a,
  b,
  ms,
  p
);

input   [7:0] a;
input   [7:0] b;
output  [7:0] ms;
output  [7:0] p;

wire [7:0] aa;
```

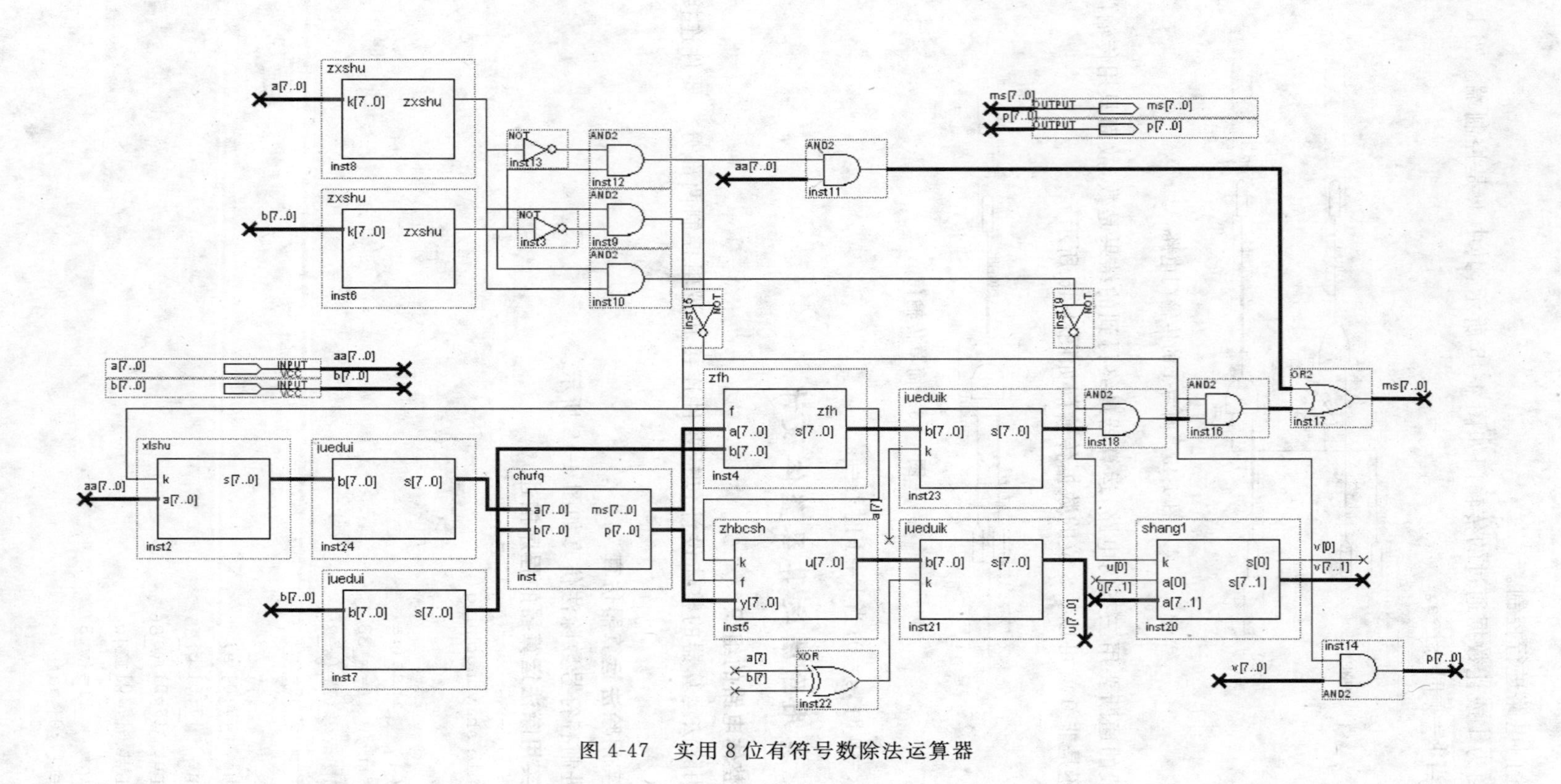

图 4-47　实用 8 位有符号数除法运算器

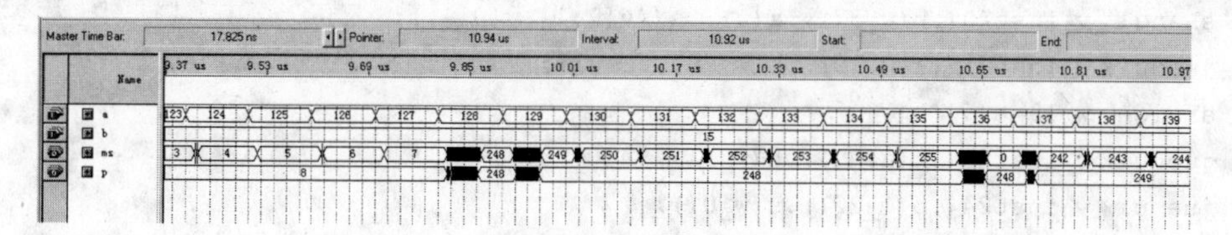

图 4-48　十进制有符号数除法仿真

```
wire [7:0] u;
wire [7:0] v;
wire [7:0] w_0;
wire [7:0] w_32;
wire w_33;
wire w_34;
wire w_35;
wire w_5;
wire w_36;
wire [7:0] w_11;
wire [7:0] w_12;
wire [7:0] w_13;
wire w_37;
wire [7:0] w_15;
wire w_16;
wire w_38;
wire w_19;
wire [7:0] w_20;
wire [7:0] w_21;
wire [7:0] w_22;
wire [7:0] w_25;
wire w_27;
wire [7:0] w_29;
wire w_31;

chufq   v_inst(.a(w_0),.b(w_32),.ms(w_25),.p(w_29));
assign  w_16=w_33 & w_34;
assign  w_13={w_35,w_35,w_35,w_35,w_35,w_35,w_35,w_35} & aa;
assign  w_35=w_5 & w_33;
assign  w_5=~w_34;
assign  p=v & {w_36,w_36,w_36,w_36,w_36,w_36,w_36,w_36};
assign  w_36=~w_35;
assign  w_12={w_36,w_36,w_36,w_36,w_36,w_36,w_36,w_36} & w_11;
assign  ms=w_12|w_13;
assign  w_11={w_37,w_37,w_37,w_37,w_37,w_37,w_37,w_37} & w_15;
assign  w_37=~w_16;
xlshu   v_inst2(.k(w_38),.a(aa),.s(w_22));
```

```
shang1  v_inst20(.k(w_37),.a(u),.s({v[7:1],v[0]}));
jueduik v_inst21(.k(w_19),.b(w_20),.s(u));
assign  w_19=a[7]^b[7];
jueduik v_inst23(.k(a[7]),.b(w_21),.s(w_15));
juedui  v_inst24(.b(w_22),.s(w_0));
assign  w_31=~w_33;
zfh     v_inst4(.f(w_38),.a(w_25),.b(w_32),.zfh(w_27),.s(w_21));
zhbcsh  v_inst5(.k(w_27),.f(w_38),.y(w_29),.u(w_20));
zxshu   v_inst6(.k(b),.zxshu(w_33));
juedui  v_inst7(.b(b),.s(w_32));
zxshu   v_inst8(.k(a),.zxshu(w_34));
assign  w_38=w_34 & w_31;

endmodule
```

对于除法运算器来说，由于处理最小数增加了许多电路器件，如果用增加一位的器件阵列除法运算器，最小数的问题就不用考虑了，这时要在数据进入除法运算器之前扩充一位，最后的结果要去掉最高位。

4.8 译码器的设计

译码器是多元互斥电路的关键性元件，用译码器可以解决多种情况选一的问题。译码器在指令分析、存储器地址选择、寄存器堆编码、外部设备管理等诸多方面起着十分重要的作用。

4.8.1 译码器电路设计

译码器设计理论来自于限位记数的方法。例如，3位二进制数能够有多少个不一样的呢？最多有8个不一样的数。组成3位二进制数要有3个数码的位置，每个数码位置有0和1这两种数码可以书写。3个位置的数码是同时出现的，因而是逻辑与的关系。如果用一条线来表达一种数字，那么就形成了多种情况选一。三位译码器电路设计如图4-49所示。

译码器输入位数多少决定着能够管理互斥选择情况的数量，n位输入能够区分 2^n 种互斥状况。

4.8.2 译码器的程序描述

将图4-49的译码器直接用Verilog HDL语言描述，程序如下。

```
module yimaqi (
                n,
                k
                );
```

```
Input   [2:0] n;
output  [7:0] k;

wire [7:0] k_ww;
wire w_11;
wire w_12;
wire w_13;

assign k_ww[4]=w_11 & w_12 & n[2];
assign k_ww[5]=n[0] & w_12 & n[2];
assign w_13=~n[2];
assign k_ww[6]=~n[0] & n[1] & n[2];
assign k_ww[7]=n[0] & n[1] & n[2];
assign k_ww[0]=w_11 & w_12 & w_13;
assign k_ww[1]=n[0] & w_12 & w_13;
assign k_ww[2]=w_11 & n[1] & w_13;
assign k_ww[3]=n[0] & n[1] & w_13;
assign w_12=~n[1];
assign w_11=~n[0];
assign k=k_ww;

endmodule
```

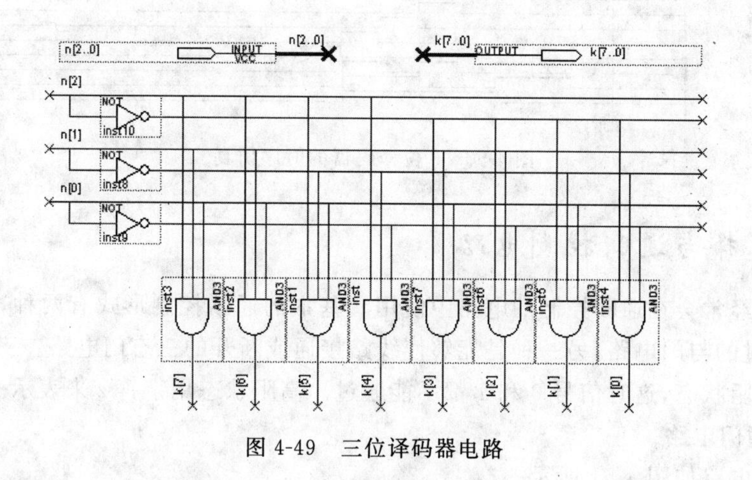

图 4-49　三位译码器电路

这种纯逻辑结构的器件可以直接用逻辑表达式写出。

```
module yimaqi (
          n0, n1, n2,
          k0, k1, k2, k3, k4, k5, k6, k7
          );

input   n0, n1, n2;
```

```
output  k0, k1, k2, k3, k4, k5, k6, k7;

assign  k0=~n0 & ~n1 & ~n2;
assign  k1=n0 & ~n1 & ~n2;
assign  k2=~n0 & n1 & ~n2;
assign  k3=n0 & n1 & ~n2;
assign  k4=~n0 & ~n1 & n2;
assign  k5=n0 & ~n1 & n2;
assign  k6=~n0 & n1 & n2;
assign  k7=n0 & n1 & n2;

endmodule
```

由这个描述可以看出，电路设计并不是一定需要中间变量来进行连接，一般是由输入到输出传输的数据有变化，通过中间变量来处理比较方便。

3 位译码器的时序仿真如图 4-50 所示。图中除 000 之外，每个输入数据的延时是 10ns，容易发现数据到达输出端的延时也是 10ns 左右，并且数据延续的时间和输入时一样。

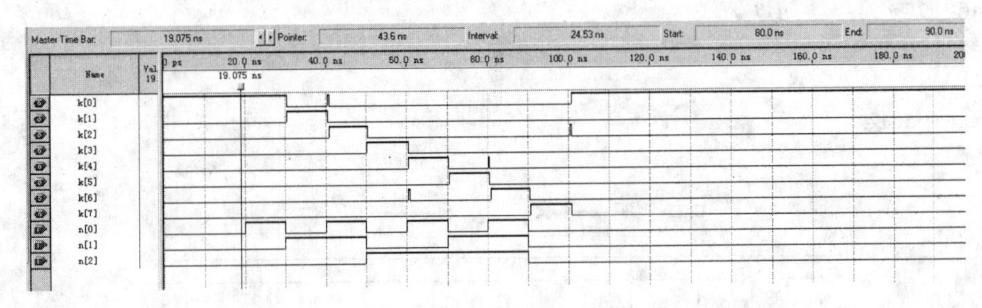

图 4-50　3 位译码器的时序仿真

4.8.3　选择与通断控制电路

译码器经常会在通断控制的电路中使用。基本的通断控制形式有两种，一种是决定“1”是否通过的与门电路；另一种是能够使线路接通或断开的三态门电路。三态门电路断开时称为高阻状态，这时信号 0 和 1 都不能通过。高阻状态用字符 z 来表示。

1. 选通门电路

选通门电路如图 4-51 所示。

由于与门的作用，当 ki=0(i=0、1、2、3)时，这一个与门的输出是 00000000，它与其他与门输出通过或门，最终的输出数据 s 由其他与门输出决定。当 ki=1(i=0、1、2、3)时，这一个与门的输出是另一端的输入数据。ki(i=0、1、2、3)中只能有唯一的一个为 1，其余必须为 0，这样才能够保证输出是某一路的数据。

2. 选择门电路

用三态门控制的选择门电路如图 4-52 所示。

由于三态门的作用，当 ki=0(i=0、1、2、3)时，这一个与门的输出是 zzzzzzzz，这相当

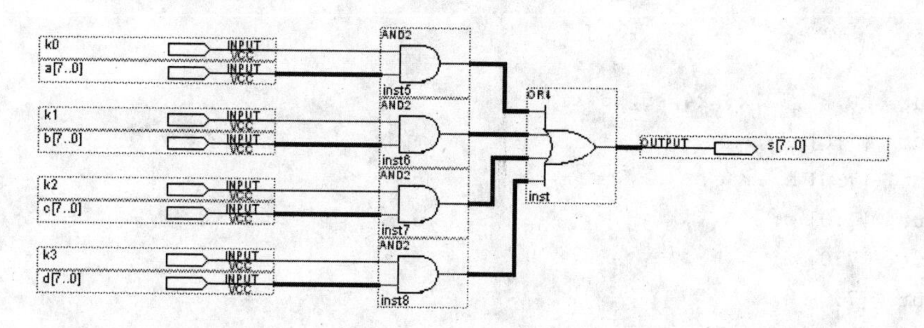

图 4-51　选通门电路

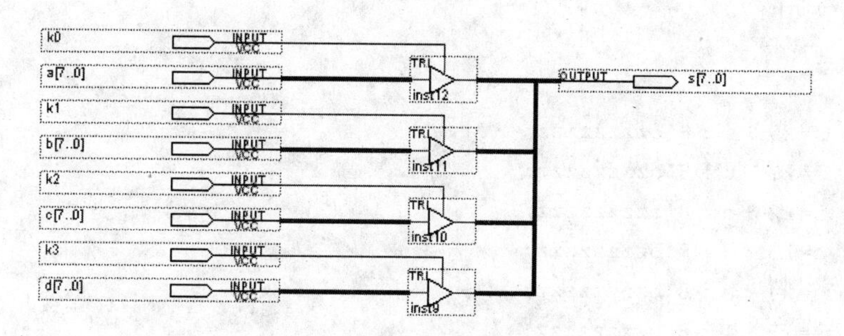

图 4-52　选择门电路

于此路与其他电路断开，最终在输出端的输出数据 s 由其他三态门的输出决定。当 ki=1(i=0、1、2、3)时，这一个三态门的输出是另一端的输入数据。ki(i=0、1、2、3)中同样只能有唯一的一个为 1，其余必须为 0，这样才能够保证输出引脚前端线路不出现混乱。

8 位的选择门电路 Verilog HDL 描述如下：

```
module xuanze (
                k0,
                k1,
                k2,
                k3,
                k4,
                k5,
                k6,
                k7,
                a,
                b,
                c,
                d,
                e,
                f,
                g,
                h,
                s
```

```
        );

input  k0,k1,k2,k3,k4,k5,k6,k7;
input  [7:0] a,
input  [7:0] b;
input  [7:0] c;
input  [7:0] d;
input  [7:0] e;
input  [7:0] f;
input  [7:0] g;
input  [7:0] h;
output  [7:0] s;

assign  s=k0 ? a : 8'bzzzzzzzz;
assign  s=k1 ? b : 8'bzzzzzzzz;
assign  s=k2 ? c : 8'bzzzzzzzz;
assign  s=k3 ? d : 8'bzzzzzzzz;
assign  s=k4 ? e : 8'bzzzzzzzz;
assign  s=k5 ? f : 8'bzzzzzzzz;
assign  s=k6 ? g : 8'bzzzzzzzz;
assign  s=k7 ? h : 8'bzzzzzzzz;

endmodule
```

3. 多路通断控制选择电路

用译码器与选通门电路结合或与选择门电路结合，就可以设计出多路通断控制电路(见图 4-53)，这种电路适合于多种数据选择性地在同一位置输入或输出。

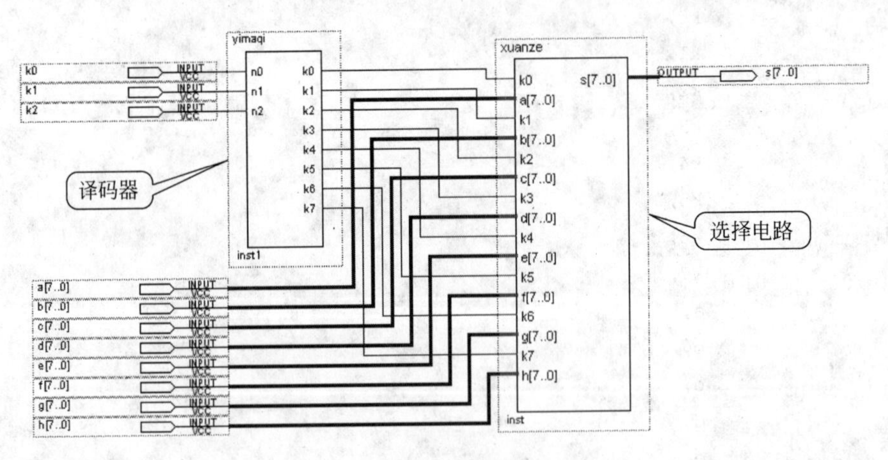

图 4-53　8 路选择通断控制电路

4. 多路选择电路仿真

多路选择器的时序仿真波形图如图 4-54 所示。总线均采用十六进制显示，输入信号采用的是二进制显示。

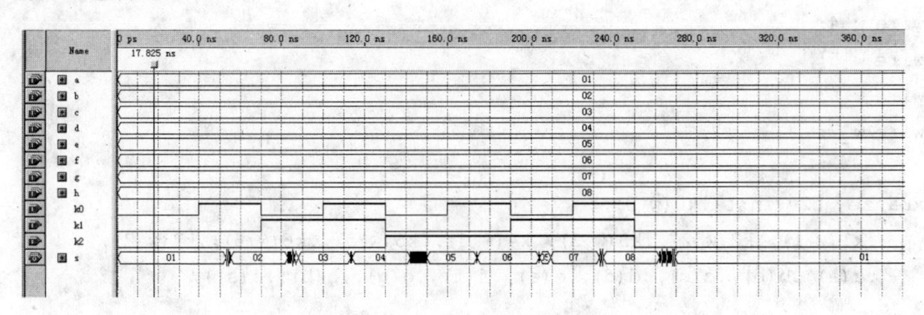

图 4-54　电路选择器仿真

8 路通断控制选择电路也可以用 Verilog HDL 语言描述。

```
module duoluxz (
                k0,
                k1,
                k2,
                a,
                b,
                c,
                d,
                e,
                f,
                g,
                h,
                s
              );

input  k0;
input  k1;
input  k2;
input  [7:0] a;
input  [7:0] b;
input  [7:0] c;
input  [7:0] d;
input  [7:0] e;
input  [7:0] f;
input  [7:0] g;
input  [7:0] h;
output  [7:0] s;

wire w_0;
wire w_1;
wire w_2;
```

```
wire w_3;
wire w_4;
wire w_5;
wire w_6;
wire w_7;

xuanze  b2v_inst(.k0(w_0),
    .k1(w_1),.k2(w_2),.k3(w_3),.k4(w_4),.k5(w_5),.k6(w_6),.k7(w_7),
    .a(a),.b(b),.c(c),.d(d),.e(e),.f(f),.g(g),.h(h),.s(s));

yimaqi b2v_inst1(.n0(k0),.n1(k1),.n2(k2),.k0(w_0),.k1(w_1),
    .k2(w_2),.k3(w_3),.k4(w_4),.k5(w_5),.k6(w_6),.k7(w_7));

endmodule
```

4.9 节拍器的设计

计算机同步电路设计离不开节拍器。

4.9.1 电路设计

图 4-55 是 6 节拍的节拍器设计。

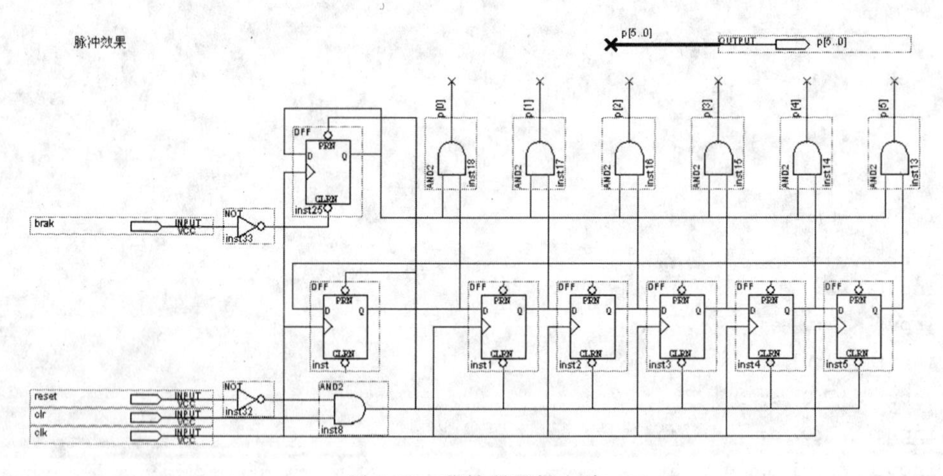

图 4-55 节拍器逻辑电路

这个节拍器的节拍由输出引脚的分量来表示，即 p[i]=1(i=0、1、2、3、4、5)表示当前是第 i 拍。输入端 clk 是系统时钟。clr 是初始化低电位输入端，低电位有效。reset 是高电位复位端，beak 是节拍暂停控制端。

4.9.2 程序描述

将节拍器的电路设计转换成 Verilog HDL 程序。

```
module JPQ (
              clr,
              clk,
              reset,
              brak,
              p
          );

input  clr;
input  clk;
input  reset;
input  brak;
output  [5:0] p;

wire [5:0] p_ww;
wire   w_10;
wire   w_3;
wire   w_8;
reg   w_9;
reg   w_11;
reg   w_12;
reg   w_13;
reg   w_14;
reg   w_15;
reg   w_16;

always@ (posedge clk or negedge w_10)
begin
if (! w_10)
begin
w_11<=1;
end
else
begin
w_11<=w_9;
end
end

always@ (posedge clk or negedge w_10)
begin
if (! w_10)
begin
w_16<=0;
end
```

```
else
begin
w_16<=w_11;
end
end
assign  p_ww[5]=w_12 & w_9;
assign  p_ww[4]=w_12 & w_13;
assign  p_ww[3]=w_12 & w_14;
assign  p_ww[2]=w_12 & w_15;
assign  p_ww[1]=w_12 & w_16;
assign  p_ww[0]=w_12 & w_11;

always@ (posedge clk or negedge w_10)
begin
if (! w_10)
begin
w_15<=0;
end
else
begin
w_15<=w_16;
end
end

always@ (posedge clk or negedge w_3 or negedge w_10)
begin
if (! w_3)
begin
w_12<=0;
end
else
if (! w_10)
begin
w_12<=1;
end
else
begin
w_12<=w_12;
end
end

always@ (posedge clk or negedge w_10)
begin
if (! w_10)
```

```
begin
w_14<=0;
end
else
begin
w_14<=w_15;
end
end
assign w_8=~reset;
assign w_3=~brak;

always@ (posedge clk or negedge w_10)
begin
if (! w_10)
begin
w_13<=0;
end
else
begin
w_13<=w_14;
end
end

always@ (posedge clk or negedge w_10)
begin
if (! w_10)
begin
w_9<=0;
end
else
begin
w_9<=w_13;
end
end
assign  w_10=w_8 & clr;
assign  p=p_ww;

endmodule
```

4.9.3　工作原理

系统初始化发出的控制信号 clr 是低电位信号，一般是在脉冲下降沿有效，此后 clr 将一直保持高电位状态。clr 瞬间为 0，使左上角的控制触发器置位，下面的第一个触发器置位，其余的触发器均复位，使第一拍信号线 p[0]=1，通过选通与门控制，发出第一拍的信号。此后,随着时钟脉冲的到来,环行计数器将高电位由左向右循环移动,p[5:0]将顺次重复地发出不同节拍的信号。

想要节拍器停止发送节拍信号,只要瞬间给出 brak=1 即可。brak 给出的控制信号通过非门转化为低电位信号,瞬间使上端的控制触发器复位,通过上面的选通与门,输出的 p[5:0]=6'b000000,停止了节拍指示。

由于 clr 信号是对计算机全体控制的信号,因而对暂停的节拍器恢复工作,不能使用 clr,而是用 reset 信号完成的。瞬间 reset=1,通过非门电路转成低电位,使环行计数器重新从第一拍开始工作。

节拍器的时序仿真如图 4-56 所示。

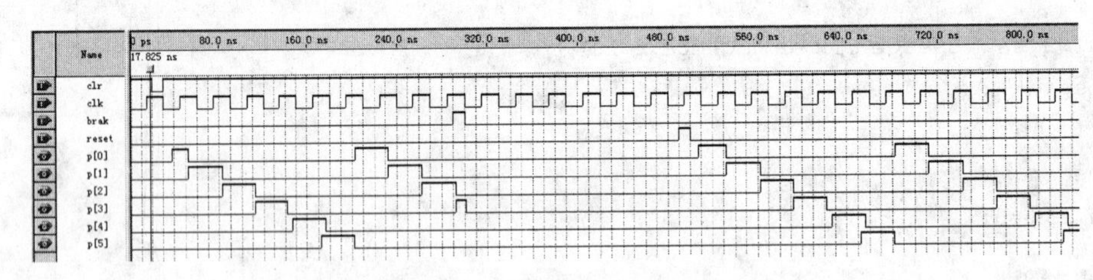

图 4-56 节拍器时序仿真

从图中可以看到 brak 信号瞬间为 1,节拍器就停止发送节拍信号了,而当 reset 信号瞬间为 1 后,节拍器就恢复从头开始发送节拍信号。

4.10 存储器的设计

存储器是计算机中地位十分重要的设备,它是由寄存器集合起来形成的,每一个寄存器叫存储单元。将大量的寄存器放在一起,指定使用哪一个是必须解决的问题。办法是将存储单元编号,并将编号称为地址。

准确指出使用存储单元的设备是译码器,将译码器和寄存器堆进行有序连接,就能设计出需要的随机存储器。

4.10.1 地址译码器设计

1. 译码器原理图及简单描述

图 4-57 是一个三位的译码器,主要是用 3 元的与门来解决不同地址信号如何来产生相应的标志线。译码器用在地址编码上,就称为地址译码器。

将这个三位的地址译码器用 Verilog HDL 语言描述出来,对理解更多位数的译码器描述会有帮助。

```
module yimaqi(
   n,
   k
);
```

```
input   [2:0] n;
output  [7:0] k;

wire [7:0] k_ww;
wire w_11;
wire w_12;
wire w_13;

assign  w_11=~n[0];
assign  w_12=~n[1];
assign  w_13=~n[2];
assign  k_ww[0]=w_11 & w_12 & w_13;
assign  k_ww[1]=n[0] & w_12 & w_13;
assign  k_ww[2]=w_11 & n[1] & w_13;
assign  k_ww[3]=n[0] & n[1] & w_13;
assign  k_ww[4]=w_11 & w_12 & n[2];
assign  k_ww[5]=n[0] & w_12 & n[2];
assign  k_ww[6]=~n[0] & n[1] & n[2];
assign  k_ww[7]=n[0] & n[1] & n[2];
assign  k=k_ww;

endmodule
```

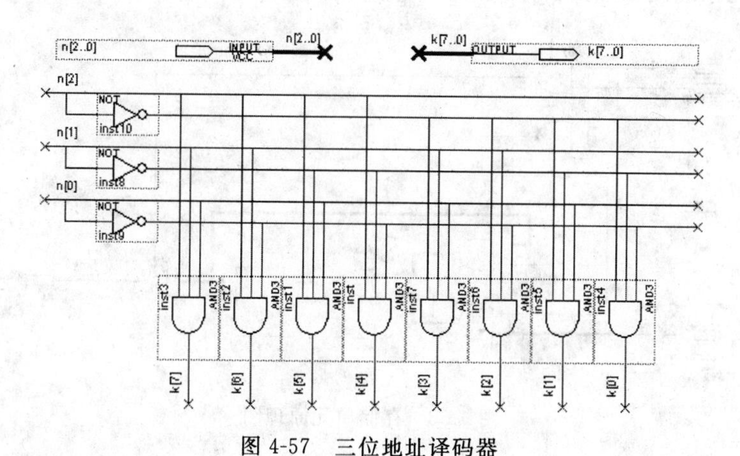

图 4-57　三位地址译码器

2. 8 位译码器的直接编码

不用引入中间工作变量，直接用 assign 连接语句描述输入输出变量之间的关系，这样更简洁。下面是 8 位译码器的完整描述。

```
module ymq8(
  adr,
  addr
);
```

```
Input   [7:0] adr;
output  [255:0] addr;

assign  addr[0]=~adr[0] & ~adr[2] & ~adr[1] & ~adr[3] & ~adr[6] & ~adr[5] & ~adr[6] &
~adr[4];
assign  addr[1]=adr[0] & ~adr[2] & ~adr[1] & ~adr[3] & ~adr[6] & ~adr[5] & ~adr[6] &
~adr[4];
assign  addr[2]=~adr[0] & ~adr[2] & adr[1] & ~adr[3] & ~adr[6] & ~adr[5] & ~adr[6] &
~adr[4];
...
assign addr[254]=~adr[0] & adr[2] & adr[1] & adr[3] & adr[6] & adr[5] & adr[7] & adr
[4];
assign addr[255]=adr[0] & adr[2] & adr[1] & adr[3] & adr[6] & adr[5] & adr[7] & adr
[4];

endmodule
```

4.10.2 存储单元设计

1. 存储单元原理图设计

存储单元原理图如图 4-58 所示。

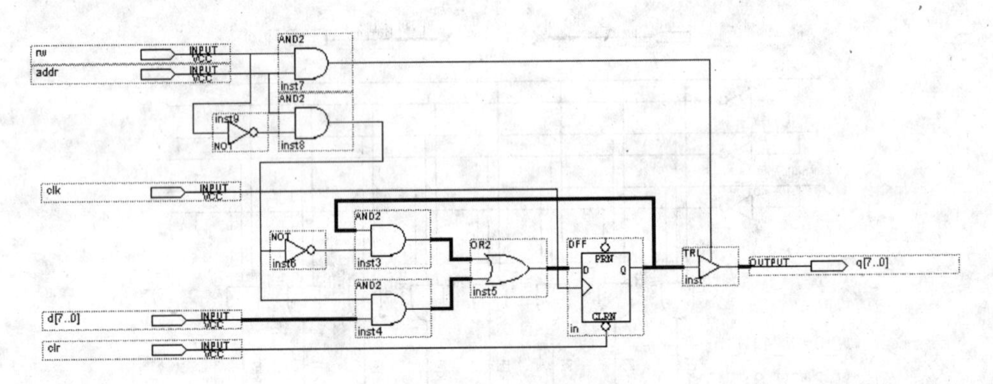

图 4-58 存储单元原理图

2. 存储单元语言描述

```
module cchdy(
   clk,
   clr,
   rw,
   addr,
   d,
   q
```

```
);

input  clk;
input  clr;
input  rw;
input  addr;
input  [7:0] d;
output  [7:0] q;

wire [7:0] W_0;
reg   [7:0] W_8;
wire W_1;
wire W_2;
wire W_9;
wire [7:0] W_4;
wire [7:0] W_5;
wire W_7;

always@ (posedge clk or negedge clr)
begin
if (! clr)
begin
W_8[7:0]<=0;
end
else
begin
W_8[7:0]<=W_0[7:0];
end
end
assign  q[7:0]=W_1 ? W_8[7:0] : 8'bzzzzzzzz;
assign  W_5=W_8 & {8{W_2}};
assign  W_4={8{W_9}} & d;
assign  W_0=W_4|W_5;
assign  W_2=~W_9;
assign  W_1=rw & addr;
assign  W_9=addr & W_7;
assign  W_7=~rw;

endmodule
```

4.10.3　256 存储单元存储器

1. 256 个存储单元设计

用 Verilog HDL 语言描述，可以避免用原理图扩展画图的不便，用单个存储单元的描述来生成更多的存储单元，只是一种语句的重复。

256 个存储单元的随机存储器的描述如下，为了节约篇幅，中间省略了许多语句。

```
module ramk(
    clk,
    clr,
    rw,
    addr,
    d,
    q
);

input  clk;
input  clr;
input  rw;
input  [255:0] addr;
input  [7:0] d;
output [7:0] q;

cchdy  v_inst0 (.clk(rw),.clr(addr[0]),.rw(clk),.addr(clr),.d(d),.q(q));
cchdy  v_inst1 (.rw(rw),.addr(addr[1]),.clk(clk),.clr(clr),.d(d),.q(q));
cchdy  v_inst2 (.rw(rw),.addr(addr[2]),.clk(clk),.clr(clr),.d(d),.q(q));
cchdy  v_inst3 (.rw(rw),.addr(addr[3]),.clk(clk),.clr(clr),.d(d),.q(q));
cchdy  v_inst4 (.rw(rw),.addr(addr[4]),.clk(clk),.clr(clr),.d(d),.q(q));
cchdy  v_inst5 (.rw(rw),.addr(addr[5]),.clk(clk),.clr(clr),.d(d),.q(q));
cchdy  v_inst6 (.rw(rw),.addr(addr[6]),.clk(clk),.clr(clr),.d(d),.q(q));
cchdy  v_inst7 (.rw(rw),.addr(addr[7]),.clk(clk),.clr(clr),.d(d),.q(q));
cchdy  v_inst8 (.rw(rw),.addr(addr[8]),.clk(clk),.clr(clr),.d(d),.q(q));
cchdy  v_inst9 (.rw(rw),.addr(addr[9]),.clk(clk),.clr(clr),.d(d),.q(q));
...
cchdy  v_inst254 (.rw(rw),.addr(addr[254]),.clk(clk),.clr(clr),.d(d),.q(q));
cchdy  v_inst255 (.rw(rw),.addr(addr[255]),.clk(clk),.clr(clr),.d(d),.q(q));

endmodule
```

2. 随机存储器设计

封装好 8 位的译码器和 256 个存储单元的存储器，将它们如图 4-59 那样连接起来，就得到了容量为 256B 的随机存储器。

```
//ramk256
module ramk256(
  rw,
  clr,
  clk,
  me,
```

```
    adr,
    d,
    q
  );

  input  rw;
  input  clr;
  input  clk;
  input  me;
  input  [7:0] adr;
  input  [7:0] d;
  output [7:0] q;

  wire [255:0] W_0;
  wire [255:0] W_1;

  ramk v_inst(.clk(clk),.clr(clr),.rw(rw),.addr(W_0),.d(d),.q(q));

  ymq8 v_inst1(.adr(adr),.addr(W_1));
  assign W_0=W_1 & {256{me}};

  endmodule
```

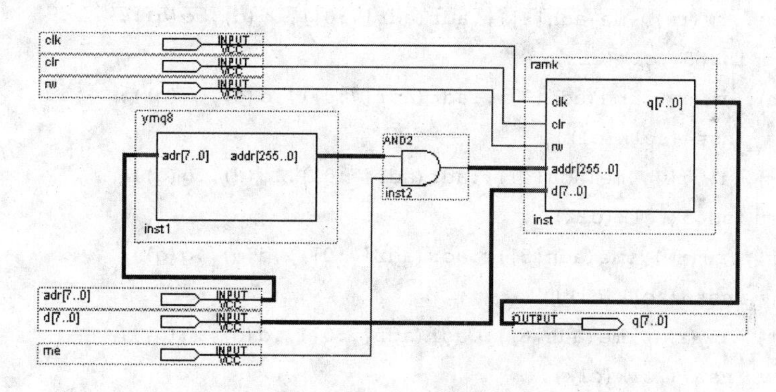

图 4-59　具有 256 个存储单元的存储器

4.10.4　大容量存储器设计

用 256 个存储单元的存储器可以联合组织成大容量的存储器。扩充容量存储器方法如图 4-60 所示。

可扩充到 64k 的 ram64k 程序。

```
module ram64k(
   clk,
   clr,
```

```
  rw,
  adr,
  d,
  q
);

input  clk;
input  clr;
input  rw;
input  [15:0] adr;
input  [7:0] d;
output [7:0] q;

wire [255:0] adh;

ymq8 v_inst(.adr(adr[15:8]),.addr(adh));
ramk256 v_inst0(.clk(clk),
.clr(clr),.rw(rw),.me(adh[0]),.adr(adr[7:0]),.d(d),.q(q));
ramk256 v_inst1(.clk(clk),
.clr(clr),.rw(rw),.me(adh[1]),.adr(adr[7:0]),.d(d),.q(q));
ramk256 v_inst2(.clk(clk),
.clr(clr),.rw(rw),.me(adh[2]),.adr(adr[7:0]),.d(d),.q(q));
ramk256 v_inst3(.clk(clk),
.clr(clr),.rw(rw),.me(adh[3]),.adr(adr[7:0]),.d(d),.q(q));
ramk256 v_inst4(.clk(clk),
.clr(clr),.rw(rw),.me(adh[4]),.adr(adr[7:0]),.d(d),.q(q));
ramk256 v_inst5(.clk(clk),
.clr(clr),.rw(rw),.me(adh[5]),.adr(adr[7:0]),.d(d),.q(q));
ramk256 v_inst6(.clk(clk),
.clr(clr),.rw(rw),.me(adh[6]),.adr(adr[7:0]),.d(d),.q(q));
ramk256 v_inst7(.clk(clk),
.clr(clr),.rw(rw),.me(adh[7]),.adr(adr[7:0]),.d(d),.q(q));
ramk256 v_inst8(.clk(clk),
.clr(clr),.rw(rw),.me(adh[8]),.adr(adr[7:0]),.d(d),.q(q));
ramk256 v_inst9(.clk(clk),
.clr(clr),.rw(rw),.me(adh[9]),.adr(adr[7:0]),.d(d),.q(q));
...
ramk256 v_inst255(.clk(clk),
.clr(clr),.rw(rw),.me(adh[255]),.adr(adr[7:0]),.d(d),.q(q));

Endmodule
```

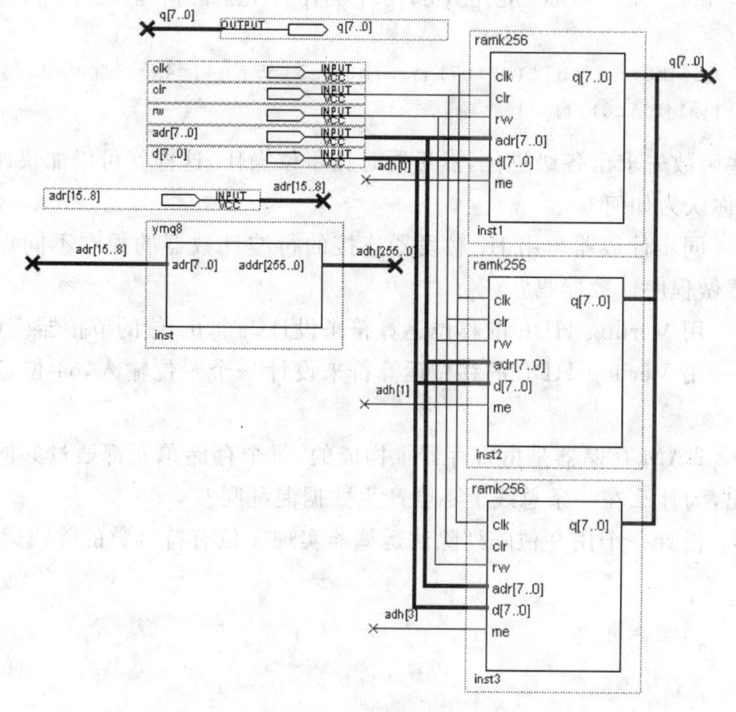

图 4-60 扩充容量存储器设计方法

习 题 四

习题 4-1 Quartus II 已经给出了边沿寄存器 DFF,使用中为什么还要设计输入和输出控制?

习题 4-2 加减法运算器电路不用时钟控制就可以得到结果,整个运算过程和什么因素有关?

习题 4-3 加减法运算器是以串联的方式将加减法单元连接在一起动,后级运算要在前级运算结束才能进行,因而总体延时较长。如果令

```
pi=ai|bi (i=0、1、2、3、4、5、6、7、8)
gi=ai & bi
```

那么各级进位可以由下面的各函数求出:

```
C0=c0
C1=(a1&b1)|(a1|b1)c0=a1b1|a1c0|b1c0
C2=(a2&b2)|(a2|b2)( (a1&b1)|(a1|b1)c0)
C3=g3|p3( (a2&b2)|(a2|b2)( (a1&b1)|(a1|b1)c0))
C4=g4|p4( g3|p3( (a2&b2)|(a2|b2)( (a1&b1)|(a1|b1)c0)))
C5=g5|p5( g4|p4( g3|p3( (a2&b2)|(a2|b2)( (a1&b1)|(a1|b1)c0))))
C6=g6|p6( g5|p5( g4|p4( g3|p3( (a2&b2)|(a2|b2)( (a1&b1)|(a1|b1)c0)))))
```

```
C7=a7&b7|(a7|b7)( g6|p6( g5|p5( g4|p4( g3|p3( (a2&b2)|(a2|b2)( (a1&b1)|(a1|b1)
c0))))))
C8=a8&b8|(a8|b8)( a7&b7|(a7|b7)( g6|p6( g5|p5( g4|p4( g3|p3( (a2&b2)|(a2|b2)
( (a1&b1)|(a1|b1)c0)))))))
```

利用这些函数先求出各级进位,然后同时让每位操作,这样就可以加快加减法运算器的执行速度,你认为如何?

习题 4-4　同步计数器与用 JK 触发器连接的行波计数器的根本不同点在何处?能用行波计数器做程序计数器吗?

习题 4-5　用 Verilog HDL 的移位运算符来设计一个 64 位的节拍器模块。

习题 4-6　用 Verilog HDL 的移位运算符来设计一个 6 位输入,64 位输出的译码器模块。

习题 4-7　RAM 存储器是由寄存器堆构成的,每个存储单元都通过共同的总线进行数据输入输出,为什么在一条总线上不会产生数据混乱呢?

习题 4-8　设计一个用 9 位阵列除法运算器实现 8 位有符号数的除法运算器。

第5章 控制矩阵设计方法

CHAPTER

控制器是计算机智能的核心，这个核心最关键的地方其实就是数学中函数关系的体现。在计算机中控制器体现的函数有两大特点。第一，所有的变量都取值0或1，第二，绝大部分函数都是多元函数。因此计算机设计中出现的函数都是多元逻辑函数。多元逻辑函数可以直接转化成逻辑电路，特别是用 Verilog HDL 语言可以直接描述，十分方便。

本章重点介绍如何用真值表抽象逻辑函数，以及如何通过常用的软件将其自动转换成 Verilog HDL 语言描述模块的方法。

5.1 控制矩阵设计的基本方法

控制器中关键部件是控制矩阵，它的设计方法一般有原理图、有限状态机描述或逻辑函数的形式。原理图方法虽然直观，但画起来太繁琐。有限状态机描述起来也很费力气。逻辑函数的直接描述也是同有限状态机描述一样十分费力。但使用 Excel 软件设计真值表，再利用 Excel 工作表可以转化成 dBASE Ⅲ数据库表的功能，将真值表用数据库的表表示，并应用数据库提供的操作，就能够得到 Verilog HDL 中要描述的模块。

将控制矩阵的真值表先转成 dBASE Ⅲ的表，然后用 FoxPro 数据库操作就能够得到需要的结果。根据实际设计经验，笔者开发了一个能够自动生成控制矩阵的模块描述软件，成功地解决了控制矩阵自动产生程序描述模块的问题。

5.1.1 在数据库中建表

假如计算机的指令系统设计如表 5-1 所示。

通过指令全程分析，得到的控制矩阵真值表如图 5-1 所示。由于此表比较大，最适合使用 Excel 工作表来操作。

表 5-1 指令系统设计实例

序号	功 能 设 想	助记符	操作码 十六进制	操作码 二进制
1	把 ram 存储单元 R 的内容送到累加器 da	LDA R	01	00000001
2	把 ram 存储单元 R 的内容与累加器 da 的内容相加结果送 da	ADD R	02	00000010
3	用累加器 da 的内容减去 ram 存储单元 R 的内容结果送 da	SUB R	03	00000011
4	将 R 存储单元内容输出到外设	OUT R	04	00000100
5	跳到 iram 的 R 单元取指令执行	JMP R	05	00000101
6	如果累加器 da 的值是 0 则跳到 iram 的 R 单元取指令	JZ R	06	00000110
7	如果累加器 da 的值为负则跳到 iram 的 R 单元取指令	JN R	07	00000111
8	调用 iram 中 R 子程序	CALL R	08	00001000
9	输入数据到 ram 的 R 存储单元	IN R	09	00001001
10	将累加器 da 的内容送到 ram 存储单元 R	STR R	0A	00001010
11	将数 N 送到累加器 da	SDA N	0B	00001011
12	将累加器 da 的内容入栈	PUSH	0C	00001100
13	将堆栈的内容送到累加器 da	POP	0D	00001101
14	从子程序返回指令	RET	0E	00001110
15	将 PTR 的内容加 1	INC	0F	00001111
16	将 PTR 的内容减 1	DEC	10	00010000
17	将 da 复位为 0	ZERO	11	00010001
18	将数据输入到 ptr 指示的 iram 存储单元	INP	12	00010010
19	将累加器 da 的内容送到 ptr	STRP	13	00010011
20	如果输入的数据是 h80 则跳转到 iram 的 R 单元指令	JEND R	14	00010100
21	将累加器 da 内容取反,结果放入 da	LNOT	15	00010101
22	将累加器 da 与 R 单元内容作逻辑与,结果放入 da	LAND R	16	00011100
23	将累加器 da 与 R 单元内容作逻辑或,结果放入 da	LOR R	17	00010111
24	缓冲区空暂停	STPK	18	00011000
25	缓冲区空跳转到 R 执行	JK R	19	00011001
25	程序输入结束	END	80	10000000
26	停机	STP	3F	00111111

这个指令全程分析表总体分为自变量区和因变量区。图 5-1 中在底端标注 x 的线左面是逻辑自变量区域,右面是逻辑因变量区域。自变量区域的编号和基本动作是设计的辅助项,因而生成逻辑函数的过程不必考虑它们。在此表中,自变量部分主要有指令助记符、节拍、empty、endf、ZF、NF 这几项,其余右边的每一项都是要求逻辑表达式的函数。

每一项将要求得的逻辑函数是由其值为“1”的行的自变量逻辑与来决定的,为了能够自动地生成逻辑函数,需要将真值表表示成图 5-2 的形式,其中将助记符一项要用指令变量逐行替换,节拍变量转换成“p[]”的形式,empty、endf、ZF、NF 各列中为 1 的

编号	助记符	节拍	基本动作	Empty	Endf	Zf	Nf	Res	Pce	Pcl	Pcinc	Imarl	Dmarl	Iraml	Iwrit	Irame	Draml	Dwrit	Drame
		0	pc→imar						1			1							
		1																	
		2	iram→com, pc+1								1					1			
1	LDA R	3	pc→imar						1			1							
	R内容送	4																	
	DA	5	iram→dmar, pc+								1		1			1			
		6																	
		7	dram→da																1
		8	reset					1											
2	ADD R	3	pc→imar						1			1							
	DA与R	4																	
	加，结	5	iram→dmar, pc+								1		1			1			
	果送DA	6																	
		7	dram→b																1
		8	da→a																
		9	a+b→da																
		10	reset					1											
3	SUB R	3	pc→imar						1			1							
	DA减	4																	
	R单元	5	iram→dmar, pc+								1		1			1			
	果送DA	6																	
		7	dram→b																1
		8	da→a																
		9	a-b→da																
		10	reset					1											
4	OUT R	3	pc→imar						1			1							

图 5-1　指令全程分析真值表

地方，也用它们变量名称替换，这样就得到了一个容易转换成 Verilog HDL 描述的标准形式。

编号	助记符	节拍	基本动作	Empy	Endf	Zf	Nf	Res	Pce	Pcl	Pcinc	Imarl	Dmarl	Iraml	Iwrit	Irame	Draml	Dwrit
	OUT	p[8]	reset					1										
5	JMP	p[3]	pc→imar						1			1						
	JMP	p[4]																
	JMP	p[5]	iram→pc							1						1		
	JMP	p[6]	reset					1										
6	JZ	p[3]	pc→imar						1			1						
	JZ	p[4]	pc+1								1							
	JZ	p[5]	iram→pc			1				1						1		
	JZ	p[6]	reset					1										
7	JN	p[3]	pc→imar						1			1						
	JN	p[4]	pc+1								1							
	JN	p[5]	iram→pc				1			1						1		
	JN	p[6]	reset					1										
8	CALL	p[3]	pc→imar						1			1						
	CALL	p[4]																
	CALL	p[5]	iram→ir, pc+1								1					1		
	CALL	p[6]	sp→dmar										1					
	CALL	p[7]	pc→dram, sp-1						1								1	
	CALL	p[8]																1
	CALL	p[9]	ir→pc							1								
	CALL	p[1]	reset					1										
9	IN	p[3]	pc→imar						1			1						
	IN	p[4]																
	IN	p[5]	iram→dmar, pc+								1		1			1		
	IN	p[6]	in→dram														1	
	IN	p[7]																1

图 5-2　转换成数据库的表

用标准的数据库表转化成逻辑表达式要分为两步进行。

第一步，将所有因变量值为“1”的地方，用同行左面自变量表示的与运算替换，其中自变量没有标注名称的就不记入“与”表达式中(见图 5-3)。

第二步，将图 5-3 中因变量的所在列的表达式用“或”运算符号连接起来，并用“＝”将这个表达式同概略列的因变量名称相连。

经过这两步操作，就得到了全部控制线的多元逻辑函数。利用这些逻辑函数就可以自动编写出 Verilog HDL 的控制矩阵模块描述。

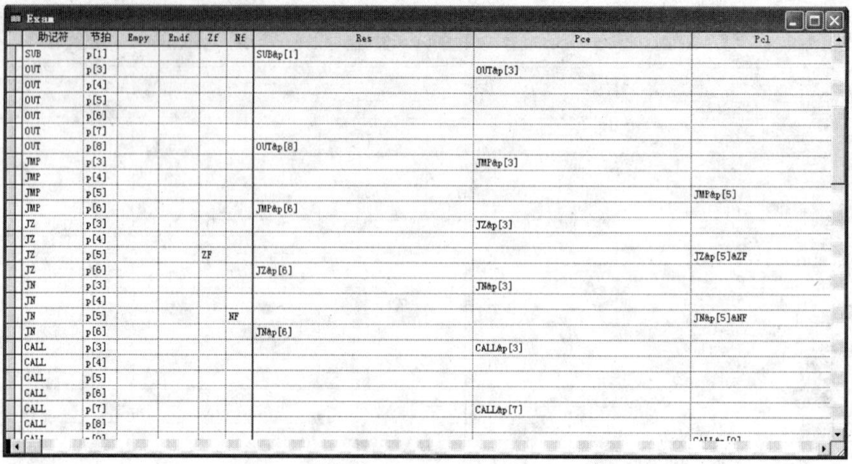

Exam

助记符	节拍	Empy	Endf	Zf	Nf	Res	Pce	Pcl
SUB	p[1]					SUB&p[1]		
OUT	p[3]						OUT&p[3]	
OUT	p[4]							
OUT	p[5]							
OUT	p[6]							
OUT	p[7]							
OUT	p[8]					OUT&p[8]		
JMP	p[3]						JMP&p[3]	
JMP	p[4]							
JMP	p[5]							JMP&p[5]
JMP	p[6]					JMP&p[6]		
JZ	p[3]						JZ&p[3]	
JZ	p[4]							
JZ	p[5]			ZF				JZ&p[5]&ZF
JZ	p[6]					JZ&p[6]		
JN	p[3]						JN&p[3]	
JN	p[4]							
JN	p[5]				NF			JN&p[5]&NF
JN	p[6]					JN&p[6]		
CALL	p[3]						CALL&p[3]	
CALL	p[4]							
CALL	p[5]							
CALL	p[6]							
CALL	p[7]						CALL&p[7]	
CALL	p[8]							

图 5-3 将控制线用自变量与运算替换

5.1.2 生成 Verilog HDL 程序描述

得到所有控制线的逻辑函数之后，可以直接画出电路图，也可以经过适当的变化，转化成正规的 Verilog HDL 模块描述。

首先，要将所有的自变量描述成模块的输入端口变量，将节拍定义成向量。其次将每一个因变量描述成模块的输出端口变量，并且将前面得到的每一个逻辑表达式的前面，添加上 assign 保留字，使之都成为连接语句。最后再将 module luoji_0 添加在最前面，将 endmodule 添加在最后面，就得到所需要的 Verilog HDL 控制矩阵模块描述了。

用这种方法得到的图 5-1 指令系统的控制矩阵模块描述如下：

```
module luoji_0 ( LDA,ADD,SUB,OUT,JMP,JZ,JN,CALL,IN,STR,SDA,PUSH,
                 POP,RET,INC,DEC,ZERO,INP,STRP,JEND,LNOT,LAND,LOR,
                 STPK,JK,STP,p,EMPY,ENDF,ZF,NF,RES,PCE,PCL,PCINC,
                 IMARL,DMARL,IRAML,IWRIT,IRAME,DRAML,DWRIT,DRAME,
                 DAE,DAL,ZEO,COML,AL,BL,A_SE,SU,SPE,SPINC,SPDEC,PTRE,
                 PTRL,PTRINC,PTRDEC,OE,OL,INE,INL,IRE,IRL,XL,XE,YL,YE,
                 NOTE,ANDE,ORE,STOP
                 );
input [9:0] p;
input EMPY,ENDF,ZF,NF;
input LDA,ADD,SUB,OUT,JMP,JZ,JN,CALL,IN,STR,SDA,PUSH,POP,RET,INC,
      DEC,ZERO,INP,STRP,JEND,LNOT,LAND,LOR,STPK,JK,STP;
output RES,PCE,PCL,PCINC,IMARL,DMARL,IRAML,IWRIT,IRAME,DRAML,
       DWRIT,DRAME,DAE,DAL,ZEO,COML,AL,BL,A_SE,SU,SPE,SPINC,
       SPDEC,PTRE,PTRL,PTRINC,PTRDEC,OE,OL,INE,INL,IRE,
       IRL,XL,XE,YL,YE,NOTE,ANDE,ORE,STOP;
```

```
assign RES=LDA&p[8]|ADD&p[1]|SUB&p[1]|OUT&p[8]|JMP&p[6]|JZ&p[6]|
         JN&p[6]|CALL&p[1]|IN&p[8]|STR&p[8]|SDA&p[6]|PUSH&p[6]|
         POP&p[7]|RET&p[7]|INC&p[4]|DEC&p[4]|ZERO&p[4]|INP&p[7]|
         STRP&p[4]|JEND&p[6]|LNOT&p[5]|LAND&p[1]|LOR&p[1]|JK&p[6];
assign PCE=p [0]|LDA&p[3]|ADD&p[3]|SUB&p[3]|OUT&p[3]|JMP&p[3]|
          JZ&p[3]|JN&p[3]|CALL&p[3]|CALL&p[7]|IN&p[3]|STR&p[3]|
          SDA&p[3]|JEND&p[3]|LAND&p[3]|LOR&p[3]|JK&p[3];
assign PCL=JMP&p[5]|JZ&p[5]&ZF|JN&p[5]&NF|CALL&p[9]|RET&p[6]|
         JEND&p[5]&ENDF|JK&p[5]&EMPY;
assign PCINC=p[2]|LDA&p[5]|ADD&p[5]|SUB&p[5]|OUT&p[5]|JZ&p[4]|
          JN&p[4]|CALL&p[5]|IN&p[5]|STR&p[5]|SDA&p[5]|
          JEND&p[4]|LAND&p[5]|LOR&p[5]|JK&p[4];
assign IMARL=p[0]|LDA&p[3]|ADD&p[3]|SUB&p[3]|OUT&p[3]|JMP&p[3]|
          JZ&p[3]|JN&p[3]|CALL&p[3]|IN&p[3]|STR&p[3]|SDA&p[3]|
          INP&p[3]|JEND&p[3]|LAND&p[3]|LOR&p[3]|JK&p[3];
assign DMARL=LDA&p[5]|ADD&p[5]|SUB&p[5]|OUT&p[5]|CALL&p[6]|IN&p[5]|
          STR&p[5]|PUSH&p[3]|POP&p[4]|RET&p[4]|LAND&p[5]|LOR&p[5];
assign IRAML=INP&p[5];
assign IWRIT=INP&p[6];
assign IRAME=p[2]|LDA&p[5]|ADD&p[5]|SUB&p[5]|OUT&p[5]|JMP&p[5]|
          JZ&p[5]&ZF|JN&p[5]&NF|CALL&p[5]|IN&p[5]|STR&p[5]|
          SDA&p[5]|JEND&p[5]&ENDF|LAND&p[5]|LOR&p[5]|JK&p[5]&EMPY;
assign DRAML=CALL&p[7]|IN&p[6]|STR&p[6]|PUSH&p[4];
assign DWRIT=CALL&p[8]|IN&p[7]|STR&p[7]|PUSH&p[5];
assign DRAME=LDA&p[7]|ADD&p[7]|SUB&p[7]|OUT&p[7]|POP&p[6]|
          ET&p[6]|LAND&p[7]|LOR&p[7];
assign DAE=ADD&p[8]|SUB&p[8]|STR&p[6]|PUSH&p[4]|STRP&p[3]|
        LNOT&p[3]|LAND&p[8]|LOR&p[8];
assign DAL=LDA&p[7]|ADD&p[9]|SUB&p[9]|SDA&p[5]|POP&p[6]|LAND&p[9]|LOR&p[9];
assign ZEO=ZERO&p[3];
assign COML=p[2];
assign AL=ADD&p[8]|SUB&p[8]|LNOT&p[3]|LAND&p[8]|LOR&p[8];
assign BL=ADD&p[7]|SUB&p[7]|LAND&p[7]|LOR&p[7];
assign A_SE=ADD&p[9]|SUB&p[9];
assign SU=SUB&p[9];
assign SPE=CALL&p[6]|PUSH&p[3]|POP&p[4]|RET&p[4];
assign SPINC=POP&p[3]|RET&p[3];
assign SPDEC=CALL&p[7]|PUSH&p[4];
assign PTRE=INP&p[3];
assign PTRL=STRP&p[3];
assign PTRINC=INC&p[3];
assign PTRDEC=DEC&p[3];
assign OL=OUT&p[7];
```

```
assign INE=IN&p[6]|INP&p[5];
assign IRE=CALL&p[9];
assign IRL=CALL&p[5];
assign NOTE=LNOT&p[4];
assign ANDE=LAND&p[9];
assign ORE=LOR&p[9];
assign STOP=STPK&p[3]&EMPY|STP&p[3];
endmodule
```

这种描述的输入输出端口给人以复杂的感觉,而且生成原理图时过大。为了解决这个问题,可以对指令线和控制线施行编号,这样就可以用总线的方式进行描述。这种做法要将原来的输入输出线变成内部工作变量处理。具体的程序是下面的描述。

```
module luoji ( mlx,p,EMPY,ENDF,ZF,NF,kzhx);
    input [25:0] mlx;   //指令总线
    input [9:0] p;   //节拍总线
    input EMPY,ENDF,ZF,NF;    //标志线
    output [40:0] kzhx;  //控制总线
    //下面是内部工作变量
    wire  LDA,ADD,SUB,OUT,JMP,JZ,JN,CALL,IN,STR,SDA,PUSH,
          POP,RET,INC,DEC,ZERO,INP,STRP,JEND,LNOT,LAND,LOR,
          STPK,JK,STP,EMPY,ENDF,ZF,NF,RES,PCE,PCL,PCINC,
          IMARL,DMARL,IRAML,IWRIT,IRAME,DRAML,DWRIT,DRAME,
          DAE,DAL,ZEO,COML,AL,BL,A_SE,SU,SPE,SPINC,SPDEC,PTRE,
          PTRL,PTRINC,PTRDEC,OE,OL,INE,INL,IRE,IRL,XL,XE,YL,YE,
          NOTE,ANDE,ORE,STOP;
    //输入连接描述
    assign LDA=mlx[0];
    assign ADD=mlx[1];
    assign SUB=mlx[2];
    assign OUT=mlx[3];
    assign JMP=mlx[4];
    assign JZ=mlx[5];
    assign JN=mlx[6];
    assign CALL=mlx[7];
    assign IN=mlx[8];
    assign STR=mlx[9];
    assign SDA=mlx[10];
    assign PUSH=mlx[11];
    assign POP=mlx[12];
    assign RET=mlx[13];
    assign INC=mlx[14];
    assign DEC=mlx[15];
    assign ZERO=mlx[16];
```

```
assign INP=mlx[17];
assign STRP=mlx[18];
assign JEND=mlx[19];
assign LNOT=mlx[20];
assign LAND=mlx[21];
assign LOR=mlx[22];
assign STPK=mlx[23];
assign JK=mlx[24];
assign STP=mlx[25];
//输出连接描述
assign kzhx[0]=RES;
assign kzhx[1]=PCE;
assign kzhx[2]=PCL;
assign kzhx[3]=PCINC;
assign kzhx[4]=IMARL;
assign kzhx[5]=DMARL;
assign kzhx[6]=IRAML;
assign kzhx[7]=IWRIT;
assign kzhx[8]=IRAME;
assign kzhx[9]=DRAML;
assign kzhx[10]=DWRIT;
assign kzhx[11]=DRAME;
assign kzhx[12]=DAE;
assign kzhx[13]=DAL;
assign kzhx[14]=ZEO;
assign kzhx[15]=COML;
assign kzhx[16]=AL;
assign kzhx[17]=BL;
assign kzhx[18]=A_SE;
assign kzhx[19]=SU;
assign kzhx[20]=SPE;
assign kzhx[21]=SPINC;
assign kzhx[22]=SPDEC;
assign kzhx[23]=PTRE;
assign kzhx[24]=PTRL;
assign kzhx[25]=PTRINC;
assign kzhx[26]=PTRDEC;
assign kzhx[27]=OE;
assign kzhx[28]=OL;
assign kzhx[29]=INE;
assign kzhx[30]=INL;
assign kzhx[31]=IRE;
assign kzhx[32]=IRL;
assign kzhx[33]=XL;
```

```
    assign kzhx[34]=XE;
    assign kzhx[35]=YL;
    assign kzhx[36]=YE;
    assign kzhx[37]=NOTE;
    assign kzhx[38]=ANDE;
    assign kzhx[39]=ORE;
    assign kzhx[40]=STOP;
    assign kzhx[41]=RES;

    assign RES=LDA&p[8]|ADD&p[1]|SUB&p[1]|OUT&p[8]|JMP&p[6]|JZ&p[6]|
    …      //省略
    assign STOP=STPK&p[3]&EMPY|STP&p[3];
endmodule
```

这样描述后控制矩阵封装的模块如图 5-4 上面模块所示，下面是逆时针旋转 90°的不用命令总线和控制总线描述的控制矩阵封装。

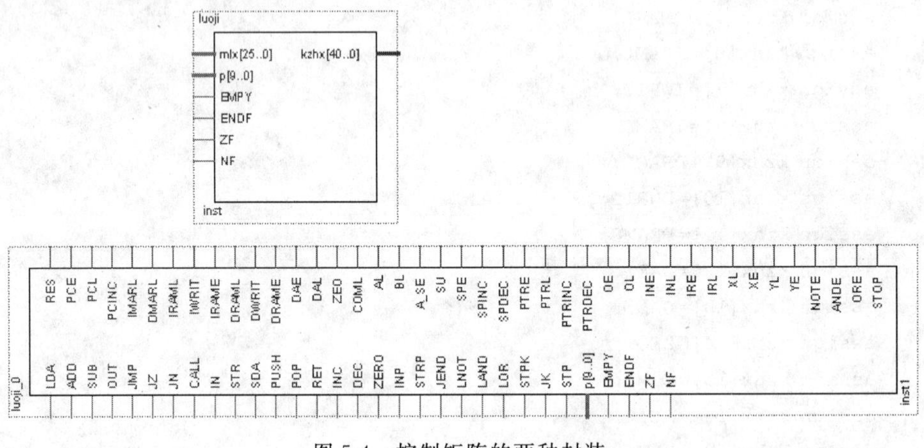

图 5-4　控制矩阵的两种封装

容易看出，使用总线的结构就好比在不使用总线的结构外面包裹上了一层，使本是输入输出的端口线变成了内部工作变量。

5.2　模块描述生成器

利用数据库 FoxPro 可以方便地完成 Verilog HDL 的程序模块描述。笔者将此项内容做成了模块描述生成器，利用该生成器不但可以节省时间，减轻繁杂的编程劳动，而且保证编码不会出现错误，特别是对较大的逻辑电路设计十分有用。

5.2.1　模块描述生成器的安装

用 FoxPro 做成的模块描述生成器操作界面如图 5-5 所示，使用之前要进行安装。

模块描述生成器文件夹内包括安装程序等（见图 5-6），在其中选择 setup. exe，双击即可执行安装。

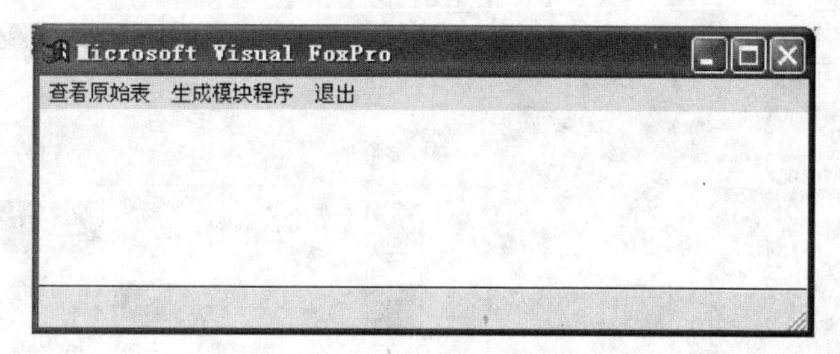

图5-5　模块描述生成器操作界面

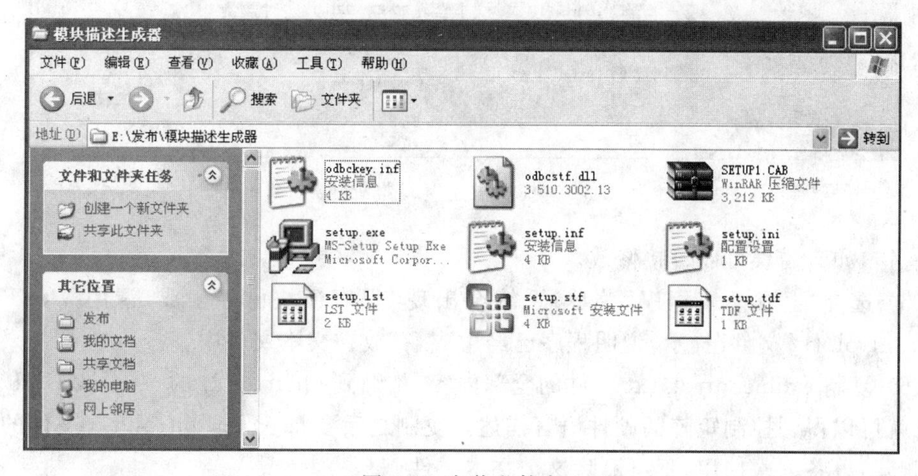

图5-6　安装文件夹

安装过程只要根据提示回答就可以安装成功。安装的位置是当前文件夹的“模块描述”子文件夹。

5.2.2　模块描述生成器的使用

FoxPro是早期数据库版本，安装之后文件夹是“模块描述”，其中的可执行程序的名称是“模块描述.EXE”，这个可执行文件是不放在系统菜单中的。

在文件夹中双击“模块描述.EXE”文件，就进入了模块描述生成器操作界面。

模块描述生成工作是由常用软件Excel、FoxPro和写字板联合操作完成的。使用模块描述生成器之前要先进行如下操作：

(1) 如同图5-1那样先用Excel表作指令全程分析，要求自变量与因变量的分界一定要用名称为RES的复位控制线，不然会出错。

(2) 复制指令全程分析表，将其复制的Excel表改成图5-2的形式，其中要注意每一个节拍的指令代码，不可越界。

(3) 已经安装的模块描述生成器文件夹如图5-7所示，选择Excel表的工作区，并将其另存名为example.dbf的dBASE数据库表(如图5-2所示)，并将该表复制到模块描述文件夹，覆盖原有的表文件。

(4) 双击模块描述文件夹中模块描述.EXE文件，在菜单中选择“查看原始表”检查

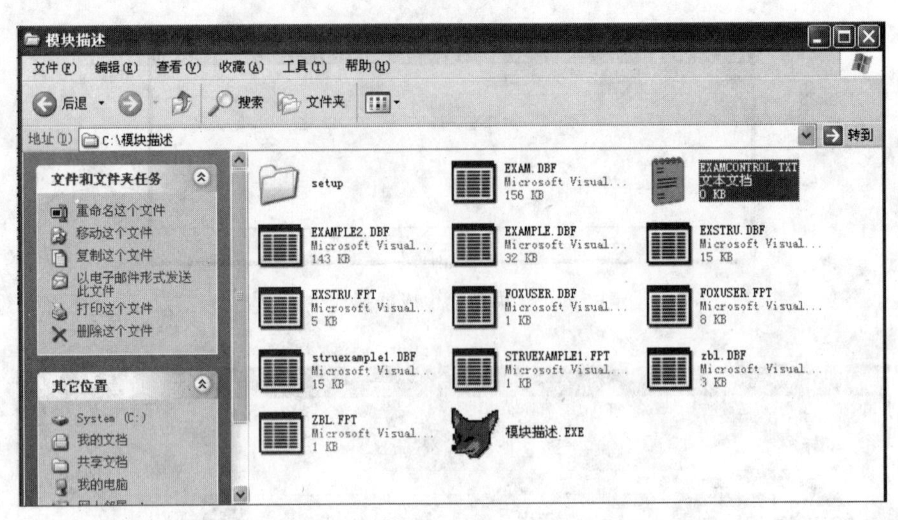

图 5-7 模块描述生成器文件夹

是否有错，如有错误可以直接修改。

(5) 选择“生成模块程序”菜单，系统会出现“程序模块已经生成，请用 Word 查看 examcontrol.txt 文件”提示，说明程序已经生成，存放在文本文件中。

(6) 复制 examcontrol.txt 文件的全部内容，粘贴到 Quartus II 的 Verilog HDL 编辑器中，就可以得到控制矩阵的硬件语言描述。复制之后要将 examcontrol.txt 文件的全部内容删除，以备下次使用，不可删除这个文本文件。

用写字板显示 examcontrol.txt 文件的内容比用 Word 更方便，不能用记事本显示，因为回车在记事本中不起作用。如果想用总线方式描述输入输出端口，进行一些简单的修改就可以达到目的。

5.2.3 模块描述生成器的设计程序

作为设计参考，这里给出了模块描述生成器主要的 FoxPro 程序，包括自变量处理程序和因变量处理程序。使用中要先运行自变量处理程序，后运行因变量处理程序。自变量处理程序如下：

```
clear all
set talk off
set safe off
if ! used("example")
    use example in 0
endif
select example
copy stru exte to struexample1
use struexample1 in 0
shjx=""
select struexample1
```

```
repl all field_type with "C"          && 全为字符型
loca for field_name="编号"             && 寻找编号删去
dele
loca for field_name="基本动作"          && 寻找基本动作删去
dele
pack
scan
    if field_name="RES"               &&RES 一定是第一个因变量
      k=recno()
      exit
    endif
endscan

go k                                  && 找到因变量的位置
do while !eof()
repl field_len with 30                && 将因变量加宽
skip
enddo
crea exam from struexample1           && 获得需要结构和数据
append from example
use struexample1 in 0
select struexample1
go 3                                  && 不考虑助记符和节拍
no=recno()
do while no<k                         && 将自变量值 1 换成变量名
    mc=alltrim(field_name)
    select exam
    scan
    if alltrim(&mc)=="1"
        repl &mc with "&mc"
    endif
    endscan
    select struexample1
    skip
    no=no+1
enddo
select exam
```

这是生成逻辑电路描述的因变量处理程序。

```
clear all
set safe off
set talk off
if ! used("exam.dbf")               && 原始真值表
    use exam in 0
```

```
endif
select exam
mokuai="module luoji ("              && 产生模块端口
mokuai2="input "
jp="input "
mling=""                             && 指令变量
zjf=""                               && 助记符工作变量
f=1
maxjp="0"
scan                                 && 获得指令变量表
    if alltrim(助记符)==""
    else
        if zjf# alltrim(助记符)
            if f=1
                mling=mling+alltrim(助记符)
            else
                mling=mling+","+alltrim(助记符)
            endif
            f=f+1
            zjf=alltrim(助记符)
        endif
    endif
    if val(substr(alltrim(节拍),3,at("]",alltrim(节拍))- 3))>val(maxjp)
        maxjp=substr(alltrim(节拍),3,at("]",alltrim(节拍))- 3)
    endif
endscan

wait window "最高节拍:"+maxjp nowait

mokuai=mokuai+mling
mokuai2=mokuai2+mling+";"

copy stru exte to exstru             && 结构文件
use exstru in 0
select exstru
scan
    if alltrim(field_name)="RES" && 确定自变量数
        no=recno()
        exit
    endif
endscan
*生成自变量文件
copy to zbl                          && 确定自变量文件
use zbl in 0 excl
```

```
select zbl
go bottom
zongshu=recno()
go no
delete next zongshu- no+1
pack                                          && 得到自变量文件

select exstru                                 && 选择结构文件
go top
repl field_defa with mokuai+chr(13)           && 放入首记录 memo
copy memo field_defa to examcontrol.txt addi  && 将命令变量写入文本

go 2
repl field_defa with mokuai2+chr(13)          && 描述放入 2 号记录
n=1
m=1
mokuai=""
mkuai2="input "                               && 标志变量
mokuai3="output "                             && 控制变量
scan
   if alltrim(field_name)=="助记符"            && 不用再写助记符
   else
      if alltrim(field_name)=="节拍"
         mokuai=mokuai+",p,"
         jp=jp+" [&maxjp.:0] p;"
      else
         if n=1
            mokuai=mokuai+alltrim(field_name)
            if recno()<no
               mkuai2=mkuai2+alltrim(field_name)
            else
               mokuai3=mokuai3+alltrim(field_name)
            endif
         else
            mokuai=mokuai+","+alltrim(field_name)
            if recno()<no
               mkuai2=mkuai2+","+alltrim(field_name)
            else
               if alltrim(field_name)=="RES"
                  mokuai3=mokuai3+alltrim(field_name)
               else
                  mokuai3=mokuai3+","+alltrim(field_name)
               endif
            endif
```

```
            endif
            n=n+1
        endif
    endif
endscan
mokuai=mokuai+");"
mkuai2=mkuai2+";"
mokuai3=mokuai3+";"
go 3
repl field_defa with mokuai+chr(13)                    && 放入未记录 memo
copy memo field_defa to examcontrol.txt addi           && 控制变量写入文本
go 4
repl field_defa with jp+chr(13)+mokuai2+chr(13)+mkuai2+chr(13)
                                                       && 放入未记录 memo
copy memo field_defa to examcontrol.txt addi           && 控制变量写入文本
go 5
repl field_defa with mokuai3+chr(13)
copy memo field_defa to examcontrol.txt addi           && 输入端口
*改变控制变量的值
select exstru                                          && 选择结构文件
go no                                                  && 选择因变量
do while ! eof()                                       && 对所有的因变量求表达式
    xmmc=alltrim(field_name)
    ssum="assign &xmmc="
    ff=1
    select exam
    scan
        if alltrim(&xmmc)="1"                          && 因变量受影响
            s=""
            f=1
            select zbl
            scan
                shuju=alltrim(field_name)
                select exam
                if &shuju=" "
                else
                    if f=1
                        s=s+alltrim(&shuju)
                    else
                        s=s+"& "+alltrim(&shuju) &&
                    endif
                    f=f+1
                endif
                select zbl
```

```
            endscan
            select exam
            repl &xmmc with s
            if ff=1
                ssum=ssum+s
            else
                ssum=ssum+"|"+s &&
            endif
            ff=ff+1
        endif
    endscan
    select exstru
    if ff>1
        repl field_defa with ssum+";"+chr(13)
    endif
    skip
enddo
go bottom
repl field_defa with ssum+";"+chr(13)+"endmodule"+chr(13)

select exstru
go no
do while ! eof()
    copy memo field_defa to examcontrol.txt addi
    skip
enddo
wait window "程序模块已经生成,请用 Word 查看 examcontrol.txt 文件。" timeout 3
```

习　题　五

习题 5-1　计算机控制器设计的基本方法有逻辑函数和有限状态机描述两种方法，根据自己的体会说明它们各自的优势。

习题 5-2　计算机控制器的核心是控制矩阵电路，试说明控制矩阵设计的一般过程。如果要将控制器分成若干块来设计，最终依据什么原则将其连接在一起？

习题 5-3　用模块描述生成器得到逻辑模块，应注意些什么问题？

第6章 计算机设计实例

CHAPTER

一般的电子计算机虽然基本动作仍然和微指令一一对应，然而产生了机器语言之后，用机器语言描述机器的动作，已经具有新的语义，一个机器指令执行的结果，机器会有一连串的动作，从而能完成某种确定的功能。用机器语言运行的计算机引进了自动时钟，通过高频率的时钟让存储在存储器中的指令逐条地自动取出来执行，如此一来，机器指令层面上的计算机就能够完成更加复杂的任务。

作为完整计算机的设计实例，本章重点介绍以开关按钮作为输入设备，以发光二极管和数码管作为输出设备的计算机的设计，通过这个实例能够学会完整计算机核心部件的设计方法，特别是指令系统、CPU 和操作系统核心的设计技术。

6.1 计算机整体设计

在已经能够完成计算机有关部件设计，并能够理解它们在计算机中的相互关系之后，就可以进行完整的计算机设计了。完整的计算机既包括硬件设计，也包括软件设计。要设计一个完整的计算机首先要确定好计算机的功能和用途，根据用途和功能来确定计算机的总体结构。利用 FPGA 进行计算机设计，可以将一个系统放在芯片内，但却不能将人机交互的设备也放在其中，至少目前还做不到这一点。因而设计计算机之初，就必须确定好用什么样的输入输出设备来组织计算机，是否要有通讯接口等，要对计算机的整体结构有充分的把握。

6.1.1 计算机组成结构

设计的实例计算机整体结构如图 6-1 所示，这是一种典型的共用内部总线结构。总线结构计算机的特点是所有的设备都与一条内部多股线相连，这条多股线一般被称为内部总线。通过内部总线各设备进行数据传送和接收，其中也包括地址信号的传输。计算机的控制线并不像大多数书中所说的那样也是公共线路，各种控制线往往要独立地单向传输控制信号，因而不能在公用的线路上传播。许多设备设有标示状态的标志线，标志信号的传输路径是从设备到达控制器，而各种设备的动作控制线，要从控制器将控制信号传输到设备，不采用特殊手段一般不能够双向传输。

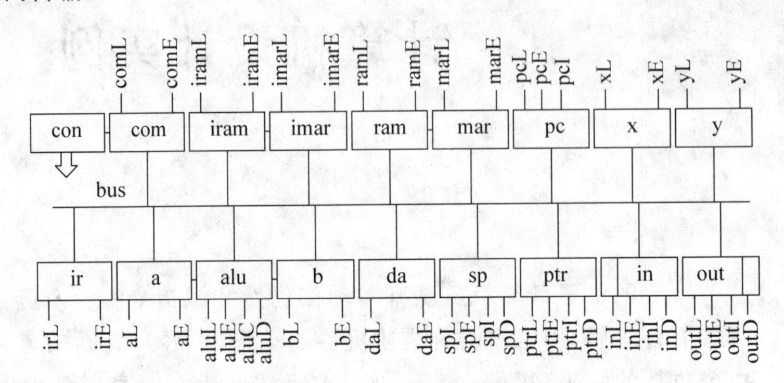

图 6-1　计算机总线结构

为了能够使原理图清楚，避免眼花缭乱的导线交叉，在原理图设计中一般规定具有同一标志的导线就是同一条线。图 6-1 中各短线都代表一条控制线。以大写字母“L”结尾的线是属于控制器件数据输入的线，也叫“输入使能”。以“E”结尾的控制线，控制器件数据输出，也叫“输出使能”。以字母“I”和“D”结尾的控制线，表示数加一控制和减一控制。一个设备具体有哪些控制线和实际的设计有关，在此只是一个粗略的表示。

这个计算机实例是双内存结构，iram 是指令存储器，imar 是附属的地址寄存器，ram 是数据存储器，mar 是它的附属地址寄存器。单独设立程序存储器和数据存储器的结构，就是人们所说的哈佛结构。其实为了方便存储器使用和管理，还可以将堆栈也单独分离出来，单独用一个存储器来担当堆栈的工作，这样在程序执行中会简化存储器边界管理的麻烦。

图 6-1 中的运算器包括 alu 及附属寄存器 a、b。累加器 da 单独设立，不用 alu 前端寄存器 a 或 b 来担当。通用数据寄存器 x、y 的作用是为了方便临时数据处理。控制器设备包括控制器 con、指令寄存器 com、ir。pc 是程序计数器，sp 堆栈指针，ptr 通用指针。输入设备 in 在此表示附带着输入的开关和按钮等设备，也附带着相应的输入缓冲存储器和寄存器。输出设备 out 附带着输出发光二极管和数码管及寄存器。发光二极管和数码管反应速度极快，为了持续发光，在数据变化中需要有延时设计，这样才能够保证见到连续输出的结果。

所有的控制线的源头都在 con 的一方，控制器 con 的双箭头所表示的是所有的控制线都由这里发出控制信号。

图 6-1 的总线 bus 的导线条数可以根据需要设置，比如设计成 16 条，那么一次就可以传输 16 位的数据。如果将运算器、寄存器、地址指针等都设计成 16 位的，那么就是一种全总线位数结构的计算机设计，这种设计会给整体设计带来许多方便。例如全 16 位计算机就可以直接组织 64KB 的 16 位存储器。地址线的数量决定直接访问存储器的存储单元的数量，一个 n 位总线全总线计算机，指令可以直接访问 2^n 个存储单元。

将程序存储器和数据存储器分离，可以减少内存分配的许多麻烦，又可以通过数据存储器灵活地在程序之间进行数据交换，特别是前次运行的程序部分还能很方便地把结果传给后面执行的程序部分，这对虚拟存储方式程序执行十分有利。

6.1.2　计算机功能设计目标

为了简单，这里给出的是一个 8 位的全总线结构计算机，要求设计一个能够完成 8 位数加减法运算、乘除法运算、逻辑或、与、非运算，能够完成分支、循环和子程序调用程序结构的计算机。这个计算机只有 256 个程序存储单元和 256 个数据存储单元，但只要改变成 16 位全总线结构，就可以访问 64KB 的 16 位程序存储器和数据存储器，当然也可以改造成 32 位或更多位数的全总线结构，只要处理好指令格式，分解存储方式等，方法是一致的。

人机交互采用最简单的开关和按钮来完成。用户编写好的机器语言程序，可以通过手动方式输入到计算机的存储器，并通过手动按键发出控制信号来执行程序，用开关和按钮产生程序执行中断和恢复中断。8 位的数据通过开关组输入到计算机的输入缓存，然后通过触发按钮启动操作系统管理程序，将输入缓存的程序装填到程序存储器的指定位置。当检测到程序装填结束标志之后，操作系统将启动用户程序执行。不论是系统程序运行还是用户程序执行，输入输出都通过发光二极管和数码管显示，计算机通过显示信息同用户交流。

6.1.3　确定指令系统

计算机的基本功能都是通过指令来实现的，根据经验，实现基本功能要求一定有表 6-1 的大部分指令，逻辑运算一定要有逐位的或、与、非、异或四种逻辑运算指令，因为它们是逻辑的最基本运算。在计算机中可以用 0 和非 0 来表述逻辑值，不用专门设计如何得到最终逻辑值的运算电路。作为设计计算机的例子，这里不打算将需要的各种指令都一一列举出来，这一工作留给未来计算机的设计者来做比较合适。

中文助记符可以方便中国人学习汇编程序，其中可以使用一些常用的词汇语意来辅助记忆。例如，将其他设备的数据放入累加器叫“取”，反之叫“送”，将立即数送入累加器叫“置”，从外设将数据输入到程序存储器叫“装”，从外设将数据送入到数据存储器叫“输入”等。本实例的指令系统具体设计如表 6-1 所示。

表 6-1　指令系统设计

序号	功能设想	中文助记符	西文助记符	操作码 十六进制	操作码 二进制
1	dram 存储单元 R 的内容送到累加器 da	取 R	LDA R	01	00000001
2	dram 的 R 单元内容与 da 相加结果送 da	加 R	ADD R	02	00000010
3	da 减去 dram 的 R 内容结果送 da	减 R	SUB R	03	00000011
4	将 dram 的 R 单元内容输出到外设	输出 R	OUT R	04	00000100

续表

序号	功能设想	中文助记符	西文助记符	操作码 十六进制	操作码 二进制
5	跳到 iram 的 R 单元取指令执行	转到 R	JMP R	05	00000101
6	da 的值是 0 转 iram 的 R 单元取指令	零转 R	JZ R	06	00000110
7	da 的值为负转 iram 的 R 单元取指令	负转 R	JN R	07	00000111
8	调用 iram 中 R 子程序	叫 R	CALL R	08	00001000
9	输入数据到 dram 的 R 存储单元	输入 R	IN R	09	00001001
10	将 da 的内容送到 dram 存储单元 R	送入 R	STR R	0A	00001010
11	将数 N 送到累加器 da	置数 N	SDA N	0B	00001011
12	将累加器 da 的内容入栈	入栈	PUSH	0C	00001100
13	将堆栈的内容送到累加器 da	出栈	POP	0D	00001101
14	从子程序返回指令	返回	RET	0E	00001110
15	将指针 PTR 的内容加 1	加一	INC	0F	00001111
16	将指针 PTR 的内容减 1	减一	DEC	10	00010000
17	将 da 复位为 0	置零	ZERO	11	00010001
18	数据输入到 ptr 指示的 iram 存储单元	装入	INP	12	00010010
19	将累加器 da 的内容送到指针 ptr	指送	STRP	13	00010011
20	输入数据是 h80 转 iram 的 R 单元取指令	尾转 R	JEND R	14	00010100
21	将 da 内容取反，结果放入 da	非	LNOT	15	00010101
22	da 与 dram 的 R 单元与，结果放入 da	与 R	LAND R	16	00011100
23	da 与 dram 的 R 单元或，结果放入 da	或 R	LOR R	17	00010111
24	缓冲区空暂停	空停	STPK	18	00011000
25	缓冲区空跳转到 R 执行	空转 R	JK R	19	00011001
26	da 乘 dram 的 r，低节放 da，高节放 x	乘	MULT	1A	00011010
27	da 除 dram 的 r，商放 da，余数放 x	除	DIVI	1B	00011011
28	da 送 x	送 x	DATX	1C	00011100
29	X 送 da	取 x	XTDA	1D	00011101
30	程序输入结束	完	END	80	10000000
31	停机	停	STP	3F	00111111

表中指令操作码采用最简单的顺编码方式，每个操作码用 8 位二进制数代表，指令的格式就如“助记符”一列表示的一样，分开写的表示占 2B，不然只占一个字节。在这个设计的计算机中，没有编址的寄存器操作数，因而助记符的第二部分都是存储器的地址，其中有的表示变量的地址，有的表示指令的存储地址。变量的地址一定是数据存储器的地址，而标号所表示的地址，在这种结构中，一般都表示指令存储器的地址。

指令二进制操作码是确定该指令指令线的依据，将它的编码通过指令译码器，就可以达到让它的指令线为高电位的目的。指令线实际上也是标志线，在指令被从存储器中取出之后，放在指令寄存器中，就可以根据指令编码让它的指令线为 1，这样就标示出了当前执行的是什么指令。执行指令一旦标出，就可以利用它设计后来的机器动作，使之成为影响计算机动作的因素。

6.2　器件设计的描述

在熟悉了计算机各种器件结构与工作原理之后，借助于程序编译软件的基础设计，利用 Verilog HDL 中的运算符或 Quartus II 给出的器件可以简化设计工作，加快整机设计的步伐。本节将用硬件设计语言来描述一些器件。

6.2.1　译码器

借助于 Verilog HDL 的 assign、always 语句和赋值语句，译码器描述非常简单。用语言描述如下：

```
module ymq6(iMA,oMA);
   input [5:0] iMA;            //入码
   output [63:0] oMA;          //出码
   //内部工作变量：
   wire [5:0] jPAI;
   reg [63:0] oPAI;
   //过程描述：
   assign jPAI=iMA;
   assign oMA=oPAI;
   always@(iMA)
   begin
       oPAI  <=0;
       oPAI[jPAI]<=1'b1;
   end
endmodule
```

这是一个 6 位的译码器，输出有 64 条标志线。这个程序只要改变向量 iMA 和 oMA 的界限，就能够得到其他位数的译码器。例如将程序的 2、3 行改成

```
input  [7:0]   iMA;
output [255:0] oMA;
```

就得到了一个 8 位的译码器，其输出将是 256 条标志线。

6.2.2　节拍器

采用左右循环移位运算符就可以构造一个节拍器，同环行寄存器不同，节拍器要有能够控制复位和走停的功能。本例用一个 256 位的变量移位计拍，节拍标志线可以达到 256，用低电平信号复位。描述如下：

```
module jpq256(iTING,iRST_n,iCLK,oPAI);
   input      iCLK;
   input      iRST_n;          //后沿复位
```

```
    input      iTING;          //停
    output [255:0] oPAI;       //节拍
    //内部工作变量:
    reg  [255:0] jPAI;
    reg  jTING;
    //过程描述:
    assign oPAI=jPAI;
    always@ (posedge iCLK or negedge iRST_n)
    begin
        if(! iRST_n)
            jTING<=0;
        else
          if (iTING)
            jTING<=1;
    end
    always@ (posedge iCLK or negedge iRST_n)
    begin
        if(! iRST_n)
        begin
            jPAI<=1;
        end
        else
        begin
          if (! jTING)
            jPAI<={jPAI[254:0],jPAI[255]};     //循环左移
          else
          begin
            jPAI<=0;           //停止节拍
          end
        end
    end
endmodule
```

这个节拍器能够产生 256 个节拍,使用中可以少于 256。如果不用节拍线来标注某一个节拍,那么也可以用一个变量计数,特别是对时间较长的操作,这种变量计数方法会更加方便。下面是用 23 位变量计数的模块,这种节拍表达方式比较适合有限状态机描述。

```
module jpq_23(iCLK,iRST_n,iTING,oPAI);
    input      iCLK;
    input      iRST_n;         //后沿复位
    input      iTING;          //停走
```

```
    output [22:0] oPAI;          //节拍
    //内部工作变量:
    reg    [22:0] jPAI;
    reg    jTING;
    //程序描述:
    assign oPAI=jPAI;
    always@ (posedge iCLK or negedge iRST_n)
    begin
        if(! iRST_n)
            jTING<=0;
        else
            if (iTING)
                jTING<=1;
    end
    always@ (posedge iCLK or negedge iRST_n)
    begin
        if(! iRST_n)
            jPAI<=0;
        else
        begin
          if (! jTING)
            jPAI<=jPAI+1;
        end
    end
endmodule
```

6.2.3　寄存器与指针

EDA语言一般直接给出的寄存器类型,并不具有使能控制,要使寄存器能够具有其他功能,需要进一步描述。带有复位功能与置数功能的寄存器描述如下:

```
module jcq(
    L,       //输入使能
    clk,
    clr,
    d,
    q
    );

    input  L;
    input  clk;
    input  clr;
```

```
    input  [7:0] d;
    output  [7:0] q;

    reg    [7:0] djcq;

    assign  q=djcq;
    always@ (posedge clk or negedge clr)
    begin
      if(!clr)
        djcq<=0;
      else
        if (L)
          djcq<=d;
    end
endmodule
```

带加一减一功能的可控寄存器就是指针。下面描述的寄存器不但具有输入使能控制,而且具有加一减一的功能控制。

```
module zhizhen(
    clk,
    clr,
    L,        //输入控制
    ja,       //加一控制
    jian,     //减一控制
    d,
    q
    );

    input  L;
    input  ja;
    input  jian;

    input  clk;
    input  clr;
    input  [7:0] d;
    output  [7:0] q;

    reg    [7:0] djcq;

    assign  q=djcq;
    always@ (posedge clk or negedge clr)
    begin
    if (!clr)
```

```
        djcq<=0;
    else if (L)
          djcq<=d;
        else if (ja)
            djcq<=djcq+1;
          else if (jian)
              djcq<=djcq- 1;
    end

endmodule
```

指针的用途很多,例如,程序计数器、堆栈指针、通用指针、可变地址寄存器等,它们的结构都是一样的。

6.2.4 alu 设计

用EDA语言对算术逻辑部件进行描述比较简单,因为多数运算已经构成了描述语言的基本元素,其中包括加、减、乘、除、求余数、左移位、右移位等,由于将寄存器也作为基本元素,所以这些操作描述和器件描述就不用设计者自己完成了。

下面的alu只给出了加、减、乘、除、逻辑非、逻辑与、逻辑或,其他的运算需要时,按照同样的方法可以添加进去。

```
module alup(
    E,          //加减输出控制线
    clk,
    aL,
    bL,
    su,         //减控制线
    cheng,      //乘控制线
    chu,        //除控制线
    notE,       //逐位逻辑非
    andE,       //逐位逻辑与
    orE,        //逐位逻辑或
    clr,        //复位
    da,
    db,
    s1,         //余数或高8位输出
    s           //结果输出
    );

    input  E;
    input  clk;
    input  aL;
    input  bL;
    input  su;
```

```
input  cheng;
input  chu;
input  notE;
input  andE;
input  orE;
input  clr;
input  [7:0] da;
input  [7:0] db;
output  [7:0] s,s1;

reg   [7:0] Wa;
reg [7:0] Wb;
reg   [15:0] W;

assign s=W[7:0];
assign s1=W[15:8];
always@ (posedge ~clk or negedge clr)
begin
if (!clr)
begin
W<=16'h0000;
Wa<=0;
Wb<=0;
end
else
  begin
    if (aL)    Wa<=da;
    else if (bL)  Wb<=db;
else if (notE) W[7:0]<=~Wa;
else if (andE) W[7:0]<=Wa & Wb;
else if (orE) W[7:0]<=Wa|Wb;
else if (E)
  begin
    if (su) W[7:0]<=Wa- Wb;
    else W[7:0]<=Wa+Wb;
      end
    else if (cheng) W<=Wa * Wb;
    else if (chu)
      begin
          W[7:0]<=Wa/Wb;
          W[15:8]<=Wa% Wb;
      end
  else W<=16'hzzzz;
end
```

```
end

endmodule
```

值得注意,同样位数的加减法运算延时比乘除法运算要短,因而加入了乘除法运算之后,同步驱动时钟的频率要相对低一些,建议使用了乘除法运算的 alu,驱动时钟的周期要比没有加入乘除法运算多一倍(这里用 50ns),如果同步驱动时钟的频率不变,那么乘除法驱动时钟频率应采用二分频处理。

图 6-2 是对两数的加、减、乘、除、逐位逻辑与、逐位逻辑非、逐位逻辑或等运算的波形仿真验证,在 s 端得到运算结果。对乘法,s 是积的低 8 位,高 8 位在 s1 中。对除法,s 是商,余数在 s1 中。

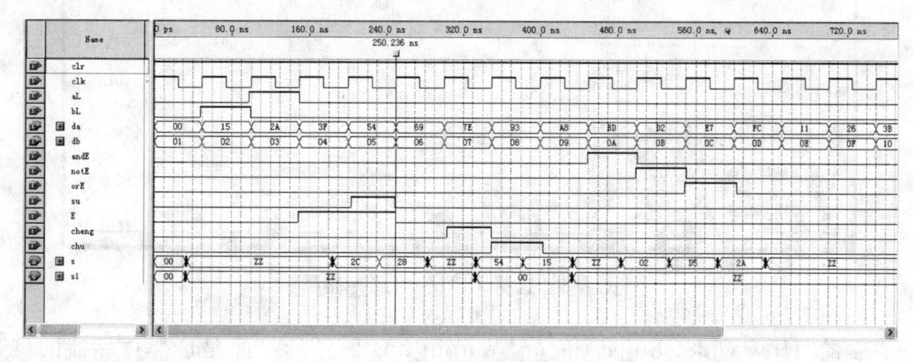

图 6-2　alu 仿真验证

s、s1 的运算值是在同一节拍中产生和保持的,如果用 8 位总线传输,需要分先后两次完成,后面传输的数据需要先保存在一个寄存器中。

通过仿真可以知道,Verilog HDL 给出的 *、/、+、一等运算都是对无符号数而言的,且遵从"高位有数可借"的假设,在使用中需要注意。

时钟 clk 采用后沿触发是出于整机同步的需要,这样可以保证 alu 产生的结果能够适时送到总线,以便能够正确地进行读取。

6.2.5　存储器的设计

存储器一般分为随机存储器 RAM 和只读存储器 ROM。随机存储器是将寄存器组织到一起的寄存器堆。用原理图方法设计存储器,在前面已经介绍过,那里设计的是单端口操作的存储器,没有使用 EPIC6T144C8 的内部专设的存储资源,这里介绍一下如何使用 FPGA 内部存储资源来搭建自己的存储器。

为了加快计算机的设计速度,就直接使用 FPGA 器件内带的存储器资源,运用 Quartus II 所带的定制存储器的向导方式,使用 Quartus II 部件库提供的 lpm_ram_dq 生成需要的存储器。EPIC6T144C8 内部有 11.25KB 的存储资源,这些资源只有通过 Quartus II 提供的方法才能够使用,因此需要介绍存储器生成的方法。

1. 生成 RAM

使用 Quartus II 生成 RAM 的步骤如图 6-3～图 6-8 所示。首先要建立原理图文件,然后在 Symbol 工具栏中选择系统库的 megafunctions→storage→lpm_ram_dq,此后即可按照提示选择进行。

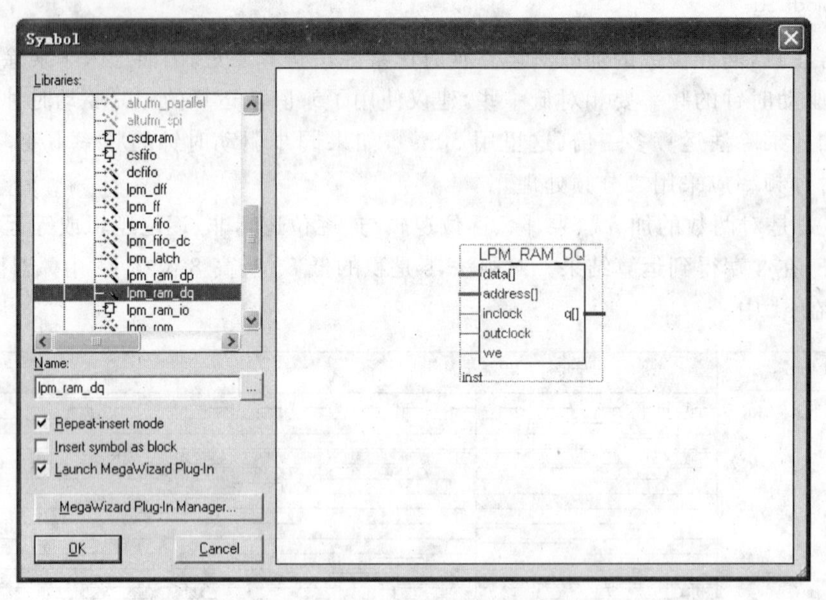

图 6-3 选择 FPGA 内部存储器

图 6-4 的"How wide shuled the 'q' output bus be?"的右面是选择存储器的位宽,这里选 8。"How many 8-bit words of memory?"的右面是选择存储单元的个数,最多可以选 4096,这里选 256。"What should the RAM block type be?"域中,选择 Auto 或 M4K 都可以。EPIC6T144C8 内部的存储资源多以 4KB 进行组织。

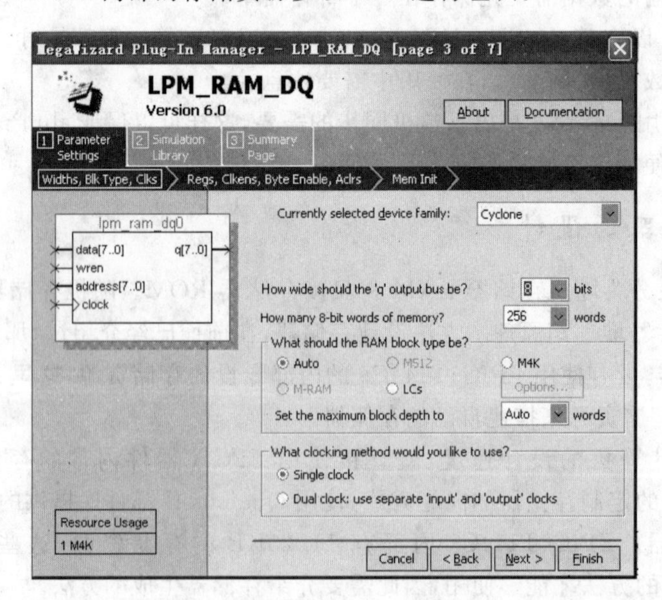

图 6-4 选择 8 位 256 个存储单元

存储器的数据输入输出都在时钟的控制下进行，可以输入输出使用一个时钟，也可以分别使用不同的时钟。在“What clocking method whould you like to use ?”区域中可选 single clock 和 Duble clock。这里下单时钟 single clock。

在图 6-5 中的“Which ports should be registered ? ”域需要选择是否在输出端增加寄存器。增加寄存器会在数据传输中增加一个节拍，这里不需要，因而不选。

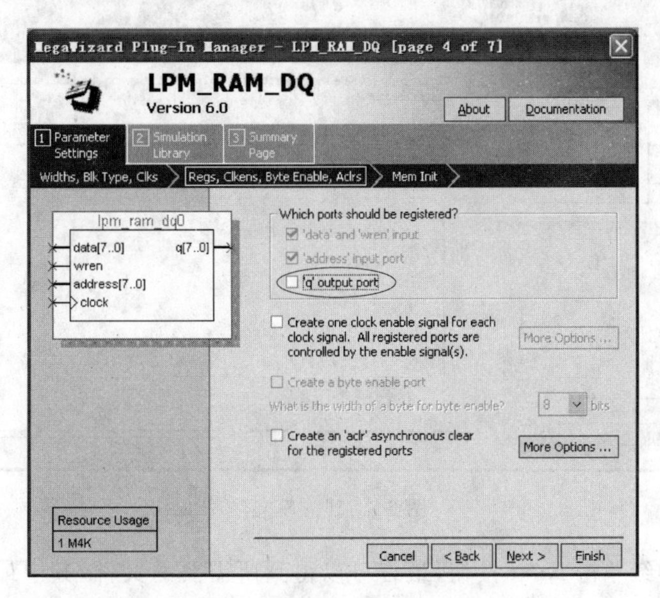

图 6-5　不要输出端口寄存器

接下来是要对存储器进行初始数据设定。Quartus II 给定的存储器资源没有 ROM，而是采用初始化文件对 RAM 进行初始设定的方法，来解决 ROM 的问题的。在图 6-6 中，选择“Yes，use this file for the memory content data”，然后添加十六进制的数据文件

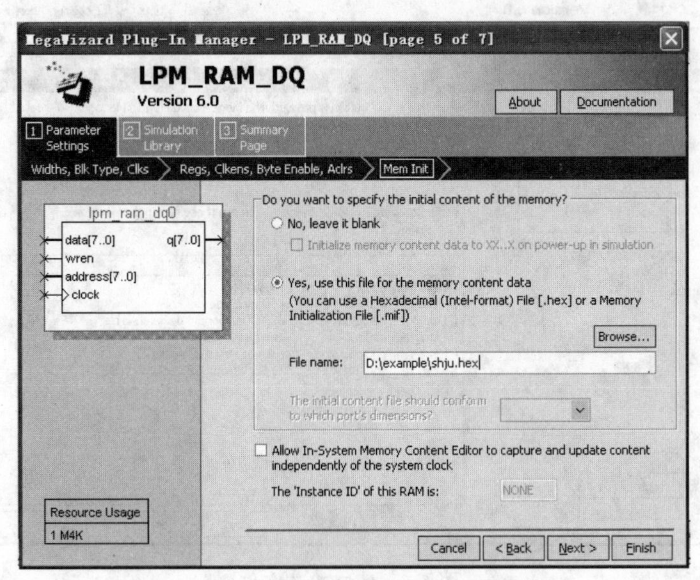

图 6-6　添加十六进制的初始化文件

或初始化文件在下面的“File name:”区域当中。假定已经构造好了十六进制数据文件shuju.hex,单击 Brows…按钮将其添上。

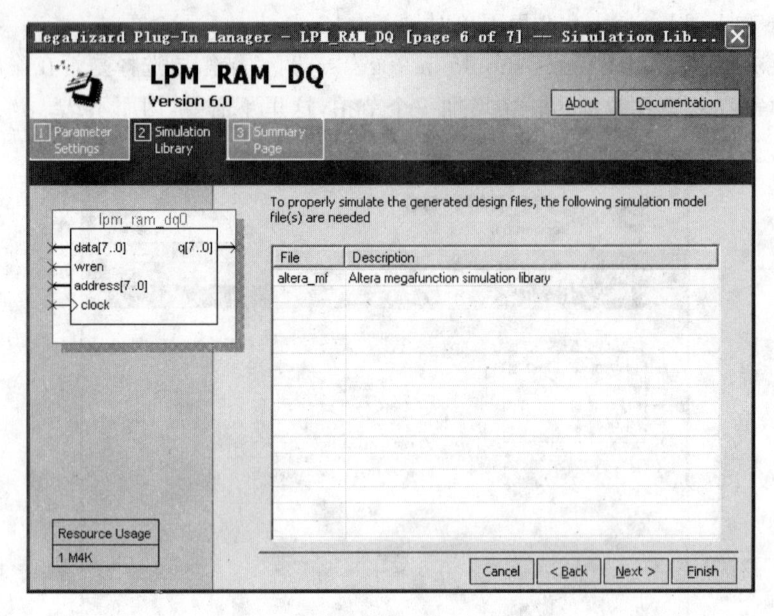

图 6-7 建立库文件

此后只要连续单击 Next 按钮,最终可以得到所需要的文件,其中最重要的是 lpm_ram_dq0.v 和 lpm_ram_dq0.bsf,后者产生原理图设计使用的库文件。建立库文件如图 6-7 所示,建立描述文件如图 6-8 所示。

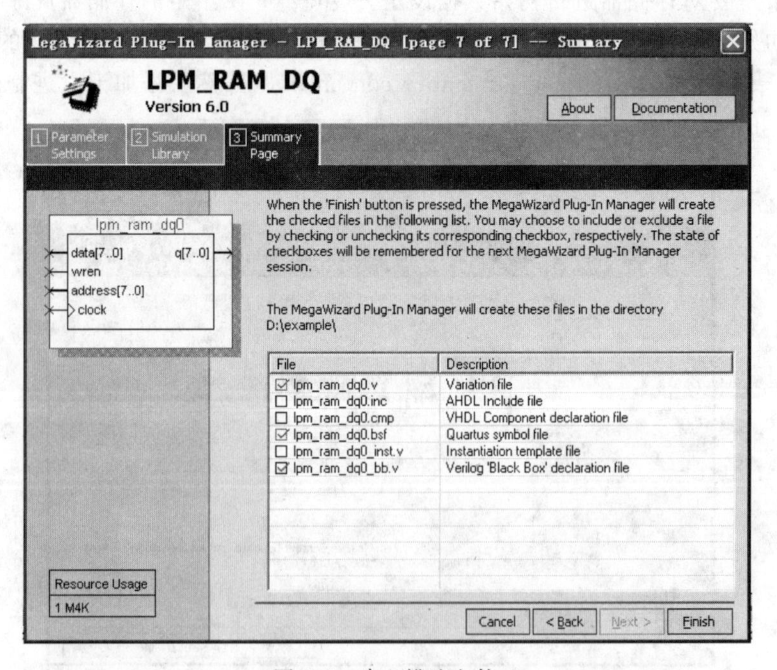

图 6-8 建立描述文件

在图 6-5 中要注意选择不带输出寄存器的情况，图 6-6 中要用 browse 按钮找到初始化十六进制数据文件。

2. 替代 ROM 的方法

Quartus II 提供了 RAM 初始化方法，这样可以用初始化的 RAM 替代 ROM，放入一些常驻内存的程序。通过在菜单上选择 File→New 命令，再按照图 6-9 所示选择 Other Files 选项卡，再选择 Hexadecimal[Intel-Format] File，单击 OK 按钮，就建立了一个十六进制的数据文件。

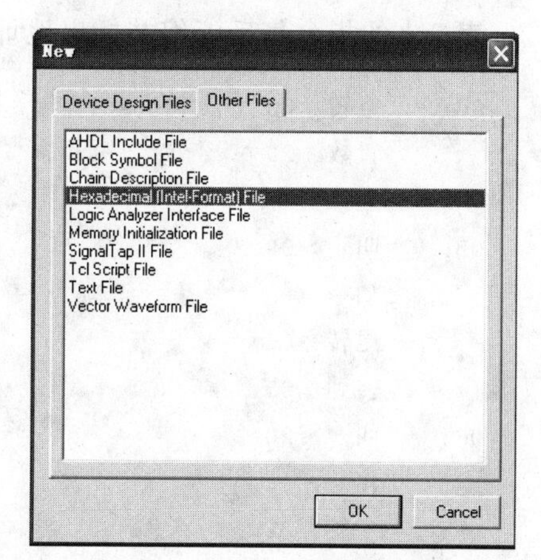

图 6-9　建立十六进制数据文件

单击 OK 按钮之后，会出现图 6-10 所示的文件尺寸设计对话框。数据单位数量 Number of word 选择 256，数据宽度 Word size 选择 8，然后单击 OK 按钮。在后面出现的数据输入界面如图 6-11 所示。在 Addr 栏单击鼠标右键，确定表示的数制。

Address Ridex 是数据的地址表示，Memory Ridex 是数据的进制表示。

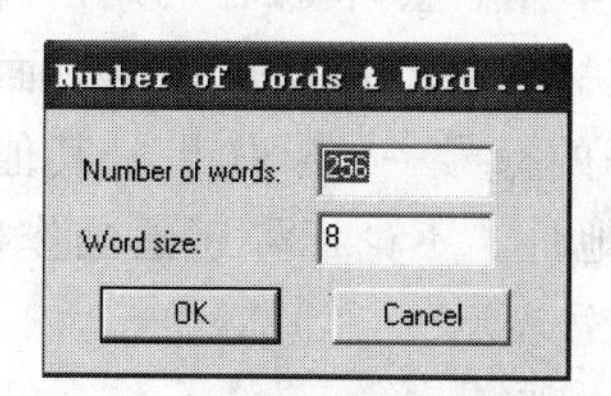

图 6-10　文件尺寸对话框

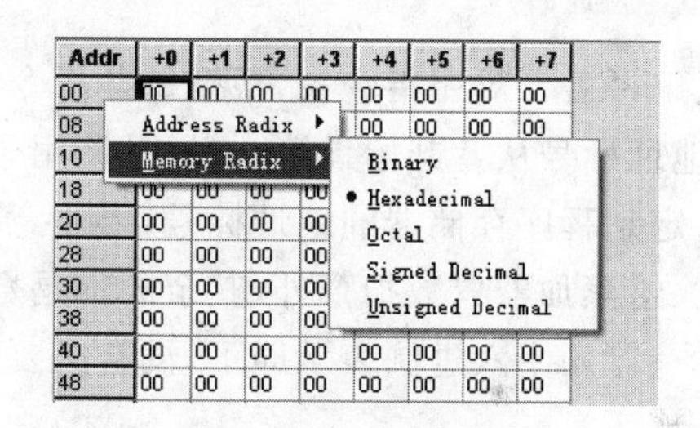

图 6-11　确定数制操作

不论地址还是数据都采用十六进制表示，在弹出的子菜单中选择 Hexadecimal。

在这个计算机实例设计中，给建立的数据文件起名叫 shuju. hex，然后按照图 6-12 所示

shuju. hex

Addr	+0	+1	+2	+3	+4	+5	+6	+7
00	19	00	0B	20	13	08	0F	0F
08	14	0C	05	05	08	20	3F	19
10	0F	12	0E	00	00	00	00	00
18	00	00	00	00	00	00	00	00
20	00	00	00	00	00	00	00	00
28	00	00	00	00	00	00	00	00
30	00	00	00	00	00	00	00	00
38	00	00	00	00	00	00	00	00
40	00	00	00	00	00	00	00	00
48	00	00	00	00	00	00	00	00
50	00	00	00	00	00	00	00	00
58	00	00	00	00	00	00	00	00
60	00	00	00	00	00	00	00	00
68	00	00	00	00	00	00	00	00
70	00	00	00	00	00	00	00	00
78	00	00	00	00	00	00	00	00
80	00	00	00	00	00	00	00	00
88	00	00	00	00	00	00	00	00
90	00	00	00	00	00	00	00	00
98	00	00	00	00	00	00	00	00

图 6-12　填写初始化数据

输入初始化程序数据。使用 Quartus II 生成的存储器自带地址译码器,地址信号要提前一个节拍送到地址译码器,所以无论写入数据和输出数据地址输送,都要多用一个机器节拍。

图 6-12 中填写的数据就是这个计算机的系统管理程序,已经编译成机器指令格式,一共只有 19B。可以将其按照本实例的指令系统具体设计如表 6-1 所示。

表 6-1 的指令集反汇编并标出地址,得到:

```
00:   空转  00
      置数  20
      送针
05:   叫    0F
      加一
      尾转  0C
      转到  05
0C:   叫    20
      停
0F:   空转  0F
      装入
      返回
```

反编译需要对照指令表,根据每条指令所占有的存储单元数量,将操作码用汇编代码替代,地址标号从 0 开始计算,如果是调用子程序指令或跳转指令,那么操作码后面的操作数一定是程序存储器的地址标号,要注意和反汇编程序的标号一致。如果是其他的操作数,除给累加器置数指令外,其余的都是数据存储器的地址。不论标号还是操作数,反汇编时一律用十六进制表示即可,没有必要再写成其他符号表示。

6.2.6 存储器部件

用 Quartu II 生成的存储器并不是完整的,完整的存储器要包括前端数据寄存器和前端地址寄存器,为了能够连接在公共线路上使用,还要在输出端加上通断开关,具体连接组织如图 6-13 所示。

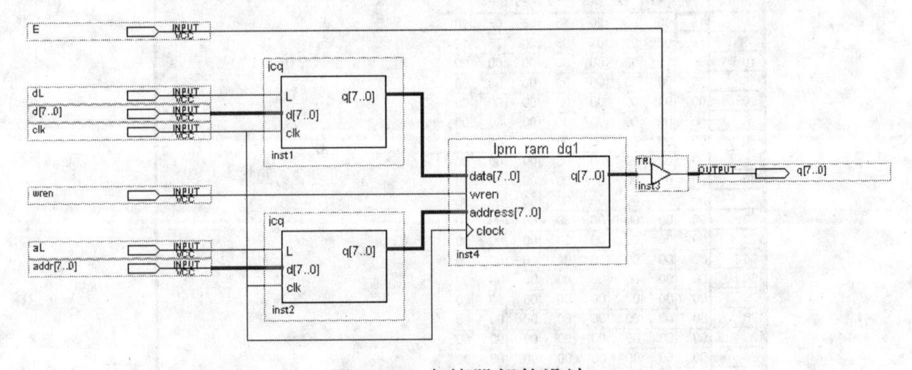

图 6-13 存储器部件设计

图 6-13 中左面的输入引脚从上到下分别是 E、dL、d[7..0]、clk、wren、aL、addr[7..0],右面的输出引脚是 q[7..0]。由引脚就可以区分出上面的寄存器是数据寄存器,下面的寄存器是地址寄存器。

这里的 wren 控制线是将数据寄存器的内容写入地址寄存器指示单元的,高电位有效。

这个文件的存储名是 ram.dbf。

6.3　总线结构设计

计算机部件的总线结构互连,实际上已经是一种标准。总线互连的特点是一次数据在总线上传输只能有一个数据发送部件,而接收部件可以有多个。因此每个逻辑在总线上的部件发送数据要有输出 E 门控制,从总线上接收数据,要有输入的 L 门控制。

6.3.1　连接存储器和运算器

为了能够清楚地表达出设计原理图,由小到大来分层次设计。先将存储器运算器连入总线,然后将它们封装成器件,再与其他的部分设计连接。如图 6-14 所示,先将运算器 alu 与出现存储器 ram 和数据存储器 ram 都连接在公共总线上,为了好看,将双向的总线引脚放在了左边,其实,封装之后它还会被系统放到右面去。

这部分总线连接设计的电路,存储文件名是 link1.bdf。

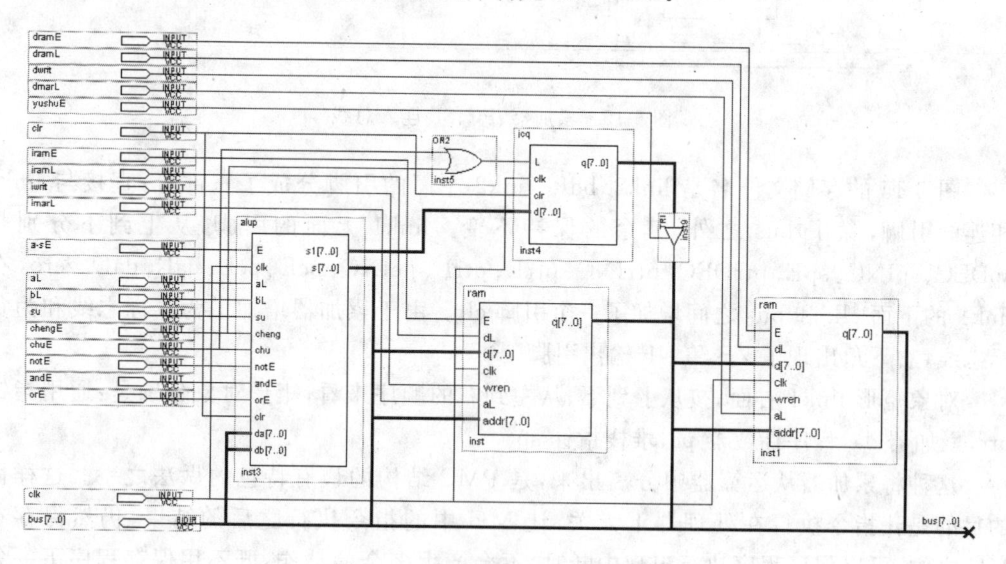

图 6-14　存储器运算器连入总线

图 6-14 左面输入引脚从上到下分别是 dramE、dramL、dwrit、dmarL、iramE、iramL、iwrit、imarL、a-sE、su、aL、bL、notE、andE、orE、clk、bus[7..0]。由引脚不难知道左面的矩形是 alu,中间的矩形是程序存储器,右面的矩形是数据存储器。Link1 通过 bus 与计算机的其他部分进行连接,并通过 bus 进行数据交换。

6.3.2 累加器、计数器连入总线

累加器、计数器连入总线如图 6-15 所示，除了 link1 之外，连入了程序计数器 PC 和堆栈指针 SP。程序计数器 pc 的减一控制端 dec 和堆栈指针 sp 的 L 门不用，因而总将它们通过一条线与这条线的非，作与运算的形式置 0。

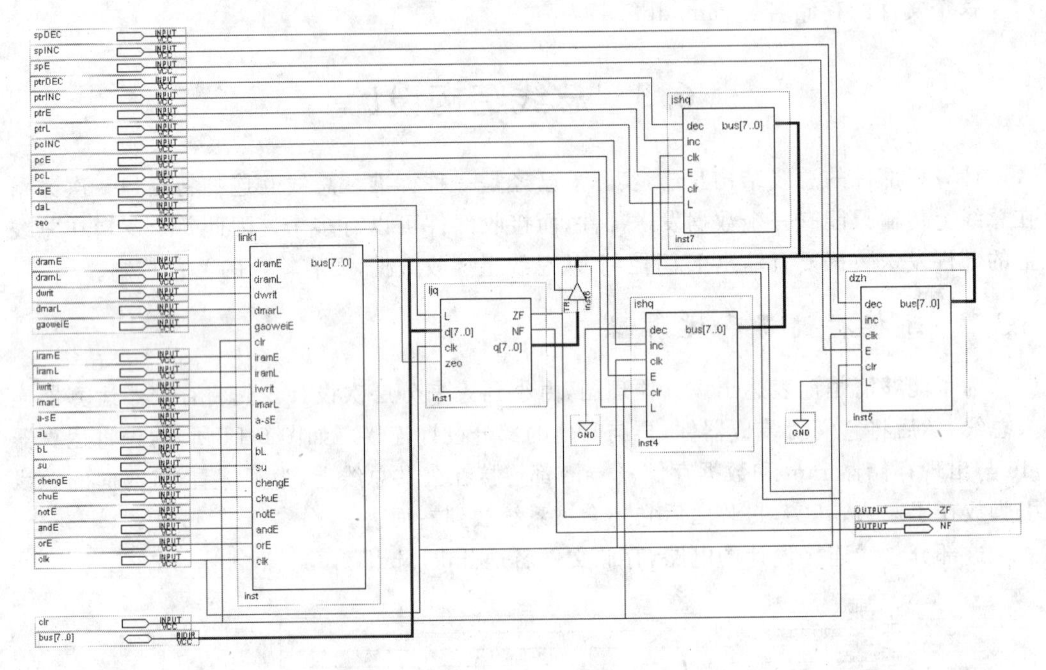

图 6-15 累加器、PC、SP 连入总线

图 6-15 的存储文件名是 link2. bdf。link2 左面的引脚分成了三部分，直接与 link1 相连的引脚，除了 bus 之外，其余的保持不变。link1 上面的引脚，从上到下分别是 spDEC、spINC、spE、ptrDEC、ptrINC、ptrE、ptrL、pcINC、pcE、pcL、daE、daL、zero，在 link1 的下面 clk 和 bus 之间增加了一个引脚 clr。由于累加器增加了为零标志线和为负标志线，右下角出现了 ZF 和 NF 输出引脚。

对象矩形 link1 右面，按从上到下、从左到右的顺序来看，矩形对象分别是：通用指针 ptr，累加器 da，程序计数器 pc，堆栈指针 sp。

这种将累加器从运算器中分离出来，是 PMC 结构的最有特色的做法之一。这样做的目的是让指令执行在处理器上无关，让 MU 中的指令执行之后的结果，仍然保存在 MU 之中，可以保证程序执行出现中断时，不会产生多余的动作，既不用保存程序下一条指令执行的地址，也不用另外保存现场数据，因为程序计数器是在 MU 当中的，而现场寄存器也都在 MU 当中。这种部件的划分，是能够让一个处理机 PU 和多个程序存储单位 MU 动态结合执行其中程序的关键。

6.3.3　操作数寄存器、数据寄存器、输出寄存器连入总线

指令操作数寄存器是为复杂指令结构分析准备的，数据寄存器是为数据临时存储准备的，输出寄存器是为了输出数据安排的暂存设备，它们连入总线如图 6-16 所示，这个电路的存储文件名是 link3. bdf。

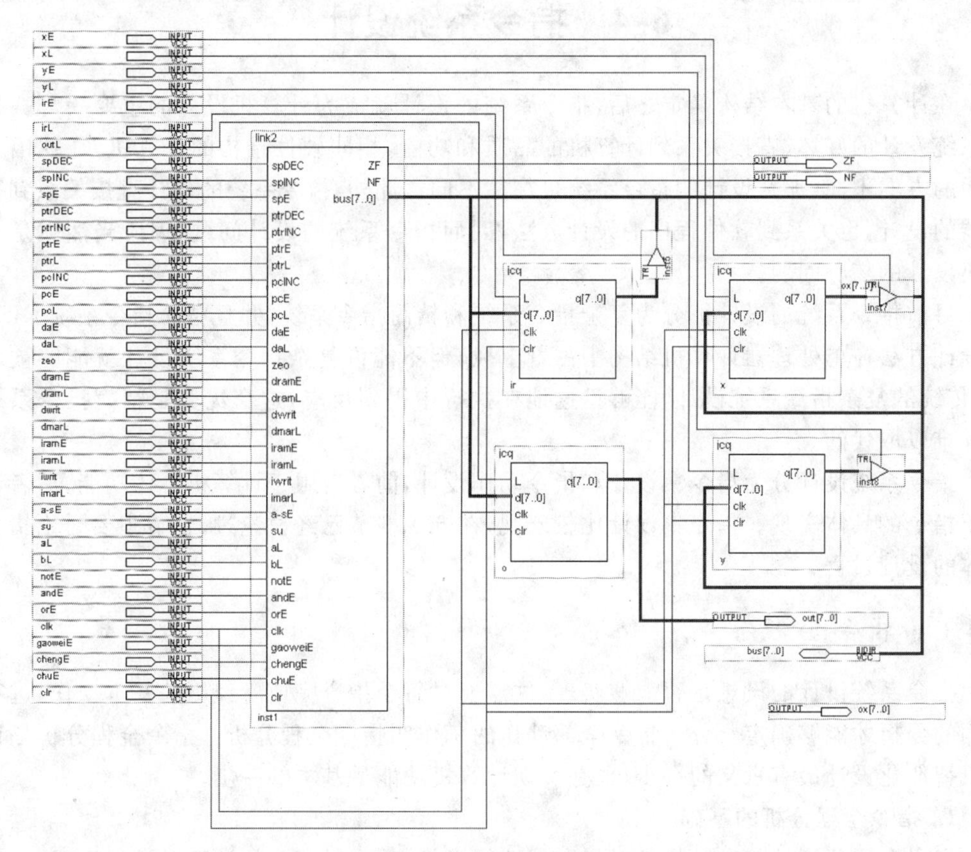

图 6-16　寄存器连入总线

由于寄存器的设计没有输出控制开关，因此在连接到总线的时候，在它们的输出端都连接了一个三态门。它们之中只有输出寄存器 out 不用在输出端连接三态门，这是因为它的输出不用送到总线上的缘故。由于它们的结构完全一样，为了区分需要进行属性修改。修改的办法与引脚或导线对象的属性修改一样，用鼠标在矩形对象上单击右键，然后在属性窗口内更改对象的名称。

原理图设计中出现的对象，Quartus II 一律都会给出默认的名称，默认的名称一般用 inst 后面带一个序号来记录，用户在设计中为了明确区别对象，就可以用属性修改的办法进行标注。图 6-16 中指令操作数寄存器对象的左下角标注的是 ir，输出寄存器对象的左下角标注的是 out，右面上面一个寄存器标注的是 x，它的下面的对象标注的是 y。

图 6-16 中左面的引脚除了与 link2 连接的输入引脚之外，在上面增加了 7 个引脚，它们分别是 xE、xL、yE、yL、irE、irL、outL，这些引脚分别连接着通用寄存器 x，通用寄存器

y,指令分析寄存器 ir,以及输出寄存器 o 等。

Link3 的右端右标志线引脚 ZF、NF,还有输出寄存器的输出引脚 out[7..0],可输入输出的总线引脚也放在了右面。在 x 寄存器的输出端口直接设置了引脚 ox[7..0],这是为了放置乘法运算的高 8 位和除法运算产生的余数而设的。

6.4 指令系统设计

在计算机的基本结构确定之后,指令系统的设计就成为计算机设计的重要一环。指令系统设计的好坏,直接关系到计算机的品质和功能,相同硬件结构的计算机,往往因为使用的方向不同,那么设计的指令系统也往往不同。此外,指令系统的设计直接关系到控制器的设计,也关系到软件程序的设计方法,因而指令系统的设计问题,理所当然就是计算机设计的核心问题。

目前指令系统的设计被分为复杂指令系统和精简指令系统,并且精简指令系统 RISC 的设计方法在单处理器计算机结构中占着上风,但不能说复杂指令系统设计就能够被取代,传统的复杂指令系统设计,能够迅速地在执行中得到反应,这个优势是精简指令系统设计难以取代的。

指令系统设计分为指令集设计和指令动作设计,前者着眼于计算机总体功能,后者着眼于指令的具体实现。指令集设计比较宏观,在 6.1.3 节已经讨论过,本节主要讨论指令具体的设计过程。

6.4.1 指令全程分析

指令系统设计的设想是否能够实现,这需要对每个指令完成所经历的基本动作,进行全面的分析才能够确定。分析指令全部动作的工作叫指令全程分析。指令全程分析是计算机智能化设计最有意义的一步,也是实现计算机功能最基本的一步。

1. 指令全程分析的基础

指令全程分析的基础首先是对指令的功能设想,其次是相关的计算机硬件组成。

指令功能的设想是根据实际的需要和实现需要的手段提出来的,例如加法指令 ADD 是加法运算的需要,同时由于有加减法运算器和其他相关的设备保证,能够通过一定的动作达到加法运算的目的,才确定出这种指令设想是现实的,是能够实现的。如果没有加减法运算器作为实现指令功能的保证,再好的功能设想也都是没用的。

指令功能设想又是硬件电路设计的依据,一个计算机的电路结构应该放置哪些元器件,按照什么样的结构组织,都与指令的具体功能设计有关,这关系到连接到电路的器件是否将来有用,无用的器件一般不放入设计的电路之中。

2. 指令全程分析的过程

指令全程分析首先要知道指令放在哪里,其次才是怎样取得指令,如何识别指令,对指令格式进行分析,最后才是一个确定的指令应该完成哪些基本动作的过程。

根据冯·诺依曼的思想,计算机的指令要放在存储器的指令区域,并且以操作码后面跟着操作数的形式存放着。如果将取出的指令放在指令寄存器中暂存,那么就可以通过指令译码器知道这是什么指令。显然这一过程是与具体指令无关的。

知道是什么指令之后，接下来就要根据计算机的结构和器件功能，分析指令功能的实现过程。这个分析一般说来都是有序的，指令功能的实现的基本动作都是有限的，从前到后可以用节拍表示。

3. 指令全程分析对硬件的影响

指令动作分析时，经常会碰到某个必须的动作无法实现，从而使指令的功能设想不能实现。例如一个输出寄存器没有直接向总线回送数据的连接和控制，那么要想设计一条将输出寄存器的内容送到累加器的指令，实现起来就困难了。解决这类问题的办法，常常是修改硬件设计，使硬件结构能够满足指令功能的需要。

指令全程分析对计算机结构设计有很强的影响，根据经验设计出来的计算机，会由于在指令分析中不能支持指令实现，而需要改动结构或增加设备，这样做的结果往往会产生更新结构的计算机。

6.4.2　计算机指令全程表

现在将本实例的指令系统具体设计如表 6-1 所示。

表 6-1 的设计指令引起的基本动作全部都列出来，就是这个指令的指令全程。不同指令的全程是不一样的，然而取指周期都是相同的。

1. 取指周期

所有的指令取指周期的机器动作都是一样的，所以不用对每一个指令的取指周期分开进行分析。这个计算机的取指周期主要分为三个节拍。

(0) 指令地址送往程序地址寄存器，即 pc→imar；

(1)（空拍）

(2) 程序存储器的内容送指令寄存器，同时程序计数器加 1，即 iram→com，pc+1；

2. 执行周期

每个指令的执行周期都是从第四个节拍开始的，表 6-2 中列出了全部指令的执行周期的动作。

表 6-2　指令执行周期

编号	中文助记符	英文助记符	功能	节拍	基本动作
1	取 R	LDA R	R 内容送 DA	3	pc→imar
				4	
				5	iram→dmar，pc+1
				6	
				7	dram→da
				8	reset

续表

编号	中文助记符	英文助记符	功能	节拍	基本动作
2	加 R	ADD R	DA 与 R 加，结果送 DA	3	pc→imar
				4	
				5	iram→dmar，pc+1
				6	
				7	dram→b
				8	da→a
				9	a+b→da
				10	reset
3	减 R	SUB R	DA 减 R 结果送 DA	3	pc→imar
				4	
				5	iram→dmar，pc+1
				6	
				7	dram→b
				8	da→a
				9	a−b→da
				10	reset
4	输出 R	OUT R	将 R 单元内容输出	3	pc→imar
				4	
				5	iram→dmar，pc+1
				6	
				7	dram→o
				8	reset
5	转到 R	JMP R	跳转到 R 执行	3	pc→imar
				4	
				5	iram→pc
				6	reset
6	零转 R	JZ R	DA 为 0 跳转	3	pc→imar
				4	pc+1
				5	iram→pc
				6	reset

续表

编号	中文助记符	英文助记符	功能	节拍	基本动作
7	负转 R	JN R	DA 为负跳转	3	pc→imar
				4	pc+1
				5	iram→pc
				6	reset
8	叫 R	CALL R	调用 R 子程序	3	pc→imar
				4	
				5	iram→ir, pc+1
				6	sp→dmar
				7	pc→dram, sp−1
				8	
				9	ir→pc
				10	reset
9	输入 R	IN R	将 IN 到 R 单元	3	pc→imar
				4	
				5	iram→dmar, pc+1
				6	in→dram
				7	
				8	reset
10	送 R	STR R	DA 内容存入 R 单元	3	pc→imar
				4	
				5	iram→dmar, pc+1
				6	da→dram
				7	
				8	reset
11	置数 N	SDA N	n→da	3	pc→imar
				4	
				5	iram→da, pc+1
				6	reset
12	入栈	PUSH	DA 入栈	3	sp→dmar
				4	da→dram, sp−1
				5	
				6	reset

续表

编号	中文助记符	英文助记符	功能	节拍	基本动作
13	出栈	POP	DA 出栈	3	sp＋1
				4	sp→dmar
				5	
				6	dram→da
				7	reset
14	返回	RET	从子程序返回	3	sp＋1
				4	sp→dmar
				5	
				6	dram→pc
				7	reset
15	加一	INC	通用指针 ptr＋1	3	ptr＋1
				4	reset
16	减一	DEC	通用指针 ptr－1	3	ptr－1
				4	reset
17	零	ZERO	累加器 da 置零	3	da＝0
				4	reset
18	装入	INP	输入数据到 ptr 指示指令存储单元	3	ptr→imar
				4	
				5	in→iram
				6	
				7	reset
19	指送	STRP	累加器 da 送到 ptr 所指的数据单元	3	da→ptr
				4	reset
20	尾转 R	JEND R	输入是 h80 跳转到 R	3	pc→imar
				4	pc＋1
				5	iram→pc
				6	reset
21	非	LNOT	对 da 逐位求非	3	da→a
				4	!a →da
				5	reset

续表

编号	中文助记符	英文助记符	功能	节拍	基本动作
22	与 R	LAND R	da 与 R 结果送 da	3	pc→imar
				4	
				5	iram→dmar,pc+1
				6	
				7	dram→b
				8	da→a
				9	a AND b→da
				10	reset
23	或 R	LOR R	da 或 R 结果送 da	3	pc→imar
				4	
				5	iram→dmar,pc+1
				6	
				7	dram→b
				8	da→a
				9	a OR b→da
				10	reset
24	空等	STPK	缓冲区空中断等待	3	stop
				4	
				5	
25	空转 R	JK R	缓冲区空跳转到 R	3	pc→imar
				4	pc+1
				5	iram→pc
				6	reset
26	乘 R	MULT R	da 与 R 乘,结果低字节送 da 高字节送 x 寄存器	3	pc→imar
				4	
				5	iram→dmar,pc+1
				6	
				7	dram→b
				8	da→a
				9	A * b→da
				10	s1→x
				11	reset

续表

编号	中文助记符	英文助记符	功能	节拍	基本动作
27	除 R	DIVI R	da 与 R 除,商送 da,余数送 x 寄存器	3	pc→imar
				4	
				5	iram→dmar,pc+1
				6	
				7	dram→b
				8	da→a
				9	a/b→da
				10	s1→x
				11	reset
28	送 x	DATX	da 将值送 x	3	da→x
				4	reset
29	取 x	XTDA	da 取 x 的值	3	x→da
				4	reset
30	停	STP	程序执行结束	3	stop=1

6.5 控制器设计

控制器是由时钟、机器节拍器、指令寄存器、指令分析电路、指令译码器、控制矩阵等部件组成的,其中最重要的部件是控制矩阵。

6.5.1 控制矩阵设计

计算机的控制矩阵是指挥计算机产生动作的关键性部件,设计好了控制矩阵,基本上就等于设计好了控制器。从数学的角度来看,控制矩阵就是一个多元函数集合

$$\{y_0=f(x_0,x_1,\cdots,x_n),y_1=f(x_0,x_1,\cdots,x_n),\cdots,y_m=f(x_0,x_1,\cdots,x_n)\}\quad m,n\text{ 是正整数}$$

每一个函数都受到同一组多元变量变动的影响,这组多元变量就是自变量组。控制矩阵的自变量组主要由计算机节拍与各种标志线组成,标志线中也包括指令线。

控制矩阵的设计方法可以采用表格形式的函数表示,然后根据表格抽象出逻辑函数的表达式,再根据表达式做出逻辑电路。

控制矩阵设计的基本格式如表 6-3 所示,其中助记符中的代码、节拍、标志是逻辑自变量,控制线是因变量。

表 6-3　设计控制矩阵的数据格式

序号	助记符	节拍	基本动作	标志	标志	控制线	控制线	控制线	……	控制线
取指周期		0	…→…							
		1	…→…							
		2	…→…							
		3	…→…							
1	LDA	4	…→…							
		5	…→…							
		6	…→…							
2	…	4	…→…							
		5	…→…							
		6	…→…							
		7	…→…							
		8	…→…							
…	…	…	…→…							

表 6-3 又叫控制矩阵真值表，标志和控制线填写的内容不是 1 就是 0，如果规定 0 可以不写，那么真值表中看上去只有星罗棋布的"1"这个数字。

由控制矩阵的真值表来抽象控制线的逻辑函数方法简单，例如要求程序计数器 pc 的输出控制线 pcE 的逻辑函数，那么首先找到 pcE 一栏，在这一栏由上到下查找值为"1"的行，找到某行后，就将助记符和节拍用"逻辑与"运算连接起来（节拍用 p 后加序号表示），再将标志值是"1"的标志符用"逻辑与"运算再和它们连接，这样就得到了控制线逻辑函数的一项。照此方法求出 pcE 控制线的所有逻辑项，再将求出的逻辑项用"＋"号连接起来，就得到了 pcE 控制线的逻辑表达式：

$$
\begin{aligned}
pcE = & p0 + p3(lda + add + sub + out + jmp + jz + jn + call \\
& + in + str + sda + jend + land + lor + jk) + p7 \cdot call
\end{aligned}
$$

为了简练，还可以进行逻辑化简、合并，这需要对逻辑运算的基本公式很熟悉。

根据控制矩阵真值表生成的控制矩阵模块如下：

```
Module kzjuzhen (ENDF,EMPTY,ZF,NF,p,LDA,ADD,SUB,OUT,JMP,JZ,JN,CALL,
                 IN,STR,SDA,PUSH,POP,RET,INC,DEC,ZERO,INP,STRP,JEND,
                 LNOT,LAND, LOR, STPK, JK, MULT, DIVI, DATX, XTDA, STP, IRE, IRL, OL,
                 SPDEC,SPINC,SPE,PTRDEC,PTRINC,PTRE,PTRL,
                 PCINC, PCE, PCL, DAE, DAL, ZEO, DRAME, DRAML, DWRIT, DMARL, IRAME,
                 IRAML,IWRIT,IMARL,A_SE,SU,
                 AL,BL,NOTE,ANDE,ORE,COML,INE,XL,XE,
                 CHENGE,CHUE,GAOWEIE,RES,STOP);
```

```
Input  [11:0] p;
input  LDA,ADD,SUB,OUT,JMP,JZ,JN,CALL,IN,STR,SDA,PUSH,POP,
       RET,INC,DEC,ZERO,INP,STRP,JEND,LNOT,LAND,LOR,STPK,
       JK,MULT,DIVI,DATX,XTDA,STP;
input  EMPTY,ENDF,ZF,NF;
output RES,PCE,PCL,PCINC,IMARL,DMARL,IRAML,IWRIT,IRAME,
       DRAML,DWRIT,DRAME,DAE,DAL,ZEO,COML,AL,BL,
       A_SE,SU,SPE,SPINC,SPDEC,PTRE,PTRL,PTRINC,PTRDEC,
       OL,INE,IRE,IRL,XL,XE,NOTE,ANDE,ORE,CHENGE,CHUE,
       GAOWEIE,STOP;
assign  RES=LDA& p[8]|ADD& p[10]|SUB& p[10]|OUT& p[8]|JMP& p[6]|
          JZ& p[6]|JN& p[6]|CALL& p[10]|IN& p[8]|STR& p[8]|SDA& p[6]|
          PUSH& p[6]|POP& p[7]|RET& p[7]|INC& p[4]|DEC& p[4]|ZERO& p[4]|INP& p
          [7]|STRP& p[4]|JEND& p[6]|LNOT& p[5]|LAND& p[10]|LOR& p[10]|JK& p[6]
          |DATX& p[4]|XTDA& p[4];
assign PCE=p[0]|LDA& p[3]|ADD& p[3]|SUB& p[3]|OUT& p[3]|JMP& p[3]|JZ& p[3]|
        JN& p[3]|CALL& p[3]|CALL& p[7]|IN& p[3]|STR& p[3]|SDA& p[3]|
        JEND& p[3]|LAND& p[3]|LOR& p[3]|JK& p[3]|
        MULT& p[3]|DIVI& p[3];
assign  PCL=JMP& p[5]|JZ& p[5]& ZF|JN& p[5]& NF|CALL& p[9]|RET& p[6]|
         JEND& p[5]& ENDF|JK& p[5]& EMPTY;
assign PCINC=p[2]|LDA& p[5]|ADD& p[5]|SUB& p[5]|OUT& p[5]|JZ& p[4]|
          JN&p[4]|CALL& p[5]|IN& p[5]|STR& p[5]|SDA& p[5]|
          JEND& p[4]|LAND& p[5]|LOR& p[5]|JK& p[4]|MULT& p[5]|
          DIVI& p[5];
assign IMARL=p[0]|LDA& p[3]|ADD& p[3]|SUB& p[3]|OUT& p[3]|JMP& p[3]|
          JZ& p[3]|JN& p[3]|CALL& p[3]|IN& p[3]|STR& p[3]|SDA& p[3]|
          INP& p[3]|JEND& p[3]|LAND& p[3]|LOR& p[3]|JK& p[3]|
          MULT& p[3]|DIVI& p[3];
assign DMARL=LDA&p[5]|ADD& p[5]|SUB& p[5]|OUT& p[5]|CALL& p[6]|
          IN& p[5]|STR& p[5]|PUSH& p[3]|POP& p[4]|RET& p[4]|LAND& p[5]|LOR& p
          [5]|MULT& p[5]|DIVI& p[5];
assign IRAML=INP& p[5]|MULT& p[11]|DIVI& p[11];
assign IWRIT=INP& p[6];
assign IRAME=p[2]|LDA& p[5]|ADD& p[5]|SUB& p[5]|OUT& p[5]|
             JMP& p[5]|JZ& p[5]& ZF|JN& p[5]& NF|CALL& p[5]|IN& p[5]|
             STR& p[5]|SDA& p[5]|JEND& p[5]& ENDF|LAND& p[5]|
             LOR& p[5]|JK& p[5]& EMPTY|MULT& p[5]|DIVI& p[5];
assign DRAML=CALL& p[7]|IN& p[6]|STR& p[6]|PUSH& p[4];
assign DWRIT=CALL& p[8]|IN& p[7]|STR& p[7]|PUSH& p[5];
assign DRAME=LDA& p[7]|ADD& p[7]|SUB& p[7]|OUT& p[7]|POP& p[6]|
          RET& p[6]|LAND& p[7]|LOR& p[7]|MULT& p[7]|DIVI& p[7];
```

```
assign DAE=ADD&p[8]|SUB& p[8]|STR& p[6]|PUSH& p[4]|STRP& p[3]|
          LNOT& p[3]|LAND& p[8]|LOR& p[8]|MULT& p[8]|DIVI& p[8]|
          DATX& p[3];
assign DAL=LDA& p[7]|ADD& p[9]|SUB& p[9]|SDA& p[5]|POP& p[6]|
          LAND& p[9]|LOR& p[9]|MULT& p[9]|DIVI& p[9]|XTDA& p[3];
assign ZEO=ZERO& p[3];
assign COML=p[2];
assign AL=ADD& p[8]|SUB& p[8]|LNOT& p[3]|LAND& p[8]|LOR& p[8]|
          MULT& p[8]|DIVI& p[8];
assign BL=ADD& p[7]|SUB& p[7]|LAND& p[7]|LOR& p[7]|MULT& p[7]|DIVI& p[7];
assign A_SE=ADD& p[9]|SUB& p[9];
assign SU=SUB& p[9];
assign SPE=CALL& p[6]|PUSH& p[3]|POP& p[4]|RET& p[4];
assign SPINC=POP& p[3]|RET& p[3];
assign SPDEC=CALL& p[7]|PUSH& p[4];
assign PTRE=INP& p[3];
assign PTRL=STRP& p[3];
assign PTRINC=INC& p[3];
assign PTRDEC=DEC& p[3];
assign OL=OUT& p[7];
assign INE=IN& p[6]|INP& p[5];
assign IRE=CALL& p[9];
assign IRL=CALL& p[5];
assign XL=MULT& p[10]|DIVI& p[10]|DATX& p[3];
assign XE=XTDA& p[3];
assign NOTE=LNOT& p[4];
assign ANDE=LAND& p[9];
assign ORE=LOR& p[9];
assign CHENGE=MULT& p[9];
assign CHUE=DIVI& p[9];
assign GAOWEIE=MULT& p[10]|DIVI& p[10];
assign STOP=STPK& p[3]& EMPTY|STP& p[3];
endmodule
```

6.5.2 组织控制器

图6-17是将节拍器、指令寄存器、指令译码器、控制矩阵通过总线组织在一起形成了控制器的主要部分，由图可以看出控制矩阵的输入线正是逻辑函数的自变量，而输出正是计算机的控制线全体。指令译码器将从指令寄存器接收的指令代码转化成对指令线的选择信号，再配合节拍和标志线的变化，就会得到有规律变化的控制信号，即微指令，在控制矩阵顺序给出的微指令驱动下，整个计算机能够进行有条不紊的工作。

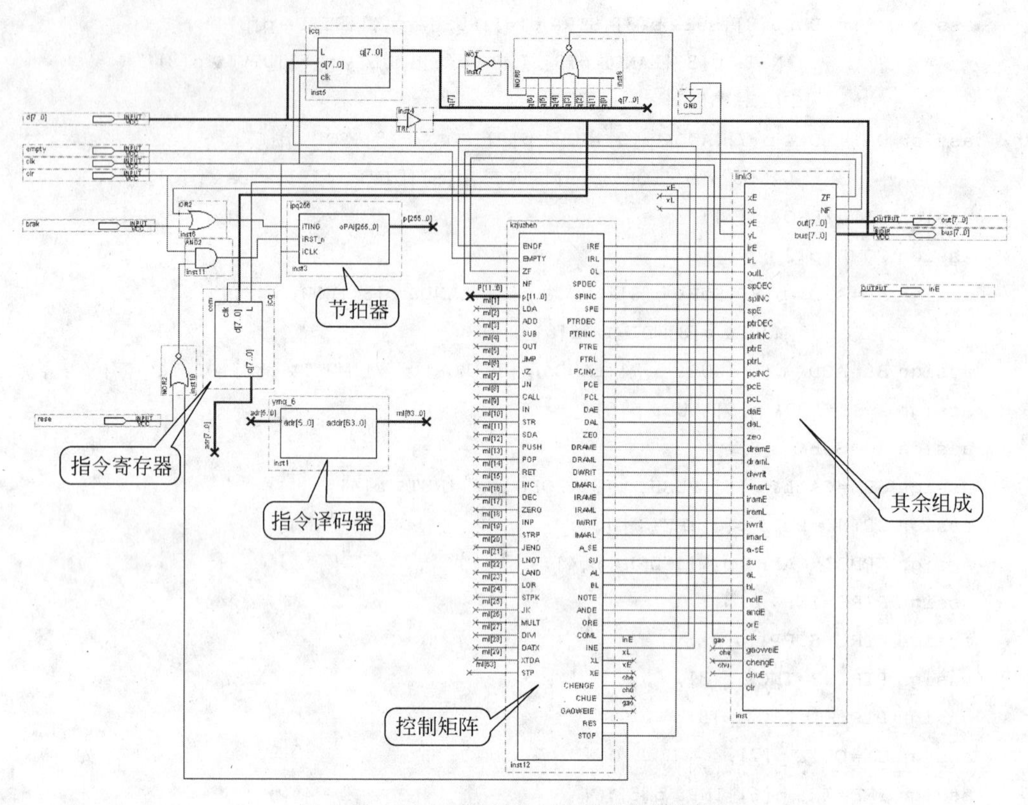

图 6-17　包含控制器主要部分的整体结构

6.6　输入接口设备设计

要使一个核心计算机能够正常地工作，必须要有输入输出设备与之相配合。由于这个设计的计算机是用发光二极管和数码管进行显示输出的，而且两种设备的反应速度极快，不需要人工干预，所以输出显示的问题在设计中没有更多需要做的事情，只是在需要的时候将它们与有关的设备连接起来就可以。但是这个计算机的输入设备使用就不同了，因为输入工作涉及到人，而人的动作与机器比起来，常常显得缓慢和繁琐，要让机器和人能够很好地配合，就必须在设计上完成许多工作。

6.6.1　缓冲区接口电路

在高速和低速设备之间进行数据传输，必须使用接口电路，通过缓冲存储器将传输的数据进行暂存，通过不同的速度读出或写入，以达到数据正确传输的目的。

1. 接口电路结构

计算机要进行数据输入，必须连接好输入设备。将输入寄存器换成输入缓冲区，就可以形成能够通过开关组输入的设备接口。输入接口设备的设计如图 6-18 所示。这个输入设备接口包括：输入缓冲队列 Buff，它有 128B 的存储空间，它附带有输入指针和输出指针。输入指针指示着数据写入操作的地址，而输出指针指示着读出数据的地址。图6-18中左面的输入引脚从上到下分别是：clk、clr、in[7..0]、read、write、back，在右面的输出引脚分别是：q[7..0]、out[7..0]、count[6..0]、full、empt(后面两条标志线图中没有显示出来)。从上往下，从左往右的设备分别是：延时触发器、监视寄存器、缓冲区控制逻辑电路、数据输入指针、频率谐调器1、缓冲区、频率谐调器2、缓冲区输出指针、缓冲区数据计数器。

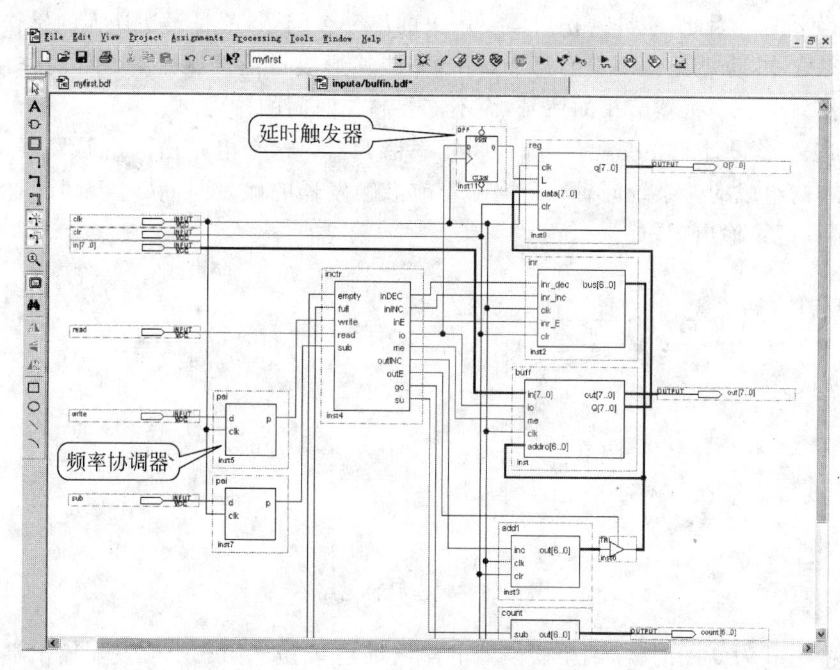

图6-18 输入接口设备的结构

2. 输入缓冲区工作原理

这个数据输入缓冲区接口的工作过程一般可以如下描述：

(1) 数据输入缓冲区

假定用开关组确定了8位的二进制数，同导线in[7..0]相连接。那么可以选择输入按钮发出write=1的信号，这个信号通过频率谐调器，转换成与clk周期相同的输入控制信号，使输入地址指针的地址信号选择buff的输入单元，与此同时输入控制信号会使输入地址指针的加1控制线置1，这样当时钟clk的前沿到来时，8位的数据就进入了输入地址指针指示的存储单元，同时输入地址指针加1，指向下一个要输入数据的位置。在数据进入缓冲区的时候，缓冲区计数器加1，这样缓冲区空标志线empty就会置0。如果缓冲区已满，满标志线full=1，此次写入操作就会失败。

(2) 数据从缓冲区读走

当缓冲区不空的时候，可以从缓冲区将存储的数据读走。由于进入缓冲区之后的数据已经不用人工干预了，因而可以用clk的时钟频率来操作。当系统发出read=1的信号后，会有输出地址指针有效管理缓冲区存储器的地址，当clk时钟前沿到来时，输出地址指针指示的数据就被读走，与此同时，输出地址指针加1，缓冲区数据计数器器减1。如果

empty在此之前为0，那么读取数据的操作就不能够进行。

6.6.2 输入接口解决的问题

1. 频率谐调器

实例计算机以开关和按钮的操作来输入数据或发出控制信号，这样人工操作的速度是可想而知的。另一方面实例计算机的运行频率有18MHz，这样高的频率人是无论如何也无法赶得上的。因此，缓冲区接口需要解决的第一个问题，就是设法让人的操作融入计算机的频率之中，也就是让用户的每个操作，都能够形成对计算机恰到好处的作用，这包括每次操作只要一个机器节拍的信号，而不需要超长时间的作用。

图6-19就是设计的频率融合电路，叫频率谐调器。这个电路由两个触发器，两个与门和一个非门组成的。系统时钟clk控制着前沿触发器的触发时间，输入端d是慢速信号，输出端p记录输出逻辑。

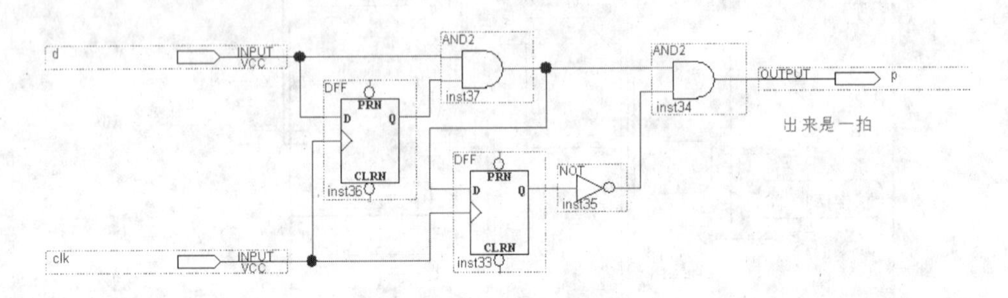

图6-19 频率融合电路

使用中当d为0的时候，两个触发器的输出都是0，虽然第二个触发器输出端经过非门变成了1，但由于到达p端要经过一个与门，而上端前一个与门输出是0，所以p的值仍然一直是0。但是当d=1后，第一个clk前沿到来时，第一个触发器就会触发，接收d端的信号，此后输出会是1。而第二个触发器本次触发，接收的是第一个触发器原来的0输出，于是第二个触发器这一个时钟节拍之后，输出还是0。输出端p的值取决于前端的与门，此时前一个与门的输出是1，那么进入第二个与门的输入值都是1，这时p端的值也是1。

在d=1的持续作用下，后面clk=1的脉冲会使两个触发器都置1，由于第二个触发器输出端连接了一个非门，所以p端的值就会在clk的第二个脉冲出现时变成0，并在此之后一直为0。

在d=0的时候，由于会使第一个与门的输出总是0，通过第二个与门的作用，不会引起p端0值的变化。

如此一个简单的电路设计，就能够使d=1的一段连续过程，只能得到一个同clk周期相同的正向脉冲，而不会由于d=1的持续作用，无法得到和clk频率相吻合的控制节拍。这样的电路结构就将慢速的操作融合到了高速的频率当中。

频率谐调器的重要意义在于在接口电路中简化了不同频率之间的融合方法，使接口电路中的数据传递控制更加简单，非常容易实现高低频率的转换，改变相位，并且不需要增加另外的时钟。

2. 按钮的抖动

缓冲区接口要解决的第二个问题，就是按钮按压时的抖动问题。在机械动作和电信号转换过程中，经常会出现抖动现象，典型的例子就是按键按下或抬起的抖动。按键的抖动会使只要完成一次的动作，重复出现若干遍，这样会破坏任务的完成。根据测试得到的数据，按键按下或抬起一般都要颤动 6ms 的时间，超过这个时间才会得到稳定的结果（见图 6-20(b)）。

图 6-20 表示的是单一按键按下的情况，(a)是结构，(b)是通过导线 c 的电位 Vc 的抖动情况。

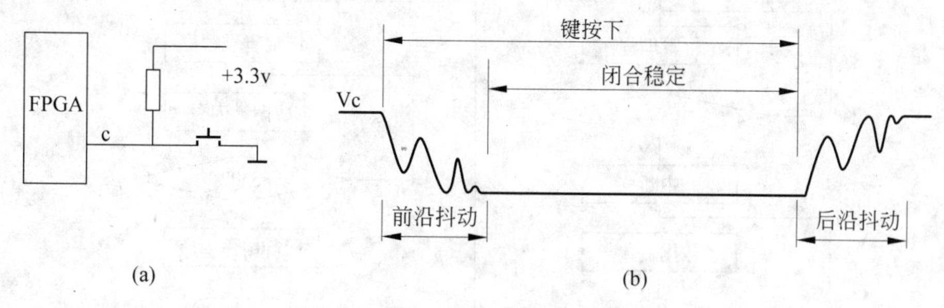

图 6-20　按键时的抖动

去除按键抖动的方法有两种，一种是如图 6-21 那样，在接口电路的输入端串接一个前端加非门的 RS 触发器，按键 k 初始接在触发器的 R 端，这样 Q 端一直保持低电位，当将 k 按下时，触发器的 S 端接收的是高电位，k 键虽然抖动，但不会接触 R 端，因而 Q 端会稳定地得到高电位，如此就能得到稳定的按键信号。

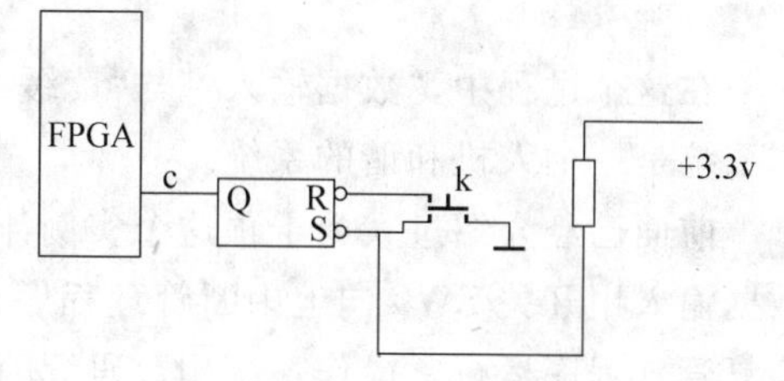

图 6-21　用 RS 触发器除抖动

用软件的方法就是控制 c 线取值的时间，在按键的 6ms 之后再获取 c 的电位，此时按键已经稳定，获得的电位也就正确了。

3. 操作运行方式

缓冲区接口要解决的第三个问题，是如何将输入到缓冲区的程序数据准确地装入内存，并能够有效地执行程序。

假如前两个问题已经解决，也就是数据能够正确地输入到缓冲区，那么如何让程序数据的输入和普通数据的输入区分开来，输入的程序又如何执行等，都必须在缓冲区接口设计时考虑好。

其实这第三个问题正是操作系统的设计问题。

6.6.3　操作系统的设计

所谓的操作系统就是计算机系统操作的形式和运行方法的总称，在复杂的计算机结构中，它是使用计算机必需的程序的集合。操作系统程序的存在，延伸了计算机的一般性功能，相对地让人们更方便使用计算机，至于是否可以提高系统的效率，提高多少，这要作具体的验证分析，才能够对具体的操作系统下结论。

操作系统的设计直接关系到指令系统的设计，甚至影响到计算机的系统结构。这个计算机的指令 jend、stpk 和 jk 等就是为操作系统需要设计的，当然 in 和 inp 指令的设计也和操作系统有很大的关系。

这个计算机设计的操作流程可以用流程图表示(见图 6-22)。

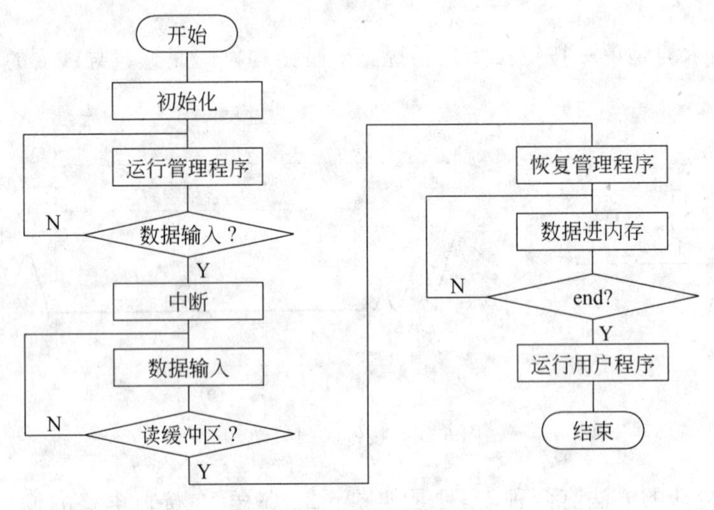

图 6-22　操作系统流程

在这个过程中，“数据输入?”与“读缓冲区?”都是人机交互的关键点，不难理解这个操作系统是一个人机和谐的系统。

前面已经介绍过人为干预这个实例计算机的方法，系统初始化用系统复位按钮干预；数据输入用开关 SW0 向上中断管理程序运行，人工输入；SW0 开关向下，用 KEY0 按钮恢复管理程序运行。操作系统用数码管闪动提示用户输入，从而完成了人机交互，达到了完成任务的目的。

这个计算机的操作系统核心部分，就是在 6.2.5 节中的反汇编得到的程序，用本计算机汇编语言写出来是：

```
START   JK START
        SDA 32
        STRP
ENTER   CALL INPUT
        INC
        JEND EXEC
        JMP ENTER
EXEC    CALL 32
        STP
INPUT   JK 0F
        INP
        RET
```

虽然这个程序只有12句，但它的作用却使计算机程序的运行和计算机操作成为了可能。这个程序进行了内存分配，进行了程序调度，进行了缓冲区管理和操作管理，如果没有这个系统程序，那么所设计的计算机将什么也不能做。

6.6.4 操作系统的发展

这么简单的问题是不是操作系统，也许有人会提出质疑。是不是操作系统要看程序或过程是否与计算机系统的常规运行有关，再复杂的用户程序，如果不构成计算机运行就要执行的程序，那也不能够算作操作系统的内容。操作系统是随着计算机设备的完善，结构的完善在不断地发展，即使在计算机结构不变的情况下，也可能将那些为改善系统运行为目的的程序包含进来，将那些成熟的能够改善计算机系统运行条件和环境的程序添加进来，使之成为操作系统的一部分。

引进"进程"概念的操作系统，在计算机系统完善的历程中起到了十分巨大的作用，以至到现在，许多人会把操作系统和进程管理误认为是一个东西，这当然是对操作系统的偏见。进程的引进，只是计算机系统发展中一个阶段的产物，随着计算机硬件产业的变革，随着超大规模集成电路的完善、普及、成本的低廉，一种更新观念的操作系统，必将替代那些过时的观念和方法。

有人曾设想要操作系统为我们能做任何事情，其实这是不可能完全办得到的，且不说计算机的功能将如何完备，单就人的需求的不断提高和无止境的变化来说，完全能够满足各方面需要的操作系统，是不可能有的，而有的只是较多地满足人类需求的操作系统。正因为看到了这样一点，才产生了"普适计算机"的观念，这种观念主张"人机和谐"而不是一切都主张要计算机去独立完成。人机和谐的主张提示我们，计算机的使用不可能完全离开人，因而人在任何时候都应该是操作系统重要组成部分，只有人参与，操作系统才是有用的。当然做事情要人付出较少的劳动，让人轻松地参与进去，让计算机有更高更大的能力和效率等，仍不失为计算机操作系统发展的动力。

本机设计的操作系统乃是最基本的一种，所能够完成的工作也极为有限，然而它的作用和揭示的内容方法，会在今后的操作系统设计中发挥基础的作用，将致力于操作系统设计的人，引入系统程序设计的大门。

6.7 计算机总体设计

输入输出设备接口和计算机核心部分的衔接，自然是要反映在计算机设计结构的最顶层，这个计算机的设计的最高层次，自然也要将接口电路和计算机核心部分的关系表达清楚。

6.7.1 顶层结构

本章设计提供的这个计算机的总体结构如图6-23所示，图中左面的矩形框是输入缓冲区，右面的矩形框是计算机的核心部分。这两部分的信息交换除了通过一条总线进行数据交换之外，一条标志线 empty 决定着系统能否从缓冲区读到数据，针对这个问题的处理，引出了这个计算机对输入数据的全部方法。

这个原理图设计存储文件的名称是 Myfirst. bdf。

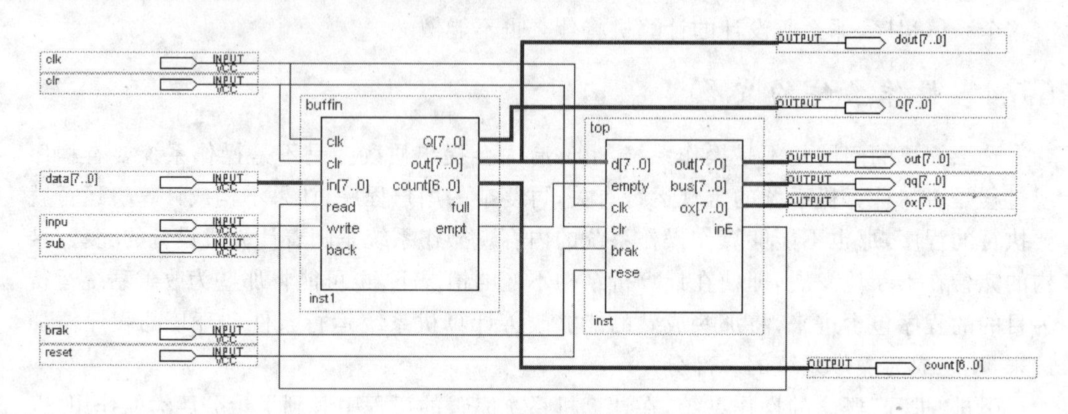

图 6-23　核心计算机的总体结构

图 6-23 中左面由上到下的引脚分别是：clk、clr、dat[7..0]、inpu、back、brak、rese。其中 inpu 是手动输入的控制线，它的输入经过去抖动和频率谐调，最后能够转化成跟机器节拍一致的脉冲信号，从而能够准确无误地将数据输入到缓冲区。back 是后退一位的控制线，brak 是暂停控制线，rese 是复位控制线，它们的人工操作与机器节拍的融合都与 inpu 基本类似，它们的联合起来就可以实现程序数据进入计算机的操作，从而配合本机的操作系统，完成运行程序的任务。

图 6-23 中右面的引脚很多，由上到下数第五个往后都是为了仿真调试设置的，这些控制线的状态变化是否符合指令全程的分析，从中就可以找出设计的问题。实际使用的引脚从上往下分别是：dout[7..0]、Q[7..0]、out[7..0]、qq[7..0]、ox[7..0]和 count[6..0]，其中 qq[7..0]适观察总线变化的，在实际连接实例计算机板中并不使用，dout[7..0]的作用是监视缓冲区到内存过程中的数据，它的实际作用也是为了调试。Q[7..0]直接将缓冲区接收的数据输出，这样就能够监视操作的数据是否进入了缓冲区，以及进入缓冲区的数据是否正确。如果通过 Q[7..0]发现了错误的输入，那么可以及时修改。ox[7..0]用于直接输出寄存器 x 的值，可以用来表达乘积的高 8 位或除法运算的余数等。图 6-23 中最下面还有一个总线引脚 count[6..0]，它的作用是输出进入缓冲区的数据数量。

6.7.2　输入程序数据控制

从总体的结构可以知道，这个计算机时钟是统一的，同步设计是这个计算机设计的基本出发点，同步机制不仅使设计变得简单，而且在速度和质量上也远远高于异步方式。如果缓冲区和计算机核心部分使用的是同样的时钟，那么系统核心从输入缓冲区读数据和向输出缓冲区写数据就可以达到最快的速度。不仅如此，同步时钟设计，会给计算机某些标志信号的及时使用带来方便。图 6-24 中程序输入结束标志的使用就是一例。

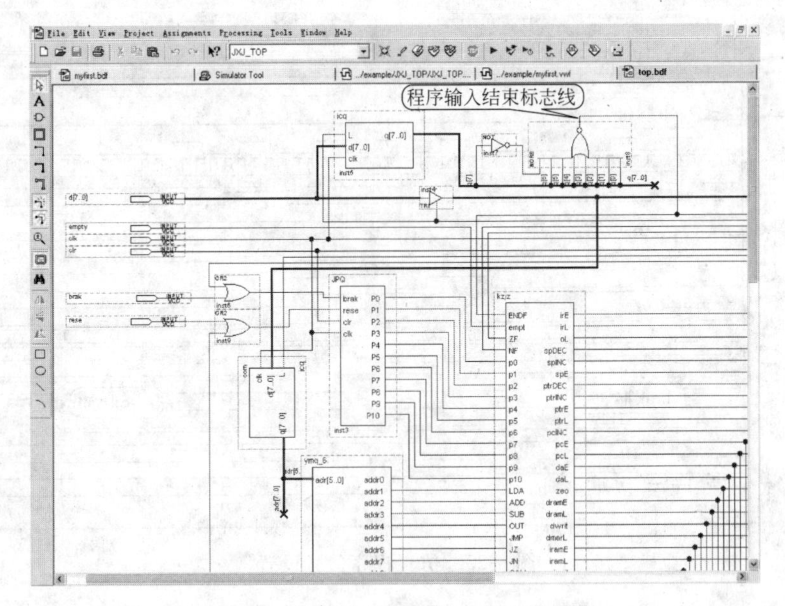

图 6-24 程序输入结束标志的逻辑结构

在数据输入总线上安装一个标志寄存器(图中上方中间的矩形),并将这个寄存器的输出端的各条线用或非门连接起来,这样或非门的输出端可以检测这个寄存器的值是否是0。现在将这个寄存器输出线的最高位串接一个非门,然后再连到或非门,这样或非门输出端标识的就是十六进制数 h80 了。跳转指令 jend 就是利用这一标志线来决定是否需要跳转的。

从图 6-24 上方的电路设计来看,由于使用了同步时钟,因而标志寄存器能够及时地得到所要检查的数据 h80,这样电路就能及时地发出相应的标志信号,不失时机地影响到 jend 指令的执行动作。

6.8 程序运行仿真

将 Myfirst. bdf 文件另存为项目的顶层文件,进行编译,然后再建立波形文件进行仿真。在仿真的时候,完整的计算机设计,一般要通过一些简短的程序,来测试设计的这部分内容的正确性。仿真的简单程序如下:

```
IN X
OUT X
RET
END
```

如果将 X 放置在 02 号单元,那么编译的结果是:09 02 04 02 4E 80。

6.8.1 仿真程序的输入方法

仿真程序的信号在波形图的设置如图 6-25 所示,仿真时间设定为 100μs。

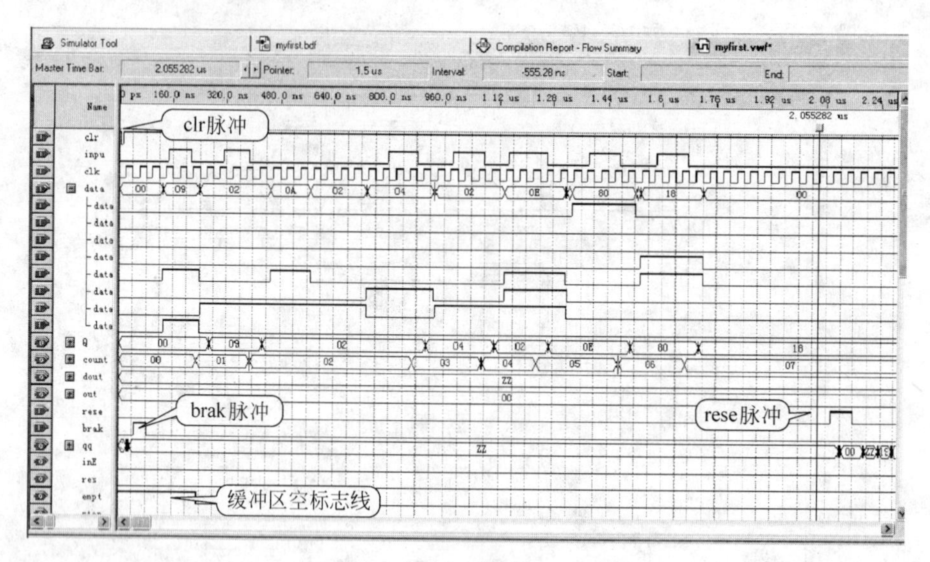

图 6-25 仿真程序信号设置

仿真时间是在建立了波形文件之后，选择菜单 Edit→End Time 确定。

根据测试，这个设计的时钟 clk 的周期要取 40ns。为了方便观察和识别，一律将总线设置成十六进制表示，变量的顺序按图中显示的那样较好。

图 6-25 这个仿真要手工设计的波形有 5 个，简单的有 clr、brak 和 rese 三个简单的单脉冲，其中 clr 是反向脉冲。复杂的波形输入是 data 和 inpu。data 是承载测试程序的多元信号，需要像图中那样将它展开，单击改变波形按钮，并按照图中所示，将十六进制数 09 02 0A 02 04 02 0E 80 18 赋给 data，每个数据的时间长度最好多于 3 个时钟节拍。

还是用鼠标将 inpu 的脉冲变化设定成图中的那样，其中 02 0A 的上方没有 inpu 的脉冲。inpu 的脉冲不受 clk 节拍的限制，由频率谐调器来解决数据输入，inpu 的每个正向脉冲的时间不要小于两个时钟脉冲，两个 inpu 脉冲的间隔要大于两个时钟周期，这样才能保证 data 数据的正确输入。

6.8.2 观察仿真波形

仿真的结果首先反映在输入程序数据一段，从图 6-25 中的 Q 变量可以见到进入缓冲区的数据是 09 02 04 02 0E 18，而 0A 02 由于没有经过 inpu 的选择，因而没有进入缓冲区。进入缓冲区数据的数量由 count 显示出来，dout＝ZZ 是高阻状态，没有数据从缓冲区流出。输出寄存器的值仍然是初始化的值 0。

图 6-26 是图 6-25 的第一张续图，从 rese 发出脉冲之后，系统程序恢复运行，每一个 res 脉冲表示一个指令执行结束。

从 qq 的变化可以知道总线数据流动情况。例如 rese＝1 的 clk 前沿开始，到第一个 rese＝1，总线的状态是 00 ZZ 19 01 ZZ ZZ，其中 00 ZZ 19 是 jk 指令的取指周期，后面的 01 是程序计数器加 1 后送到地址寄存器 imar 的值，这后面要空 2 拍没有数据在总线传递，其中一拍 pc＋1，另一拍是空操作，因为 empt＝0 不产生跳转。指令复位不需要一个

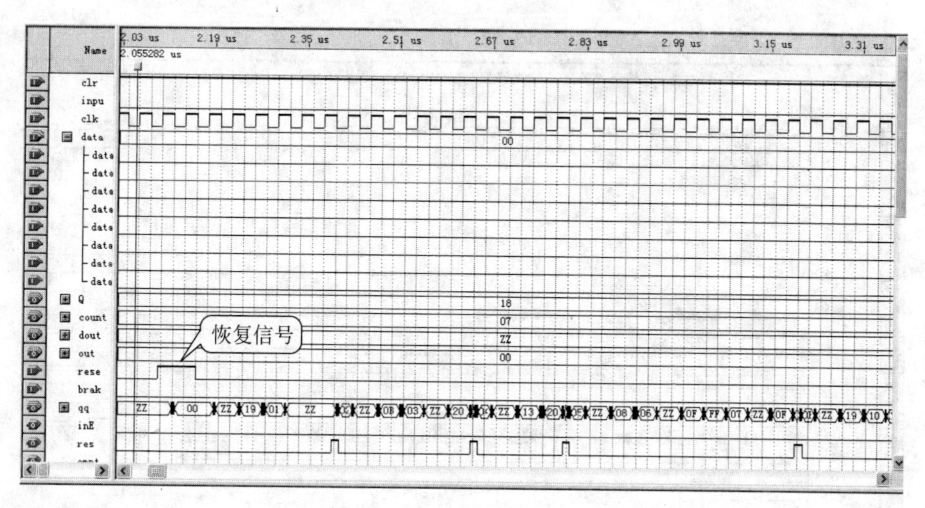

图 6-26　恢复执行(仿真续 1)

节拍。

根据指令全程分析可以看到这是在执行管理程序，顺序地看下去，到执行 inp 指令时，将有控制线 inE＝1，这时会从 dout 输出见到数据经过，而且仅有一个节拍的传输时间(见图 6-27)。

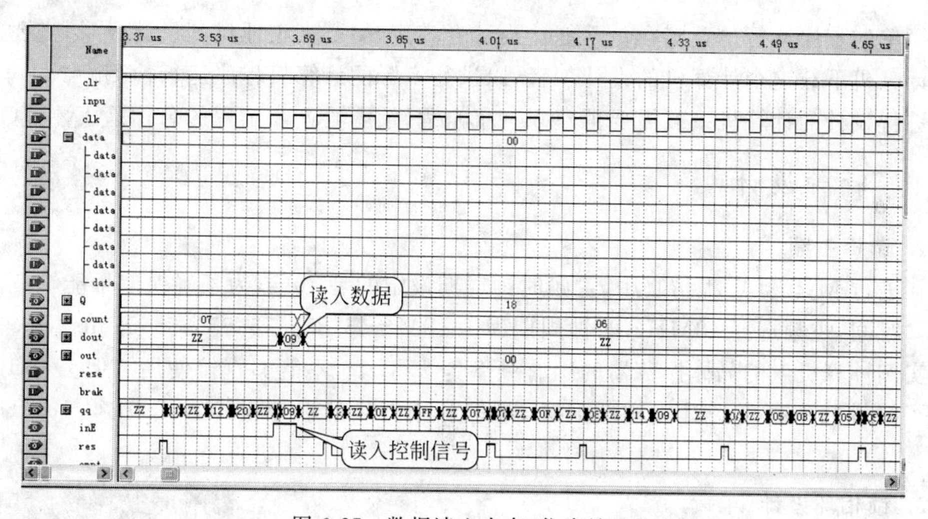

图 6-27　数据读入内存(仿真续 2)

仿真运行的最后结果如图 6-28 所示。

这个数据是 in 指令读入到数据存储器的，然后执行 out 指令将数据输出。数据输出之后又返回系统管理程序结束，这可以从 qq 的最后两个指令周期看到，其中 stp 指令没有执行 res 节拍。

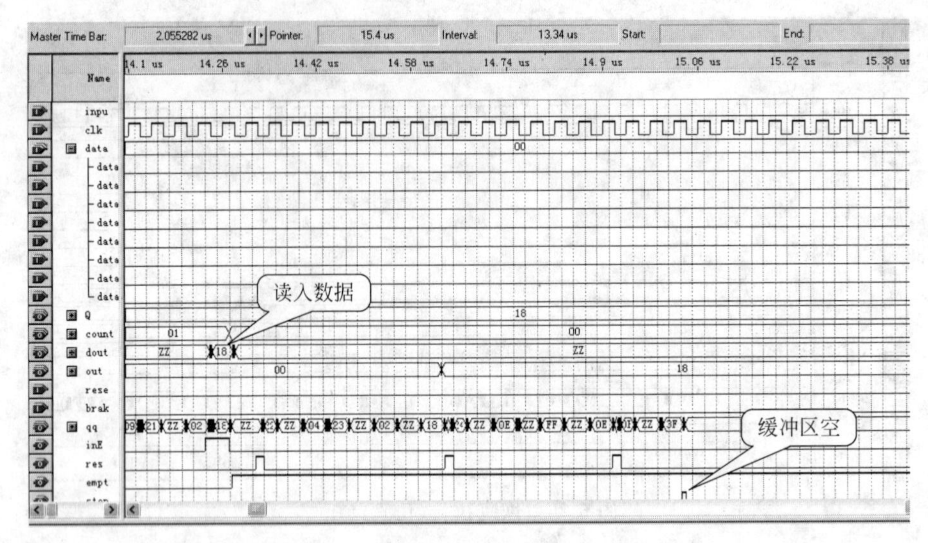

图 6-28 仿真运行结果(仿真续 3)

6.9 工程下载与检测

简单的程序运行仿真实在是不能让设计者满意,想要真正地见到设计成果,需要利用实例计算机下载这个计算机的设计工程,以进行实际的计算机程序运行检测。

进行设计的计算机下载需要再建立一个工程,笔者给这个工程的名称是 JXJ_TOP。

6.9.1 时钟设计

1. 选择主频

在进行 Myfirst 工程仿真中,主频时钟周期设定的是 40ns,为了确保信号能够有充分的传输时间,主频选择 18MHz,时钟周期为 1/18M=55.5555555555555556ns。

实例计算机上的晶体振荡器的固有频率为 27MHz,不能够直接使用。但 Quartus II 提供了时钟频率处理工具锁相环 PLL,可以利用提供的引导设计方式,获得 18MHz 的时钟。

2. 锁相环设计

获得不同时钟频率的锁相环设计需要建立原理图文件,并在 Symbol Tool 工具中如图 6-29 所示的那样选择路径,然后在其中找到 altpll,并且选择它。

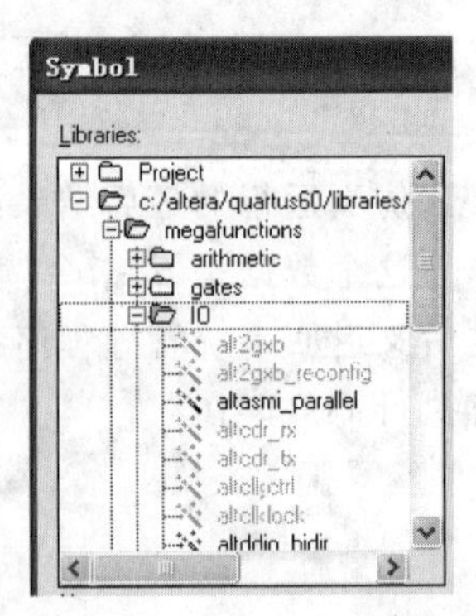

图 6-29 锁相环选择路径

由图 6-30 的右面显示的 altpll 可以知道该设计有许多选项,这些项都是用于时钟操作的,只需要将 27MHz 的晶振频率转换成 18MHz 就可以。

按照提示,选择 OK 按钮单击,出现图 6-31。在图 6-31 的对话框中需要选择描述锁相环的 EDA 语言和文件的名称。这

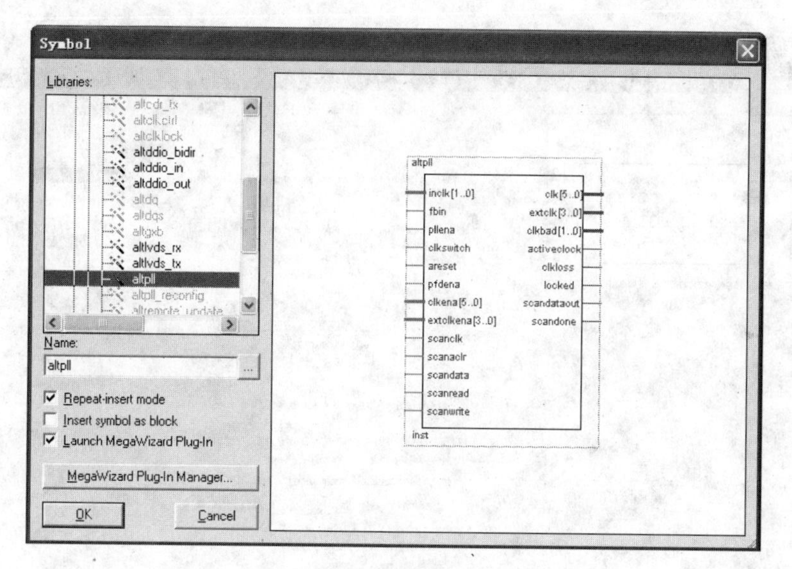

图 6-30　选择锁相环操作

里选择的是 Verilog HDL 硬件描述语言，文件名称选择系统给出的名称 altpll0。

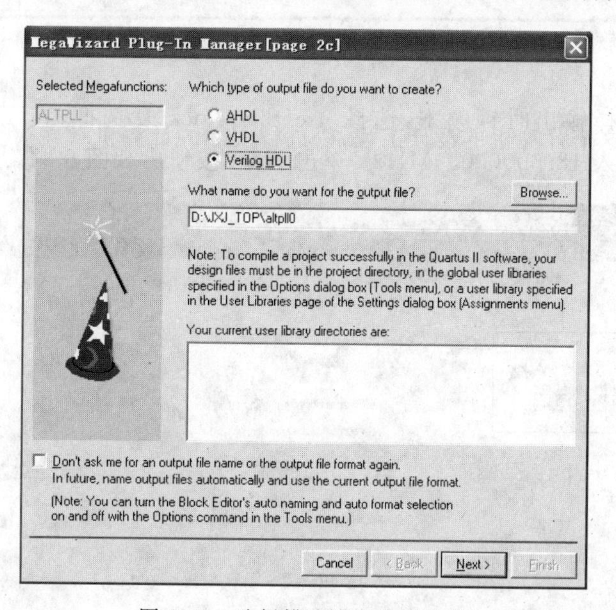

图 6-31　选择描述语言和文件名

如果将这个对话框下面的选择框打钩，那么以后再设计锁相环时，这个对话框就不再出现了，上次的选择就成为默认值。

在图 6-31 中单击 Next 按钮就进入到图 6-32 的界面。在这个界面中要选择使用的器件和输入锁相环的时钟频率。如图 6-32 所示，在 Which device family will you be using? 右面输入器件名称 Cyclone，在 What is the frequency of the inclock0 input? 的问话后面，输入 27.000MHz，单击 Next 按钮。

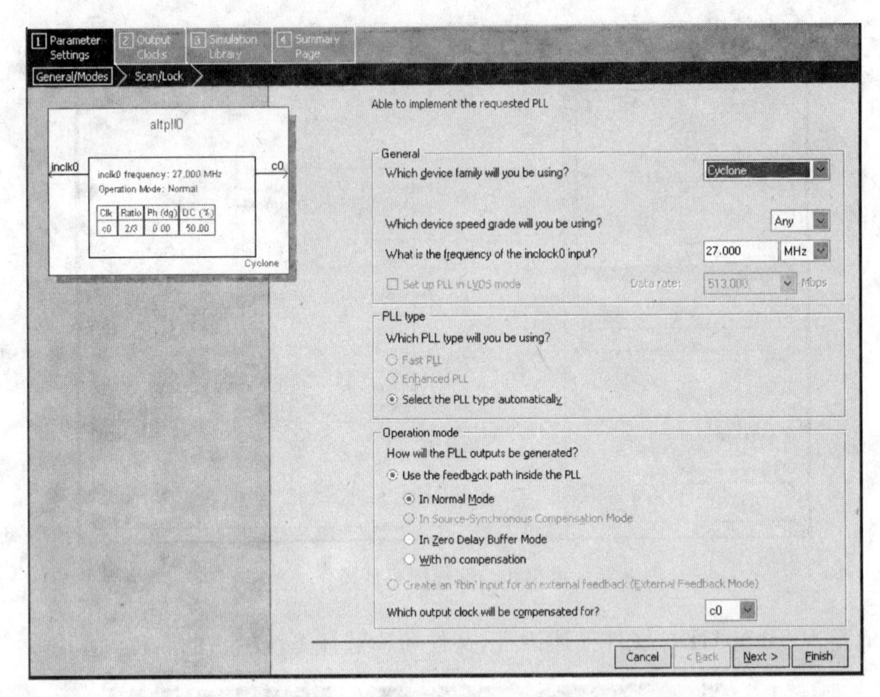

图 6-32 选择器件和指出输入频率

图 6-33 是选择输出时钟频率，选择 use this clock 复选框，在 Enter output clock frequency:后面输入 18.00000000MHz。单击 Next 按钮出现图 6-34。

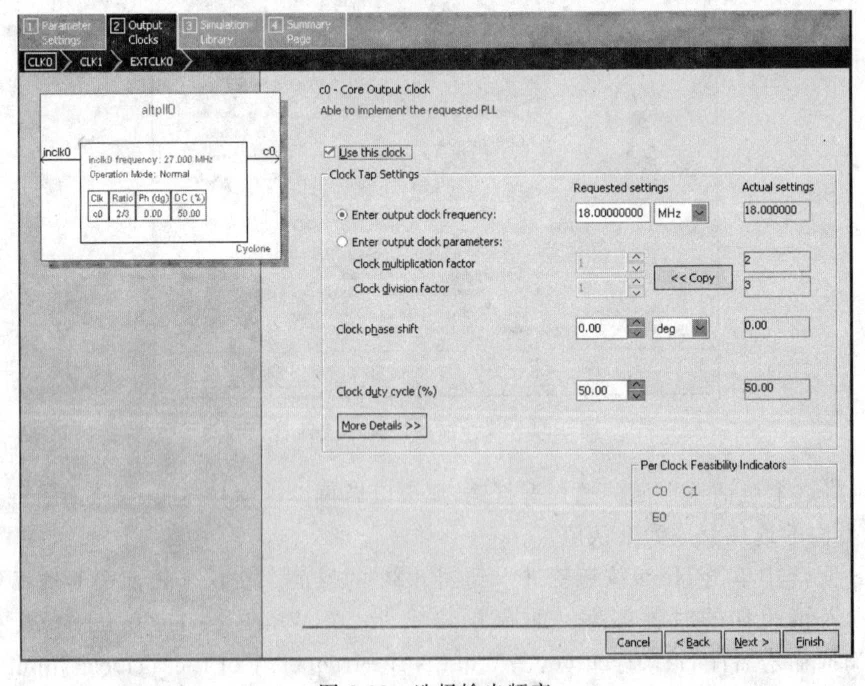

图 6-33 选择输出频率

图 6-34 显示的是最后生成的文件。单击 Finish 按钮，完成频率生成设计。

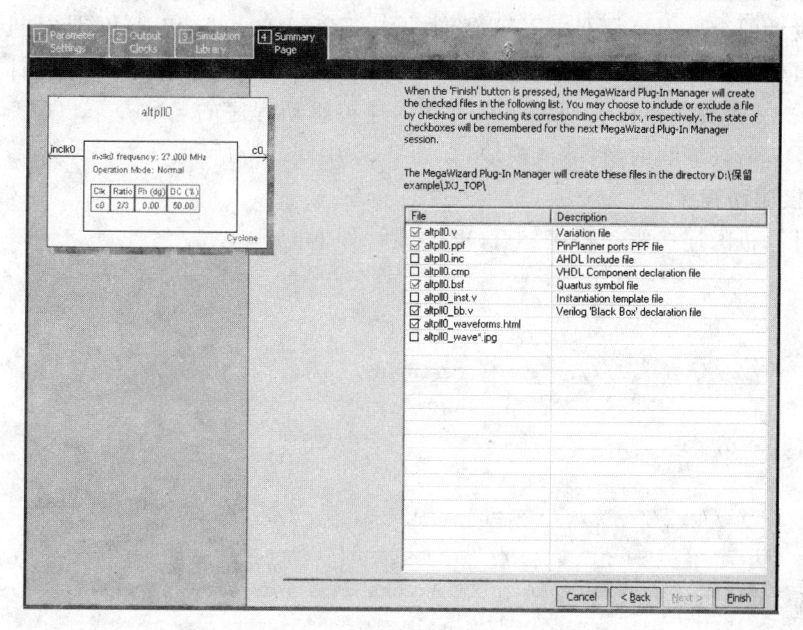

图 6-34　最后要生成的文件

锁相环文件在用户库中的名称是 altpll. bsf。

6.9.2　顶层文件与连接驱动程序

将生成的锁相环和下载连接驱动程序连接在一起如图 6-35 所示，锁相环接在 27MHz 与 18MHz 之间，完成这两个频率的转换任务。

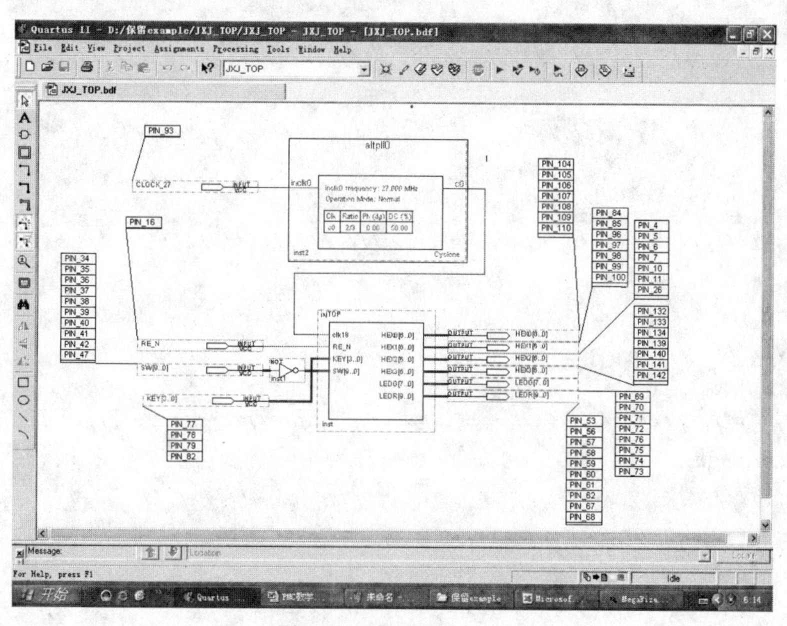

图 6-35　顶层连接文件

1. 顶层文件原理图

前面设计的全部内容都在 FPGA 器件当中，FPGA 的引脚和 PMC 计算机上的设备连接需要具体地指出，图 6-35 将这种外在的连接关系用图表达了出来，而设计的计算机引脚连接关系，需要用连接驱动程序来表达。连接驱动程序的名称是 jxjTOP. v，这是用 Verilog HDL 语言编写的，封装成模块，如图 6-35 中间部分所示。

2. 连接驱动程序

这个计算机的连接驱动程序 jxjTOP. v 设计如下：

```
module jxjTOP
    (
        ////////////////////  Clock Input   ////////////////////
        clk18,                // 18 MHz
        RE_N,

        ////////////////////  Push Button   ////////////////////
        KEY,                  // Pushbutton[4:0]
        ////////////////////  DPDT SWitch   ////////////////////
        SW,                   // Toggle SWitch[9:0]
        ////////////////////  7-SEG Dispaly////////////////////
        HEX0,                 //  Seven Segment Digit 0
        HEX1,                 //  Seven Segment Digit 1
        HEX2,                 // Seven Segment Digit 2
        HEX3,                 // Seven Segment Digit 3
        ///////////////////////  LED  ///////////////////////
        LEDG,                 // LED Green[7:0]
        LEDR                  // LED Red[9:0]
        ///////////////////////  UART  ///////////////////////

        ////////////////////  USB JTAG link  ////////////////////
    );

///////////////////////  Clock Input  ///////////////////////
input clk18;                  // 18 MHz
input RE_N;
///////////////////////  Push Button  ///////////////////////
input[3:0] KEY;               // Pushbutton[3:0]
///////////////////////  DPDT SWitch  ///////////////////////
input [9:0] SW;               //Toggle SWitch[9:0]
///////////////////////  7-SEG Dispaly  ///////////////////////
output  [6:0]  HEX0;          // Seven Segment Digit 0
output  [6:0]  HEX1;          // Seven Segment Digit 1
output  [6:0]  HEX2;          // Seven Segment Digit 2
output  [6:0]  HEX3;          // Seven Segment Digit 3
```

```
/////////////////////////////  LED  /////////////////////////////
output   [7:0]  LEDG;       // LED Green[7:0]
output   [9:0]  LEDR;       // LED Red[9:0]
////////////////////  USB JTAG link  ////////////////////////////
wire [31:0] mSEG7_DIG;
wire [31:0] ouSEG7_DIG;
wire [6:0] mCOUNT;
wire [7:0] mDATA;
//wire [7:0] mDAT;
reg [23:0] Cont;
reg [0:0] flge;
reg [0:0] writ;
reg [19:0] Co;
reg [19:0] bo;
reg [19:0] eo;
reg [19:0] fo;
reg [0:0] ekz;
reg [0:0] fkz;
reg [0:0] bkz;
reg [0:0] kz;      //控制时间
reg [0:0] bak;
reg [0:0] rest;
reg [0:0] clar;
assign LEDR[9:2]   =   SW[9:2];
assign LEDR[0]   =   SW[0];
//assign writ    =   SW[0] ?  ~KEY[0]:1'b0;
//assign bak     =   SW[0] ?  ~KEY[1]:1'b0;
//assign rest    =   ~SW[0] ? ~KEY[2]:1'b0;
//assign rest    =   ~SW[0] ? KEY[3]:1'b1;
assign mSEG7_DIG[7:0]= SW[0] ?   SW[9:2]: ouSEG7_DIG[7:0];
assign mSEG7_DIG[15]= SW[0] ?   { SW[1] ? 1'b0 : mDATA[7]}:
                   ouSEG7_DIG[15];
assign mSEG7_DIG[14:8]= SW[0] ?  {SW[1]  ?  mCOUNT[6:0] : mDATA[6:0]} :
                   ouSEG7_DIG[14:8];

assign LEDG[7]    =    SW[0]  ?  ～KEY[3]:  ouSEG7_DIG[7] ;
assign LEDG[5]    =    SW[0]  ?  ~KEY[2]:   ouSEG7_DIG[5] ;
assign LEDG[3]    =    SW[0]  ?  ~KEY[1]:   ouSEG7_DIG[3] ;
assign LEDG[1]    =    SW[0]  ?  ~KEY[0]:   ouSEG7_DIG[1] ;
assign LEDG[6]    =    SW[0]  ?  1'b0:      ouSEG7_DIG[6];
assign LEDG[4]    =    SW[0]  ?  1'b0:      ouSEG7_DIG[4];
assign LEDG[2]    =    SW[0]  ?  1'b0:      ouSEG7_DIG[2];
assign LEDG[0]    =    SW[0]  ?  1'b0:      ouSEG7_DIG[0];
```

```
always@ (posedge clk18)
begin
    Cont  <=  Cont+1'b1;
    begin
        if (mCOUNT!=0)                  //不闪
          begin
            Cont[23]  <=  1'b0;
            flge<=1'b0;
          end
        else
          flge<=1'b1;
    end
end
always@ (posedge clk18)

//去抖动
begin
    if ( SW[0]==1 && KEY[0]==0)        //键按下
        begin
            Co  <=Co+1'b1;              //按下计时
              if ((Co==10800||Co==10801 ) && kz==0)
                begin
                  writ<=1;
                  if (Co==10801)
                    kz<=1;              //取值完成标志
                end
              else
                  writ<=0;
            end
        else
          begin
            kz<=0;
            Co<=0;
            writ<=0;
          end
    if ( SW[0]==1 && KEY[1]==0)        //键按下
        begin
          bo<=bo+1'b1;                  //按下计时
          if ((bo==10800||bo==10801) && bkz==0)
            begin
              bak<=1;
              if (bo==10801)
                bkz<=1; //取值标志
```

```
          end
          else
            bak<=0;
      end
    else
      begin
        bkz<=0;
        bo<=0;
        bak<=0;
      end
  if (SW[0]==0 && KEY[3]==0)           //键按下
        begin
          eo<=eo+1'b1;                 //按下计时
          if ((eo==10800||eo==10801||eo==10802) && ekz==0)
            begin
              rest<=1;
              if (eo==10802)
                ekz<=1;                //取值标志
            end
            else
              rest<=0;
        end
    else
      begin
        ekz<=0;
        eo<=0;
        rest<=0;
      end
    if (RE_N==0)                       //键按下
        begin
          fo<=fo+1'b1;                 //按下计时
          if ((fo==10800||fo==10801 )&& fkz==0)
            begin
              clar<=0;
              if (fo==10801)
              fkz<=1; //取值标志
            end
            else
              clar<=1;
        end
      else
        begin
```

```
            fkz<=0;
            fo<=0;
            clar<=1;
          end

      end

      myfirst js0 (.brak( SW[0]),.clk(clk18),.clr(RE_N),.reset(rest),.inpu(writ),
      .sub(bak),.data(SW[9:2]),.out(ouSEG7_DIG[7:0]),.ox(ouSEG7_DIG[15:8]),
      .q(mDATA[7:0]),.count(mCOUNT[6:0]));

      SEG7_LUT_4    u0  (HEX0,HEX1,HEX2,HEX3,mSEG7_DIG,Cont[23],0 );
endmodule
```

程序中开关 SW9～SW2 与 LEDR9～LEDR2 的对应连接，由程序中的下面语句指出，

```
assign LEDR[9:2]  =  SW[9:2];
```

开关 SW0 与红色发光二极管 LEDR0 的连接，单独用下面语言指出，

```
assign LEDR[0]  =  SW[0];
```

程序中没有将开关 SW1 与发光二极管相连，这主要是为了视觉上的需要。

控制开关 SW0 SW1 的控制作用在下面的这些语句中进行了描述。

```
assign mSEG7_DIG[7:0]   =   SW[0]  ?  SW[9:2]:      ouSEG7_DIG[7:0];
assign LEDG[7]          =   SW[0]  ?  ~KEY[3]:      ouSEG7_DIG[7];
assign LEDG[5]          =   SW[0]  ?  ~KEY[2]:      ouSEG7_DIG[5];
assign LEDG[3]          =   SW[0]  ?  ~KEY[1]:      ouSEG7_DIG[3];
assign LEDG[1]          =   SW[0]  ?  ~KEY[0]:      ouSEG7_DIG[1];
assign LEDG[6]          =   SW[0]  ?  1'b0:         ouSEG7_DIG[6];
assign LEDG[4]          =   SW[0]  ?  1'b0:         ouSEG7_DIG[4];
assign LEDG[2]          =   SW[0]  ?  1'b0:         ouSEG7_DIG[2];
assign LEDG[0]          =   SW[0]  ?  1'b0:         ouSEG7_DIG[0];
assign mSEG7_DIG[15]    =   SW[1]  ?  1'b0:         mDATA[7];
assign mSEG7_DIG[14:8]  =   SW[1]  ?  mCOUNT[6:0]:  mDATA[6:0];
```

前 9 行是说 SW0 的控制作用的。16 位的临时控制总线 mSEG7_DIG 的低 8 位，在 SW0=1 时，接收 SW9～SW2 的值，否则接收输出寄存器的值，输出寄存器直接连接的是 ouSEG7_DIG 总线。同样在 SW0=1 时，单号绿色发光二极管与 KEY0～KEY3 对应连接，其中任何一个按钮按下，它对应的绿色发光二极管就发光，这样来表示按钮是否按下。

后面接下来的两行是描述 7 段数码管怎样进行输出的。16 位的临时控制总线 mSEG7_DIG 的最高位在 SW1=1 时是 0，接下来的 7 位总线与 mCOUNT 的 7 条线接通；而当 SW1=0 时，mSEG7_DIG 的最高位和 mDATA 线的第 7 位接通，接下来的 7 位

总线与 mDATA 线的低 7 位接通。

由于 mCOUNT 线直接与核心计算机的 count 输出引脚相连，mDATA 线与缓冲区到内存的总线相连，监视着进入内存的数据。其他线路的连接，在 myfirst js0()的引用中一一进行了交代，其具体连接方法前面应用部分已经说过，在此不再赘述。

3. 去抖动程序设计

前面说过用软件的方法也可以解决按钮的抖动问题，现把连接驱动程序中去抖动的设计加以解释，为了简单，只选择 KEY0 的描述来进行。

```
always@ (posedge clk18)                  //去抖动
begin
    if ( SW[0]==1 && KEY[0]==0)          //键按下
        begin
            Co<=Co+1'b1;                 //按下计时
              if ((Co==10800||Co==10801) && kz==0)
                begin
                writ<=1;
                if (Co==10801)
                    kz<=1;               //取值完成标志
                end
              else
                writ<=0;
        end
    else
      begin
        kz<=0;
        Co<=0;
        writ<=0;
    end
end
```

硬件程序设计与软件程序设计一个最大的区别是随着时钟的脉冲，所有的电路都会一遍一遍地执行，而不用进行循环描述。为了能够得到顺序执行的效果，必须用 alwys 这种特殊循环结构才能够实现。此段 alwys 程序段是在一次一次的时钟脉冲到来的瞬间全面执行的，按着条件赋值，传输信号，达到了先后执行语句的效果。

这个 alwys 程序段的执行可以这样解释：

在按钮没有按下的 clk18 脉冲前沿，寄存器变量 kz、Co、writ 被赋值 0。在 SW0＝1 且 KEY0＝0 时，Co 在每次 clk18 脉冲前沿加 1，writ 被赋值 0；当 Co 的值为 10800 或 10801 且 kz＝0 的时候，writ、kz 都被赋值 1，以后的时钟脉冲前沿到来，kz 的值是 1，writ 的值又变成了 0，尽管 KEY0 按钮一直按着，然而 writ 的值只有两个节拍为 1。

输入引脚 inpu 直接连接的是 writ，而不是 KEY0。writ 在 KEY0 按下之后的 10800 和 10801 节拍时取值的，这个时间是按钮按下后的 0.6ms 之后，约 10ms 处，是在按钮的非抖动区间，因而取值准确，且只有两个节拍的时间。因而 writ 的输入刚好符合 inpu 输入的要求。

程序中定义 Co 是 20 位的寄存器，它从 0 不断加 1，再回到 0，需要经过 1024×1024＝1048576 个节拍，时间约为 18s，在这么长的时间足可以完成一次数据输入。

6.9.3 检验程序执行

这个工程在 JXJ_TOP 文件夹，下载的文件名称是 jxj_top.sof 和 jxj_top.pof。将编译好的工程下载到实例计算机之后，就可以进行汇编程序设计，让设计的计算机去运行用自己设计的指令系统编写的程序，体会计算机运行程序的乐趣，同时实际地检验计算机设计的正确与否。这种实际运行程序的验证，是任何仿真难以做到的。

1. 验证程序运行的正确性

先用一个简单的汇编程序检查一下设计的计算机是否成功。

例 6-1 用自己设计的计算机计算两个 8 位数的除法。

```
START   STPK
        IN      X
        IN      Y
        LDA     X
        DIVI    Y
        STR     Z
        OUT     Z
        JMP     START
        END
```

这个例题可以手工编译，程序的起始地址要从 h20 开始。对照表 6-1 编译的结果如下：

```
20:     18
        09      01
        09      02
        01      01
        1B      02
        0A      03
        04      03
        05      20
        80
```

最左面的“20:”不属于机器语言程序。本设计实例是将用户程序自动装入内存的 h20 存储单元的，用户只要操作将这个程序送入缓冲区就可以了。

根据系统设计的设定，开关 SW0＝1 进入数据输入状态，用 SW9～SW2 表示 8 位二进制数，每次输入要按按钮 KEY0 一次；全部程序数据输入完成，将开关 SW0 向下，然后按压按钮 KEY3 一次，计算机就进入运行乘法程序的状态。

在乘法程序运行的状态下，由于 STPK 指令执行中会自动检查缓冲区是否空，这时会产生中断。将 SW0 向上输入两个数，再将 SW0 向下，按 KEY3 恢复程序执行，那么就可以得到两个数的乘积。

图 6-36 是将这个计算机设计实例编译之后下载到 PMC110 计算机，将这段机器指令程序输入之后运行，并输入数据 h1A、h0A 的运行结果。右面数码管和二极管组显示的是商，左面的数码管显示的是余数。

图 6-36　测试运行 h1F/h0A 的结果

此例是一个循环输入的程序，可以多输入几组数验证。

2. 设计编译器

人工编译的方法会经常出错，可以借助现有的计算机和数据库软件，编写出编辑和编译程序。因为设计的是全总线结构的计算机，且数据和地址线都是 8 位的，因而编译起来比较简单。用 FoxPro 数据库编写编译程序如下，其中表 dzbiao.dbf 是指令表，包括内容如图 6-37 所示，数据表 chx_n 是编辑操作表。将它们放在表单上（见图 6-38），让“编译”按钮的单击事件执行下面的程序就可以获得需要的结果。

指令表

次数	代码	操作码
2	LDA	01
2	ADD	02
2	SUB	03
2	OUT	04
2	JMP	05
2	JZ	06
2	JN	07
2	CALL	08
2	IN	09
2	STR	0a
2	SDA	0b
1	PUSH	0c
1	POP	0d
1	RET	0e
1	INC	0f
1	DEC	10
1	ZERO	11
1	INP	12
1	STRP	13
2	JEND	14
1	LNOT	15
2	LAND	16
2	LOR	17
1	STPK	18
2	JK	19
2	MULT	1A
2	DIVI	1B
1	DATX	1C
1	XTDA	1D

图 6-37　简单指令表

```
*编译程序,8位地址总线,8位代码,8位数据
if !used("chx_n")
  use chx_n in 0
endif
if !used("dzbiao")
  use dzbiao in 0
endif
select chx_n
repl all 数据 with  "  "
repl all 操作码 with "  "
repl all 操作数 with "  "
repl all 序号 with recno()
scan
  zhl=alltrim(代码)
  csh=次数
  select dzbiao
  locate for  zhl=alltrim(代码)
  if found()
    csh=次数
```

```
    endif
    select chx_n
    repl 次数 with csh
endscan

*确标号地址
select chx_n

num=0
scan
  if 标号=" "
    num=num+val(次数)
    loop
  else
    no=recno()
    bz=标号
    repl all 数据 with str(num+32,10)  for 代号=bz
    go no
    num=num+val(次数)
  endif
endscan
nn=0
scan
   nn=nn+val(次数)
                n=nn% 16
                v=str(int( nn/16),1)
                do case
                     case n=15
                          m="f"
                     case n=14
                          m="e"
                     case n=13
                          m="d"
                     case n=12
                          m="c"
                     case n=11
                          m="b"
                     case n=10
                          m="a"
                     othe
                         m=str(n,1)
                endcase
                s=v+m
               repl 数据量 with s
```

```
endscan

scan
   if  ""==alltrim(数据)
      dh=代号
      repl 数据 with dh
   endif
endscan
scan
   if  变量<>"  "
     dh=str(recno()- 1,10)
     bl=变量
     no=recno()
     scan
        if 数据=bl
          repl 数据  with dh
        endif
     endscan
     go no
   endif
endscan

*确定代码
scan
   x=upper(代码)
   if x=" "
      repl 操作码 with  "  "
      repl 操作数 with "  "
      loop
   else
      x=alltrim(x)
      select dzbiao
      locate for x==alltrim(代码)
      if found()
         x=操作码
         c=次数
         select chx_n
         repl 操作码 with x
         repl 次数  with c
      endif
      select chx_n
   endif
endscan
*确定操作数
```

```
select chx_n
scan
   x=upper(代码)
   if x=" "
       repl 操作码 with  "  "
       repl 操作数 with  "  "
       loop
   else
       if 次数="2 "
          y=数据
          v=val(y)
          if v=0
             s="00"
          else
             if v>0
               s=""
              do while v>0
               n=v% 16
               do case
                   case n=15
                         m="f"
                   case n=14
                         m="e"
                   case n=13
                         m="d"
                   case n=12
                         m="c"
                   case n=11
                         m="b"
                   case n=10
                         m="a"
                   othe
                        m=str(n,1)
               endcase
               s=m+s
               v=int( v/16)
              enddo
             if len(s)=1
               s="0"+s
             endif
          else
            s="00"
          endif
       endif
```

```
        repl 操作数 with s
    endif
endif
endscan
```

编译程序是多次对设计程序的表 chx_n 进行扫描处理的,学习过 FoxPro 的人很容易看懂这段程序,由于本书重点介绍计算机的设计方法,有关 FoxPro 的内容在此不讨论,有兴趣的读者请自己去阅读相关的书籍。

3. 程序输入与运行操作

可以用加减法运算解决乘除法运算的问题,下面给出乘法的程序设计,并用编译器进行编译的操作如图 6-38 所示。将程序设计器的操作码与操作数两列数据组成的机器指令程序,输入到下载之后的实例计算机就可以验证结果。

核心计算机程序设计编译

序号	标号	代码	代号	数据转化	操作码	操作数	数据量	变量位置安排	次数
1	START	STPK			18		01		1
2		IN	X	3	09	03	03		2
3		IN	Y	4	09	04	05		2
4		SDA	1	1	0B	01	07	X	2
5		STR	ONE	5	0A	05	09	Y	2
6		ZERO			11		0a	ONE	1
7		STR	SUM	6	0A	06	0c	SUM	2
8	LOOP	LDA	Y	4	01	04	0e		2
9		JZ	EXIT	60	06	3c	10		2
10		SUB	ONE	5	03	05	12		2
11		STR	Y	4	0A	04	14		2
12		LDA	SUM	6	01	06	16		2
13		ADD	X	3	02	03	18		2
14		STR	SUM	6	0A	06	1a		2
15		JMP	LOOP	44	05	2c	1c		2
16	EXIT	OUT	SUM	6	04	06	1e		2
17		JMP	START	32	05	20	20		2
18		END			80		21		1

导入文件： 保存文件： 编译 前插入 追加记录 删除记录 清空

图 6-38 乘法程序设计和编译

由于这里设计的是一个循环求两个数乘积的程序,因此可以不断地进行测试。测试中要注意这里正确表达数据的范围,如果结果超出了 8 位数的表达范围,结果就会表达不出,那时数码管或绿色发光二极管显示的内容是错误的。

习 题 六

习题 6-1 计算机与微指令计算机的根本区别是什么?

习题 6-2 计算机的功能设想在计算机设计中起着怎样的作用?

习题 6-3 实例计算机的结构特色有哪些? 这些特色发挥了怎样的作用?

习题 6-4 设备连入总线必须解决什么问题?

习题 6-5 计算机系统管理程序怎样被启动运行的? 实例计算机的系统管理程序都具有哪些最基本的功能?

习题 6-6 指令全程分析在计算机功能设计中起着什么作用?

习题 6-7 频率谐调器是如何协调人工操作和高速计算机设备工作的？

习题 6-8 去掉按钮抖动的要点是什么？有几种方法可以去抖动？

习题 6-9 解释下面这段加减法运算器的设计程序，并说明为什么。

```
//------------------------------------------------
// arithmetic: execution of arithmetic operations
// Operations:
// 2'b00: RESULT=A_IN+B_IN
// 2'b01: RESULT=A_IN+B_IN+C_IN
// 2'b10: RESULT=A_IN-B_IN
// 2'b11: RESULT=A_IN-B_IN-C_IN
// Flags:
// C_OUT: 1: overflow
// V_OUT: 1: carry
//------------------------------------------------
module arithmetic ( RESULT, C_OUT, V_OUT, A_IN, B_IN, C_IN, OP_IN );
  output [31:0] RESULT;          // output result
  output        C_OUT,           // output carry flag
                V_OUT;           // output overflow flag
  input [31:0]  A_IN,            // input operand A
                B_IN;            // input operand B
  input [ 1:0]  OP_IN;           // input opcode
  input         C_IN;            // input carry operand
  reg [31:0]    RESULT;          // result
  reg           C_OUT,           // carry flag
                V_OUT;           // overflow flag
  wire [31:0]   A_IN,            // operand A
                B_IN;            // operand B
  wire [ 1:0]   OP_IN;           // opcode
  wire          C_IN;            // carry operand
  reg [31:0]    B_EFF;           // operand B to be added effectively
  reg           C_EFF,           // carry operand to be added effectively
                C_31,            // carry to bit 31
                C_32;            // carry from bit 31
  // Operand B to be added effectively
  // ADD, ADDC: B_IN
  // SUB, SUBC: - B_IN- 1 (one's complement)
  always @ (B_IN or OP_IN)
      B_EFF=B_IN^{32{OP_IN[1]}};
  // Carry operand to be added effectively
  // ADD: 0
  // ADDC: C_IN
  // SUB: 1 (=>adding two's complement of B_IN)
  // SUBC: ~C_IN (=>adding one's complement of B_IN, if carry)
```

```
    always @ (C_IN or OP_IN)
        C_EFF= (C_IN & OP_IN[0])^OP_IN[1];
    // Add depending on A_IN, B_EFF, and C_EFF
    always @ (A_IN or B_EFF or C_EFF)
        RESULT=A_IN+B_EFF+C_EFF;
    // Carry to bit 31 (2^31)
    always @ (RESULT or A_IN or B_EFF)
        C_31=RESULT[31]^A_IN[31]^B_EFF[31];
    // Carry from bit 31
    always @ (A_IN or B_EFF or C_31)
        C_32= ((A_IN[31] & (B_EFF[31]|C_31))|(B_EFF[31] & C_31));
    // Carry bit for operation executed
    // ADD, ADDC: C_32
    // SUB, SUBC: ～C_32 (carry inverted due to complement addition)
    always @ (C_32 or OP_IN)
        C_OUT=C_32^OP_IN[1];
    // Overflow bit
    always @ (C_31 or C_32)
        V_OUT=C_31^C_32;
endmodule
```

习题 6-10　(结业设计 1)将本章给出的实例计算机改造成全 16 位的计算机。

习题 6-11　(结业设计 2)将本章给出的实例计算机改造成 8 位数据,能够访问 64KB 存储空间的计算机。

参 考 文 献

[1] 姜咏江. 计算机原理教程. 北京：清华大学出版社，2005.

[2] 姜咏江. 基于 Quartus II 的计算机核心设计. 北京：清华大学出版社，2007.

[3] 姜咏江. 计算机原理教程习题解答与教学参考. 北京：清华大学出版社，2006.

[4] 姜咏江等. 计算机原理教程实验指导. 北京：清华大学出版社，2007.

[5] Altera 网站：http://www.altera.com.cn.

[6] 王城等. Altera FPGA/CPLD 设计. 北京：人民邮电出版社，2005.

[7] 姜咏江. PMC 计算机设计与应用. 北京：清华大学出版社，2008.

读者意见反馈

亲爱的读者：

感谢您一直以来对清华版计算机教材的支持和爱护。为了今后为您提供更优秀的教材，请您抽出宝贵的时间来填写下面的意见反馈表，以便我们更好地对本教材做进一步改进。同时如果您在使用本教材的过程中遇到了什么问题，或者有什么好的建议，也请您来信告诉我们。

地址：北京市海淀区双清路学研大厦 A 座 602　计算机与信息分社营销室 收

邮编：100084　电子邮件：jsjjc@tup.tsinghua.edu.cn

电话：010-62770175-4608/4409　邮购电话：010-62786544

教材名称：计算机原理综合课程设计

ISBN：978-7-302-20001-7

个人资料

姓名：________ 年龄：______ 所在院校/专业：____________

文化程度：________ 通信地址：____________________

联系电话：________ 电子信箱：____________________

您使用本书是作为：□指定教材 □选用教材 □辅导教材 □自学教材

您对本书封面设计的满意度：

□很满意 □满意 □一般 □不满意　改进建议____________

您对本书印刷质量的满意度：

□很满意 □满意 □一般 □不满意　改进建议____________

您对本书的总体满意度：

从语言质量角度看 □很满意 □满意 □一般 □不满意

从科技含量角度看 □很满意 □满意 □一般 □不满意

本书最令您满意的是：

□指导明确 □内容充实 □讲解详尽 □实例丰富

您认为本书在哪些地方应进行修改？（可附页）

____

____

您希望本书在哪些方面进行改进？（可附页）

____

____

电子教案支持

敬爱的教师：

为了配合本课程的教学需要，本教材配有配套的电子教案（素材），有需求的教师可以与我们联系，我们将向使用本教材进行教学的教师免费赠送电子教案（素材），希望有助于教学活动的开展。相关信息请拨打电话 010-62776969 或发送电子邮件至 jsjjc@tup.tsinghua.edu.cn 咨询，也可以到清华大学出版社主页（http://www.tup.com.cn 或 http://www.tup.tsinghua.edu.cn）上查询。

普通高校本科计算机专业特色教材精选

计算机硬件

MCS 296 单片机及其应用系统设计　刘复华　ISBN 978-7-302-08224-8
基于 S3C44B0X 嵌入式 μcLinux 系统原理及应用　李岩　ISBN 978-7-302-09725-9
现代数字电路与逻辑设计　高广任　ISBN 978-7-302-11317-1
现代数字电路与逻辑设计题解及教学参考　高广任　ISBN 978-7-302-11708-7

计算机原理

汇编语言与接口技术(第 2 版)　王让定　ISBN 978-7-302-15990-2
汇编语言与接口技术习题汇编及精解　朱莹　ISBN 978-7-302-15991-9
基于 Quartus Ⅱ的计算机核心设计　姜咏江　ISBN 978-7-302-14448-9
计算机操作系统(第 2 版)　彭民德　ISBN 978-7-302-15834-9
计算机维护与诊断实用教程　谭祖烈　ISBN 978-7-302-11163-4
计算机系统的体系结构　李学干　ISBN 978-7-302-11362-1
计算机选配与维修技术　闵东　ISBN 978-7-302-08107-4
计算机原理教程　姜咏江　ISBN 978-7-302-12314-9
计算机原理教程实验指导　姜咏江　ISBN 978-7-302-15937-7
计算机原理教程习题解答与教学参考　姜咏江　ISBN 978-7-302-13478-7
计算机综合实践指导　宋雨　ISBN 978-7-302-07859-3
实用 UNIX 教程　蒋砚军　ISBN 978-7-302-09825-6
微型计算机系统与接口　李继灿　ISBN 978-7-302-10282-3
微型计算机系统与接口教学指导书及习题详解　李继灿　ISBN 978-7-302-10559-6
微型计算机组织与接口技术　李保江　ISBN 978-7-302-10425-4
现代微型计算机与接口教程(第 2 版)　杨文显　ISBN 978-7-302-15492-1
智能技术　曹承志　ISBN 978-7-302-09412-8

软件工程

软件工程导论(第 4 版)　张海藩　ISBN 978-7-302-07321-5
软件工程导论学习辅导　张海藩　ISBN 978-7-302-09213-1
软件工程与软件开发工具　张虹　ISBN 978-7-302-09290-2

数据库

数据库原理及设计(第 2 版)　陶宏才　ISBN 978-7-302-15160-9

数理基础

离散数学　邓辉文　ISBN 978-7-302-13712-5
离散数学习题解答　邓辉文　ISBN 978-7-302-13711-2

算法与程序设计

C/C++ 语言程序设计　孟军　ISBN 978-7-302-09062-5
C++ 程序设计解析　朱金付　ISBN 978-7-302-16188-2
C 语言程序设计　马靖善　ISBN 978-7-302-11597-7
C 语言程序设计(C99 版)　陈良银　ISBN 978-7-302-13819-8
Java 语言程序设计　吕凤翥　ISBN 978-7-302-11145-0
Java 语言程序设计题解与上机指导　吕凤翥　ISBN 978-7-302-14122-8
MFC Windows 应用程序设计(第 2 版)　任哲　ISBN 978-7-302-15549-2
MFC Windows 应用程序设计习题解答及上机实验(第 2 版)　任哲　ISBN 978-7-302-15737-3
Visual Basic. NET 程序设计　刘炳文　ISBN 978-7-302-16372-5
Visual Basic. NET 程序设计题解与上机实验　刘炳文
Windows 程序设计教程　杨祥金　ISBN 978-7-302-14340-6
编译设计与开发技术　斯传根　ISBN 978-7-302-07497-7
汇编语言程序设计　朱玉龙　ISBN 978-7-302-06811-2
数据结构(C++ 版)　王红梅　ISBN 978-7-302-11258-7
数据结构(C++ 版)教师用书　王红梅　ISBN 978-7-302-15128-9
数据结构(C++ 版)学习辅导与实验指导　王红梅　ISBN 978-7-302-11502-1
数据结构(C 语言版)　秦玉平　ISBN 978-7-302-11598-4
算法设计与分析　王红梅　ISBN 978-7-302-12942-4

图形图像与多媒体技术

多媒体技术实用教程(第 2 版)　贺雪晨
多媒体技术实用教程(第 2 版)实验指导　贺雪晨

网络与通信

计算机网络　胡金初　ISBN 978-7-302-07906-4
计算机网络实用教程　王利　ISBN 978-7-302-14712-1
数据通信与网络技术　周昕　ISBN 978-7-302-07940-8
网络工程技术与实验教程　张新有　ISBN 978-7-302-11086-6
计算机网络管理技术　杨云江　ISBN 978-7-302-11567-0
TCP/IP 网络与协议　兰少华　ISBN 978-7-302-11840-4